JN028225

微分積分学

井口 達雄 著

Calculus

森北出版

●本書のサポート情報を当社Webサイトに掲載する場合があります．下記のURLにアクセスし，サポートの案内をご覧ください．

https://www.morikita.co.jp/support/

●本書の内容に関するご質問は，森北出版 出版部「（書名を明記）」係宛に書面にて，もしくは下記のe-mailアドレスまでお願いします．なお，電話でのご質問には応じかねますので，あらかじめご了承ください．

editor@morikita.co.jp

●本書により得られた情報の使用から生じるいかなる損害についても，当社および本書の著者は責任を負わないものとします．

■本書に記載している製品名，商標および登録商標は，各権利者に帰属します．

■本書を無断で複写複製（電子化を含む）することは，著作権法上での例外を除き，禁じられています．複写される場合は，そのつど事前に（一社）出版者著作権管理機構（電話03-5244-5088，FAX03-5244-5089，e-mail：info@jcopy.or.jp）の許諾を得てください．また本書を代行業者等の第三者に依頼してスキャンやデジタル化することは，たとえ個人や家庭内での利用であっても一切認められておりません．

まえがき

　本書は大学 1 年生向け微分積分学の教科書であり，筆者が東京工業大学在職中に 1 類の学生向けに行った微分積分学の講義ノートを基にして，慶應義塾大学理工学部の学門 2（令和 2 年度は学門 C）の学生向けに執筆した教科書に，修正・加筆したものである．その教科書は平成 20 年度から令和 2 年度まで使用しており，慶應義塾大学日吉キャンパスの理工学部基礎教室にコピーおよびホチキス止めを依頼し，受講生には無料で配布していた．しかし多くの受講生から，そのようなホチキス止めの教科書ではなく，しっかりと製本されたものを使いたいという意見を頂いたことが，本教科書を出版するに至った理由の一つである．

　この教科書の特徴は，昨今，敬遠されつつある ε-δ 論法（イプシロン・デルタ論法）を真正面から扱っている点にある．受験勉強を通して答えを出す練習だけを行ってきた学生にとって，証明問題や論理はわかりづらいものであり，ε-δ 論法はわけのわからない代物と思う学生は少なくない．そのため，ε-δ 論法は 2 年次以降に教えたほうがよいという意見も多く聞かれる．しかし，ε-δ 論法は数学の言葉の一つであり，外国語を習得するのに時間をかけているように，1 年次から少しずつ慣れ親しんで，すぐにはわからなくても時間をかけて習得すればよいと筆者は考えている．

　数学の一つの特徴は，ほかの学問とは比較にならないほど厳密性を追求する点にある．誰しもが正しいと認める公理から出発して，新しい概念や言葉を定義し，それらの間に成立する定理を見出し，その証明を与えるのが数学の一つの理論構築である．そして，解析学で重要な役割を果たす極限の概念を，直感や曖昧さを排除して，厳密に定義するために生まれたのが ε-δ 論法である．そのため，ε-δ 論法と論理とは切っても切り離せない関係にある．最近の一部の教科書において，ε-δ 論法の定義とその使い方の一部のみをわかりやすく教えようとする試みが散見される．しかし，公理や論理を使わず，ε-δ 論法のみを教えてしまうと，それを用いる必然性がまったくわからなくなり，学生たちを闇雲に混乱させてしまうであろう．したがって，この教科書でも，公理から出発して微分積分学の論理体系を厳密に構築していく方針に立っている．

　一方，厳密性を追求しすぎると，高校時代に習った初等関数でさえ簡単には扱えなくなってしまい，具体例を紹介するのに窮してしまうことになる．そのような場合，とりあえず高校で習ってきた事実を認めて先に進むという立場をとり，その注意書きをしている．また，定理や理論を理解していくうえで，直感は非常に重要な役割を果たす．この教科書では，厳密性は追求しつつ，わかりやすく解説することを心掛けている．難しいことを難しく教えるのではなく，誤解が生じない程度に直感を交えながら教えられるような構成にしてある．また，技巧的に難しい箇所については，初読の際には読み飛ばすよう促している．

　微分積分学は一つの立派な理論体系であるが，その応用範囲は理工学全般に渡っており，その計算技巧の習得も大切である．筆者の所属する数理科学科の学生からは「自分たちは論理はできるが，計算は工学系の学生たちのほうがよくできる」という声を聞くことがある．そうならないよう，この教科書では具体的な計算法についても解説している．厳密な論理と計算技巧のバランスを保つよう心掛けた．

　微分積分学の教科書は星の数ほどあり，その中には，厳密性の追求だけでなく豊富な例題，わかりやすい解説をしている教科書もある．それゆえ，以前の筆者は新たに教科書を書くことの必要性を感じていなかった．しかし，そのような立派な教科書は内容が豊富過ぎ，それを指定教科書にしてしまうと講義担当者によってはまったく違う講義になってしまう可能性がある．それは大学 1 年次の講義としては望ましくない．この教科書では，内容を制限することによって，誰が講義を担当しても同じような内容になるように心掛けた．そのため，ほかの教科書と比べると内容が少なく感じるかもしれない．また，技巧的過ぎる証明のいくつかは割愛しており，その意味で，完全には自己完結していない．しかし，微分積分学の必要最低限のことは含んでいる．

　この教科書は 3 部構成になっており，第 I 部は実数と微分，第 II 部は積分と級数について書かれているが，どちらも 1 変数と 2 変数関数しか扱っていない．これは，1 変数から 2 変数への拡張は大きなギャップがあるが，2 変数から n 変数への拡張は一般にそれほど難しくないからである．また，最初から n 変数関数を扱うと，記号の煩雑さによって難しく感じる場合が多いからでもある．第 I 部，第 II 部はそれぞれ半年間で 15 回の講義を念頭において書かれている．第 III 部は，それらに含めなかった n 変数関数の微分と積分，陰関数定理や逆関数定理とその応用を解説している．

　本書の基になった教科書を執筆してから 10 年以上が経った．その間，講義を受

講してくれた学生諸君や慶應義塾大学理工学部数理科学科の教員の方々から多くの
コメントを頂戴した．また，本書で使用してるほとんどの図版は筆者の妻である真
土香が作成してくれた．これらの方々に深く感謝申し上げたい．最後に，本書出版
の後押しをしてくれた古くからの友人である明治大学理工学部数学科の矢崎成俊君，
および筆者の遅筆を辛抱強く待ち続けてくださった森北出版の上村紗帆さん，編集
作業で読みやすい本に仕上げてくださった福島崇史さんに感謝したい．

　2021 年 2 月

井口達雄

目次

ギリシャ文字

大文字	小文字	読み方	大文字	小文字	読み方
A	α	アルファ	N	ν	ニュー
B	β	ベータ	Ξ	ξ	クシー，グザイ
Γ	γ	ガンマ	O	o	オミクロン
Δ	δ	デルタ	Π	π, ϖ	パイ
E	ε, ϵ	イプシロン	P	ρ, ϱ	ロー
Z	ζ	ゼータ	Σ	σ, ς	シグマ
H	η	エータ，イータ	T	τ	タウ
Θ	θ, ϑ	シータ，テータ	Υ	υ	ユプシロン
I	ι	イオタ	Φ	ϕ, φ	ファイ
K	κ	カッパ	X	χ	カイ
Λ	λ	ラムダ	Ψ	ψ	プサイ，プシー
M	μ	ミュー	Ω	ω	オメガ

第 Ⅰ 部

実数と微分

第 0 章　準備

　この章では本論に入る前の準備として，本書を通して使われる記号について説明する．とくに，論理記号を導入し，論理記号を用いた全称命題や存在命題，それらの否定命題，さらには公理について解説する．

0.1　記号

まず集合に関する記号を思い出しておこう．

- $x \in X$ または $X \ni x$：x は集合 X に属する（x を集合 X の元あるいは要素という）
- $x \notin X$ または $X \not\ni x$：x は集合 X に属さない
- $X \subset Y$ または $Y \supset X$：X は Y の部分集合（「$x \in X$ ならば $x \in Y$」が成り立つこと）
- $\{x \in X \mid Q(x)\}$：命題 $Q(x)$ が真となる $x \in X$ 全体の集合（$\{x \mid Q(x)\}$ とも書かれる）
- $X \cap Y = \{x \mid x \in X$ かつ $x \in Y\}$：集合 X と Y の共通部分
- $X \cup Y = \{x \mid x \in X$ または $x \in Y\}$：集合 X と Y の和集合
- $X \setminus Y = \{x \mid x \in X$ かつ $x \notin Y\}$：集合 X と Y の差集合

また，要素をもたない集合を空集合といい $\emptyset$ と書く．部分集合の定義からわかるように，$X \subset Y$ を示すためには，X に属する任意の元 x が Y に属することを示せばよい．二つの集合 X, Y の元がすべて一致しているとき X と Y は等しいといい $X = Y$ と書くが，これは「$X \subset Y$ および $Y \subset X$ が成り立つ」ことである．したがって，二つの集合 X, Y が等しいことを示すためには，X に属する任意の元 x が Y に属し，かつ Y に属する任意の元 y が X に属することを示せばよい．

　非常に重要で普遍的な数の集合を以下の記号を用いて表す．

- $\mathbf{N} = \{1, 2, 3, \dots\}$：自然数全体の集合
- $\mathbf{Z} = \{0, \pm 1, \pm 2, \pm 3, \dots\}$：整数全体の集合
- $\mathbf{Q} = \left\{ \frac{n}{m} \mid n, m \in \mathbf{Z}, m \neq 0 \right\}$：有理数全体の集合
- $\mathbf{R}$：実数全体の集合
- $\mathbf{C} = \{a + bi \mid a, b \in \mathbf{R}\}$：複素数全体の集合（ただし，$i = \sqrt{-1}$ は虚数単位）

自然数, 実数, 複素数をそれぞれ英訳すると, natural number, real number, complex number となり，それらの頭文字を太字にした $\mathbf{N}, \mathbf{R}, \mathbf{C}$ という記号が用いられる．また，整数の英訳は integer であるが，この場合ドイツ語訳した Zahlen の頭文字を太字にした記号 $\mathbf{Z}$ が用いられる．さらに，有理数の英訳は rational number であるが，この場合は商の英訳である quotient の頭文字を太字にした記号 $\mathbf{Q}$ が用いられる．これらの文字を板書するときは中抜きの太字を用いるので，最近の書物や論文では，黒板太字とよばれる書体 $\mathbb{N}, \mathbb{Z}, \mathbb{Q}, \mathbb{R}, \mathbb{C}$ が用いられる場合が多い．

$a < b$ を満たす任意の実数 a, b に対して，以下のように $\mathbf{R}$ の部分集合を定める．

- $(a, b) = \{x \in \mathbf{R} \mid a < x < b\}$：開区間
- $[a, b] = \{x \in \mathbf{R} \mid a \leq x \leq b\}$：閉区間
- $[a, b) = \{x \in \mathbf{R} \mid a \leq x < b\}$, $(a, b] = \{x \in \mathbf{R} \mid a < x \leq b\}$：半開区間

開区間, 閉区間, 半開区間を総称して区間という（大学では多くの場合，高校までで使用していた不等号の記号 $\leqq, \geqq$ を，それぞれ $\leq, \geq$ と書く）．端点が含まれない（開いている）場合は丸括弧が使われ，端点が含まれる（閉じている）場合は角括弧が使われる．上の区間の記法において，右端点が開いている場合 $b = \infty$，左端点が開いている場合 $a = -\infty$ と書くことも許す．その場合，$(a, \infty) = \{x \in \mathbf{R} \mid a < x\}$，$(-\infty, b] = \{x \in \mathbf{R} \mid x \leq b\}$，$(-\infty, \infty) = \mathbf{R}$ などとなる．まれであるが，丸括弧の代わりに左右を逆転させた角括弧を用いて，開区間 (a, b) を $]a, b[$，半開区間 $[a, b)$ を $[a, b[$ などと書くときもある．

その他，以下の記号も使う．

- $n! = n(n-1) \cdots 3 \cdot 2 \cdot 1$：$n$ の階乗（ただし，便宜上 $0! = 1$ とする）
- $\binom{n}{k} = {}_n\mathrm{C}_k = \dfrac{n!}{k!(n-k)!}$：二項係数（ただし，$k = 0, 1, \dots, n$）
- $A := B$：A を B で定める（B を A と略記する）

本書ではこれらの記号以外にもさまざまな記号が使われるが，それらはそのつど説

明する.

0.2 論理記号と公理

X を集合とし，X の各元 $x \in X$ に対して $Q(x)$ を x に関する命題とする．このとき，

「任意の $x \in X$ に対して，命題 $Q(x)$ は真である」

という命題は全称命題とよばれており，次のいずれかのように略記する.

- $\forall x \in X \ Q(x)$
- $Q(x) \ (\forall x \in X)$

また，

「命題 $Q(x)$ が真となるような $x \in X$ が存在する」

という命題は存在命題とよばれており，次のいずれかのように略記する.

- $\exists x \in X \ Q(x)$
- $\exists x \in X \ \text{s.t.} \ Q(x)$

ここで見慣れない記号 $\forall$ および $\exists$ が現れている．$\forall$ は全称記号，$\exists$ は存在記号とよばれ，「任意の（すべての）」および「存在する」に対応する英単語である「Any (All)」および「Exist」の頭文字を 180 度回転させたものである．これらは論理記号とよばれているもので，厳密な数学を展開する際に頻繁に使われる記号である．また，s.t. は英語の such that の省略形である.

このような論理記号を使うことの利点は，記述の簡略化および明確化であって，曖昧な表現を排除するのに役立ち，厳密な数学を展開するのに非常に有用である．その一方で，初めのうちはその使い方に戸惑い，難解な記号という印象をもつかもしれないが，これからさまざまなところで使用するうちに慣れてきて，とても便利な記号であることがわかるであろう.

このような論理記号は組み合わせて使われる場合が多い．すなわち，上の命題 $Q(x)$ の中にも論理記号 $\forall$ あるいは $\exists$ が使われるのである．たとえば，命題 $Q(x)$ が $x \in X$ および $y \in Y$ に関する命題 $P(x, y)$ を用いて

$$Q(x) \equiv \exists y \in Y\ P(x, y)$$

と書かれているとしよう．ここで，$\equiv$ は左右二つの命題が同義である（真偽が一致する）という意味の記号であり，命題の等号のようなものである．このとき，「$\forall x \in X$ $Q(x)$」という命題は

$$\forall x \in X\ \exists y \in Y\ P(x, y) \tag{0.1}$$

と書かれる．

さて，この命題における「$\forall x \in X$」および「$\exists y \in Y$」の順番を形式的に入れ替えて，

$$\exists y \in Y\ \forall x \in X\ P(x, y) \tag{0.2}$$

という命題を作ってみる．このとき，これら二つの命題 (0.1) および (0.2) の意味は異なることに注意しよう．命題 (0.1) は「任意の $x \in X$ に対して，それに応じて適当な $y \in Y$ をとってくれば命題 $P(x, y)$ が成り立つ」といっているのに対し，命題 (0.2) は「$x \in X$ に無関係なある $y \in Y$ が存在して，任意の $x \in X$ に対して命題 $P(x, y)$ が成り立つ」といっている．すなわち，命題 (0.1) における y は一般には x に依存しており x を変えれば y もそれに応じて変わるのに対し，命題 (0.2) における y は x に無関係である．それゆえ，命題 (0.2) が真であれば命題 (0.1) も真であることがわかるが，その逆は一般には成り立たない．

一例を挙げよう．集合 X および Y を自然数全体の集合 $\mathbf{N}$ とし，命題 $P(x, y)$ を $x < y$ とする．この場合，任意の $x \in \mathbf{N}$ に対して $y := x + 1$ と定めると，$y \in \mathbf{N}$ であり，かつ $x < y$ が成り立つので，命題 (0.1) は真である．それに対して，任意の $x \in \mathbf{N}$ に対して $x < y$ が成り立つような x に無関係な $y \in \mathbf{N}$ は存在しないので，命題 (0.2) は偽である．

問 0.1 以下の命題が真であるか偽であるかを理由を付けて述べよ．

(1) $\exists x \in \mathbf{R}\ \forall y \in \mathbf{R}\ \ x + y > 0$ (2) $\forall x \in \mathbf{R}\ \exists y \in \mathbf{R}\ \ x + y > 0$

(3) $\forall x \in \mathbf{R}\ \forall y \in \mathbf{R}\ \ x + y > 0$ (4) $\exists x \in \mathbf{R}\ \exists y \in \mathbf{R}\ \ x + y > 0$

(5) $\forall x \in \mathbf{N}\ \exists y \in \mathbf{N}\ \ y < x$

命題 Q の否定命題を $\neg Q$ と書くことにする．

公理 0.1 X を集合とし，$Q(x)$ を $x \in X$ に関する命題とする．

(1) $\neg(\forall x \in X\ Q(x)) \equiv \exists x \in X\ \neg Q(x)$

(2) $\neg(\exists x \in X\ Q(x)) \equiv \forall x \in X\ \neg Q(x)$

数学におけるさまざまな理論は，いくつかの基本的な命題が真であることを前提とし，それを出発点として理論を展開していく．それらの前提となる命題のことを，その理論における公理とよぶ．

もう少し噛み砕いて説明しよう．証明という操作は何をしているのだろうか？　ある命題が正しいことを説明するために，既知の事柄（命題）から三段論法などの推論方法を用いてその命題を導く操作が証明である．したがって，証明では既知の命題を用いる必要がある．しかし，その既知の命題自身も正しいかどうかを確かめないといけないわけで，そうなると別の既知の命題を用いて証明を与えることになる．このようにして，より根源的・普遍的な命題を既知として証明を与えるのであるが，ある程度その操作を続けると，もう当たり前すぎて証明するにもどうしたらよいのかわからなくなるような命題にまで遡ってしまう．そこで，そのような根源的・普遍的な命題は真であると仮定してしまうのである．そのように，真であると仮定された命題が公理である．

上の公理は全称命題および存在命題の否定に関する公理である．$\neg(\forall x \in X\ Q(x))$ は，「すべての $x \in X$ に対して $Q(x)$ は真」ということはない，すなわち「必ずしも $Q(x)$ は真ではない」という部分否定である．それに対して，$\neg(\exists x \in X\ Q(x))$ は，「$Q(x)$ が真となる $x \in X$ が存在する」ことはない，すなわち「どんな場合にも $Q(x)$ は真とならない」という全否定である．論理記号に慣れないうちは，全称命題 $(\forall x \in X\ Q(x))$ の否定を全否定 $(\forall x \in X\ \neg Q(x))$ にしたり，存在命題 $(\exists x \in X\ Q(x))$ の否定を部分否定 $(\exists x \in X\ \neg Q(x))$ にしたりするが，それらは誤りである．否定をとると，$\forall$ は $\exists$ に変わり，$\exists$ は $\forall$ に変わる，と覚えておくとよい．

ここで紹介した公理は，これから展開していく理論（微分積分学）における一つの公理であり，これ以外にもいくつかの公理を採用する．しかしながら，それらの公理は皆さんにとってごく当たり前な事項であるから（むしろ，それらの公理を採用しないといわれるときのほうが奇異に感じるであろう），ここでそれらを紹介することはやめよう．

第 1 章　実数の連続性と数列の極限

　この章では，まず実数をいくつかの公理を満たす集合の元として定義し，とくに連続性公理について詳しく解説する．次いで，高校では直感的に行われていた数列の収束の定義を，論理記号を用いて厳密に与える．この定義と実数の連続性公理を用いることにより，数列の収束に関するさまざまな性質に厳密な証明を与えることが可能になる．

1.1　実数の連続性

実数とは何か？　高校では，実数とは

- 有理数および無理数（循環しない無限小数）の総称
- 数直線上の各点に対応する数

と習ったことであろう．これはこれで間違いないのであるが，厳密な理論を展開しようとすると少々曖昧な定義であることがわかる．そこで，実数を次の三つの公理を満たす集合 **R** の元として定義する．

実数の公理
(1) 代数の公理（四則演算）
(2) 順序の公理（大小関係）
(3) 連続性公理

　ここで，(1) は和および積に関する基本的な性質を列挙した公理であり，代数学の用語を用いれば「**R** は体である」ということができる．(2) は不等号に関する基本的な性質を列挙した公理である．これら二つの公理の詳細は付録 A.1 において紹介する．

　さて，有理数全体の集合 $\mathbf{Q}$ もまた代数の公理と順序の公理を満たすのであるが，$\mathbf{Q}$ と $\mathbf{R}$ が決定的に異なるのは，$\mathbf{R}$ が (3) の連続性公理を満たすのに対して，$\mathbf{Q}$ は満たさないことである．この連続性公理は，直感的には実数は数直線上に隙間なく分布していることを表しており，解析学では非常に重要な役割を担っている．この公理を述べるために，いくつかの言葉を定義しよう．以下では，集合 $\mathbf{R}$ は代数の公理と順序の公理を満たしているとする．

　定義 1.1　A を空でない $\mathbf{R}$ の部分集合とし，$b \in \mathbf{R}$ とする．
　　(1) 任意の $a \in A$ に対して $a \leq b$ が成り立つとき，b を A の上界という．
　　(2) 任意の $a \in A$ に対して $b \leq a$ が成り立つとき，b を A の下界という．
　　(3) A の上界が存在するとき，A は上に有界という．
　　(4) A の下界が存在するとき，A は下に有界という．
　　(5) A が上に有界かつ下に有界であるとき，A は有界という．

　例 1.1　$A = (0, 1]$ の場合，0 以下のすべての実数は $(0, 1]$ の下界であり，1 以上のすべての実数は $(0, 1]$ の上界である．ゆえに，$(0, 1]$ は下に有界かつ上に有界であり，それゆえ $(0, 1]$ は有界である．

　例 1.2　$A = \mathbf{N}$ の場合，1 以下のすべての実数は $\mathbf{N}$ の下界であり，$\mathbf{N}$ は下に有界である．また，$\mathbf{N}$ が上に有界でないことは，直感的には明らかであるが，後で述べる連続性公理から厳密に証明することができる（定理 1.2 の証明を参照せよ）．

　定義 1.2　A を空でない $\mathbf{R}$ の部分集合とし，$\alpha \in \mathbf{R}$ とする．
　　(1) α は A の上界でありかつ A に属すとき，α を A の最大元とよび $\alpha = \max A$ と書く．
　　(2) α は A の下界でありかつ A に属すとき，α を A の最小元とよび $\alpha = \min A$ と書く．

　例 1.3　$A = (0, 1]$ の場合，$\max A = 1$ であり $\min A$ は存在しない．$A = \mathbf{N}$ の場合，$\min A = 1$ であり $\max A$ は存在しない．

　この例からわかるように，$\max A$ や $\min A$ は常に存在するとは限らない．

定義 1.3　A を空でない $\mathbf{R}$ の部分集合とする.

　(1) A の上界全体の集合に最小元 α が存在するとき, α を A の上限といい $\alpha = \sup A$ と書く.

　(2) A の下界全体の集合に最大元 α が存在するとき, α を A の下限といい $\alpha = \inf A$ と書く.

　(3) A が上に有界でないとき, $\sup A = +\infty$ と書く.

　(4) A が下に有界でないとき, $\inf A = -\infty$ と書く.

例 1.4　$A = (0,1]$ の場合, A の上界全体の集合 $= [1,\infty)$ および A の下界全体の集合 $= (-\infty, 0]$ であるから, $\sup(0,1] = 1$ および $\inf(0,1] = 0$. $A = \mathbf{N}$ の場合, A は上に有界でなく A の下界全体の集合 $= (-\infty, 1]$ であるから, $\sup\mathbf{N} = +\infty$ および $\inf\mathbf{N} = 1$.

以上の準備のもと, 実数の連続性公理を述べよう.

連続性公理　A を空でない $\mathbf{R}$ の部分集合とする. A が上に有界ならば, A の上限 $\sup A$ が（$\mathbf{R}$ において）存在する.

　ここでは上限を用いたが, 上限の代わりに下限を用いて, 「A が下に有界ならば, A の下限 $\inf A$ が（$\mathbf{R}$ において）存在する」という命題を連続性公理に採用してもよい. すなわち, これら二つの命題は同値である（その真偽が一致する）ことが示される.

　この連続性公理より, $\pm\infty$ を値として許容するならば, 任意の空でない $\mathbf{R}$ の部分集合 A に対して, $\sup A$ および $\inf A$ は必ず存在することがわかる.

問 1.1　以下の $\mathbf{R}$ の部分集合 A に対して, $\sup A, \inf A, \max A, \min A$ をそれぞれ求めよ. ただし, 存在しないものもあることに注意せよ.

　(1) $A = [-3, 2)$ 　　　　　　　　　　(2) $A = (-\sqrt{2}, 0) \cap [2, 4]$

　(3) $A = \{x \in \mathbf{Q} \,|\, x > 0, x^2 \leq 2\}$ 　　(4) $A = \{x \in \mathbf{Q} \,|\, x > 0, x^2 \leq 4\}$

　(5) $A = \{(-1)^n \frac{1}{n} + \frac{1}{m} \,|\, n, m \in \mathbf{N}\}$ 　(6) $A = \{(-1)^n \frac{1}{n} - \frac{1}{m} \,|\, n, m \in \mathbf{N}\}$

　(7) $A = \{\tan\left(\frac{1-3n}{6n}\pi\right) \,|\, n \in \mathbf{N}\}$

問 1.2　空でない $\mathbf{R}$ の部分集合 A に対して，最大元 $\max A$ が存在するならば $\sup A = \max A$ が成り立ち，最小元 $\min A$ が存在するならば $\inf A = \min A$ が成り立つことを証明せよ.

次の定理は上限および下限の特徴付けを与えている.

定理 1.1　A を空でない $\mathbf{R}$ の部分集合とし，$\alpha \in \mathbf{R}$ とする.
  (1) $\alpha = \sup A$ となるための必要十分条件は，次の 2 条件が成り立つことである.
   (i) 任意の $a \in A$ に対して $a \le \alpha$.
   (ii) $\beta < \alpha$ を満たす任意の $\beta \in \mathbf{R}$ に対して，$\beta < a$ となる $a \in A$ が存在する.
  (2) $\alpha = \inf A$ となるための必要十分条件は，次の 2 条件が成り立つことである.
   (i) 任意の $a \in A$ に対して $\alpha \le a$.
   (ii) $\alpha < \beta$ を満たす任意の $\beta \in \mathbf{R}$ に対して，$a < \beta$ となる $a \in A$ が存在する.

[証明]　(1) を示そう. (i) は α が A の上界であるという条件である. また，「$\beta < a$ となる $a \in A$ が存在する」という条件は β が A の上界ではないということであるから（公理 0.1 を参照せよ），(ii) は α より小さな実数は決して A の上界にはならないという条件である. したがって，これら 2 条件は α が A の最小の上界であることを述べており，$\alpha = \sup A$ となるための必要十分条件となる. (2) もまったく同様の考察によって示される. □

この定理 1.1 の (1) および (2) における条件 (ii) は，それぞれ

(1) (ii′)　任意の正数 ε に対して $\alpha - \varepsilon < a$ となる $a \in A$ が存在する.
(2) (ii′)　任意の正数 ε に対して $a < \alpha + \varepsilon$ となる $a \in A$ が存在する.

と同値であることに注意しよう. 定理 1.1 はこの (ii′) の形で使われる場合もある.

問 1.3　A, B を空でない $\mathbf{R}$ の有界な部分集合で $A \subset B$ を満たすとする. このとき，$\inf B \le \inf A \le \sup A \le \sup B$ が成り立つことを示せ.

問 1.4　A を空でない $\mathbf{R}$ の部分集合で上に有界であるとし，$-A := \{-a \mid a \in A\}$ とおく．このとき，$-A$ は下に有界な $\mathbf{R}$ の部分集合であり，$\inf(-A) = -\sup A$ が成り立つことを示せ．

　次の定理は Archimedes（アルキメデス）の公理とよばれ，直感的には自明な命題である．それだけに，証明せよといわれても皆さんは答えに窮してしまうであろう．しかし実数の連続性公理を用いると，明快な証明を与えることができる．

定理 1.2（Archimedes の公理）　任意の正数 a, b に対して，$a < nb$ となる自然数 n が存在する．

［証明］　まず，$b = 1$ の場合を示す．このとき，定理の主張を論理記号を用いて書くと次のようになる．

$$\forall a > 0 \; \exists n \in \mathbf{N} \; \text{s.t.} \; a < n \tag{1.1}$$

この命題が偽であると仮定してみよう．このとき，この (1.1) の否定命題が成り立つ．その否定命題を公理 0.1 を用いて変形すると，次のようになる．

$$\neg(\forall a > 0 \; \exists n \in \mathbf{N} \; \text{s.t.} \; a < n) \equiv \exists a > 0 \; \neg(\exists n \in \mathbf{N} \; \text{s.t.} \; a < n)$$
$$\equiv \exists a > 0 \; \forall n \in \mathbf{N} \; \neg(a < n)$$
$$\equiv \exists a > 0 \; \forall n \in \mathbf{N} \; n \leq a$$

この最後の命題は $\mathbf{N}$ の上界であるような正数 a が存在するといっており，それゆえ $\mathbf{N}$ が上に有界であることが従う．このとき，連続性公理より $\mathbf{N}$ の上限 $\alpha = \sup \mathbf{N} \in \mathbf{R}$ が存在する．$\alpha - 1 < \alpha$ であるから定理 1.1 (1) より（$A = \mathbf{N}$ および $\beta = \alpha - 1$ として (ii) を用いる），$\alpha - 1 < n$ となる $n \in \mathbf{N}$ が存在する．このとき，$\alpha < n + 1 \in \mathbf{N}$ が従うが，これは α が $\mathbf{N}$ の上限であること，それゆえ α が $\mathbf{N}$ の上界であることに矛盾する．それゆえ (1.1) が成り立たなくてはならず，$b = 1$ のときの定理の主張が示された．

　次に，一般の $b > 0$ の場合を示す．任意の正数 a, b に対して，$\frac{a}{b}$ もまた正数であるから，前半において証明したことから $\frac{a}{b} < n$ となる自然数 n が存在する．この最後の不等式の両辺に $b > 0$ を掛ければ $a < nb$ となり，定理の主張が従う．　　□

　この証明からわかるように，自然数全体の集合 $\mathbf{N}$ が上に有界でないことが，直感に頼らず，実数の公理から論理的に厳密に証明される．

問 1.5　(1) 集合の等式 $\{x \in [0,1] \mid \exists n \in \mathbf{N} \text{ s.t. } \frac{1}{n} \leq x \leq 1\} = (0,1]$ を示せ.
　(2) 集合 $\{x \in [0,1] \mid \forall n \in \mathbf{N} \; \frac{1}{n} \leq x \leq 1\}$ をより具体的な形で書き下せ.

ここでは, 実数の連続性公理を上限を用いて述べたが, それ以外にも（この連続性公理と同値な）いくつかの連続性公理が知られている. 興味のある人は付録 A.1 を参照していただきたい.

1.2　数列の極限

高校では, 数列 $\{a_n\}$ が定数 α に収束するとは

- n が限りなく大きくなるにつれて, a_n が α に限りなく近づくときをいう

と習い, その定義に引き続いていくつかの例を眺めることにより, 数列の収束の意味を理解したことであろう. しかし, ここで今一歩踏み込んで「n が限りなく大きく」とか「a_n が α に限りなく近づく」という意味を考えてみると, 雰囲気は伝わってくるものの幾分漠然としており, 厳密な理論を展開していくうえでは不十分であることがわかる. そこで, 数列の収束の厳密な定義を与えよう. なお, 本書ではとくに断らない限り, 数列はすべて実数列であるとする.

定義 1.4（数列の極限）　数列 $\{a_n\}$ が定数 α に収束するとは, 任意の正数 ε に対してある自然数 n_0 が存在し, $n \geq n_0$ を満たす任意の自然数 n に対して $|a_n - \alpha| < \varepsilon$ が成り立つときをいう. このとき, α を数列 $\{a_n\}$ の極限値といい

$$\lim_{n \to \infty} a_n = \alpha \quad \text{あるいは} \quad a_n \to \alpha \;\; (n \to \infty)$$

と書く.

この数列の収束の定義を, 論理記号を用いて書くと次のようになる.

$$\forall \varepsilon > 0 \; \exists n_0 \in \mathbf{N} \; \forall n \in \mathbf{N} \; (n \geq n_0 \Rightarrow |a_n - \alpha| < \varepsilon)$$

このような定義をいきなり出されてもピンとこないであろうから, その意味を説明しておこう. これは, どんなに小さな正数 ε をとってきても, それに応じて十分大きな自然数 n_0 をとれば, 第 n_0 項目以降のすべての a_n は α から（距離 ε という）

極めて近いところにいる，ということを述べている（図1.1を参照せよ）．この番号 n_0 は一般に ε に依存しており，ε を小さくすると，それに応じて n_0 は大きくとらなければならない．したがって，$n_0 = n_0(\varepsilon)$ と書いておくとわかりやすいであろう．

$n \geq n_0$ ならば a_n は常にこの区間内にある

図 1.1 極限 $\alpha = \lim_{n \to \infty} a_n$ の概念図．縦線は数列の各項 a_n を表す．

ここでは記号 ε を用いて数列の収束を定義したが，その定義に従って（記号 ε を用いて）数列の収束を議論する論法は ε 論法あるいは ε-N 論法とよばれている．

例 1.5 直感的には自明な極限 $\lim_{n \to \infty} \dfrac{1}{n} = 0$ は，Archimedes の公理（定理 1.2）より論理的に厳密に導くことができる．実際，任意の $\varepsilon > 0$ に対して（$a = 1, b = \varepsilon$ として）定理 1.2 を用いると，$1 < n_0 \varepsilon$ を満たす自然数 n_0 が存在することがわかる．このとき，$n \geq n_0$ を満たす任意の自然数 n に対して，$1 < n_0 \varepsilon \leq n \varepsilon$ が成り立つので，この両辺を n で割ると $0 < \dfrac{1}{n} < \varepsilon$，それゆえ $\left| \dfrac{1}{n} - 0 \right| < \varepsilon$ が成り立つ．以上のことをまとめると，

$$\forall \varepsilon > 0 \, \exists n_0 \in \mathbf{N} \, \forall n \in \mathbf{N} \left(n \geq n_0 \Rightarrow \left| \frac{1}{n} - 0 \right| < \varepsilon \right)$$

が成り立つことが示された．したがって，$\lim_{n \to \infty} \dfrac{1}{n} = 0$ が成り立つ．

こんな当たり前なことをなぜ難しい論理記号を用いて証明するのか？という疑問をもつ人も多いであろう．しかし，このような ε-N 論法を用いないと証明するのが非常に困難になるような問題も多数ある．そのような問題の一例としてよく引き合いに出されるのが次の例である．

例 1.6 $\lim_{n \to \infty} a_n = \alpha$ ならば次式が成り立つ．

$$\lim_{n \to \infty} \frac{a_1 + a_2 + \cdots + a_n}{n} = \alpha$$

これは，数列 $\{a_n\}$ の第 1 項から第 n 項までの算術平均値を一般項とする数列が $\{a_n\}$ の極限値に収束することを述べている．直感的にいえば，n を大きくするにつれて，平均をとる集合 $\{a_1, a_2, \ldots, a_n\}$ の多くの元が α に近づくので，その平均値も α に

近づいてくるのである．高校までの知識でこれ以上の証明を与えるのは困難であろう．しかしながら，ε-N 論法を使うと，以下のように誰しもが納得するような証明を与えることができる．

任意の $\varepsilon > 0$ に対して，仮定よりある自然数 $n_0 = n_0(\varepsilon)$ が存在して，

$$|a_n - \alpha| < \varepsilon \quad (\forall n \geq n_0) \tag{1.2}$$

が成り立つ．次に，この番号 n_0 を用いて

$$M := |a_1 - \alpha| + |a_2 - \alpha| + \cdots + |a_{n_0-1} - \alpha|$$

とおこう（この M もまた，一般には ε に依存していることに注意しよう）．このとき，$n \geq n_0$ を満たす任意の自然数 n に対して

$$
\begin{aligned}
&\left| \frac{a_1 + a_2 + \cdots + a_n}{n} - \alpha \right| \\
&= \left| \frac{(a_1 - \alpha) + (a_2 - \alpha) + \cdots + (a_n - \alpha)}{n} \right| \\
&\leq \frac{|a_1 - \alpha| + \cdots + |a_{n_0-1} - \alpha|}{n} + \frac{|a_{n_0} - \alpha| + \cdots + |a_n - \alpha|}{n} \\
&< \frac{M}{n} + \frac{(n - (n_0 - 1))\varepsilon}{n} \leq \frac{M}{n} + \varepsilon
\end{aligned}
$$

となる．ここで，Archimedes の公理（定理 1.2）より $M < n_1 \varepsilon$ を満たす自然数 n_1 が存在する．このとき，$n \geq n_1$ を満たす任意の自然数 n に対して $\frac{M}{n} \leq \frac{M}{n_1} < \varepsilon$ が成り立つ．そこで，$n_2 = n_2(\varepsilon)$ を $n_2 := \max\{n_0, n_1\}$ により定めると，$n \geq n_2$ を満たす任意の自然数 n に対して

$$\left| \frac{a_1 + a_2 + \cdots + a_n}{n} - \alpha \right| < \frac{M}{n} + \varepsilon < \varepsilon + \varepsilon = 2\varepsilon$$

となるが，これは望みの式が成り立つことを示している．   □

この最後の不等式の右辺が ε ではなく 2ε であることに疑問をもつ人もいるかもしれない．この点については，任意の $\varepsilon > 0$ に対して，ε の代わりに $\frac{\varepsilon}{2}$ から上のようにして定まる自然数 n_2 を n_3 とおくと（すなわち，$n_3(\varepsilon) := n_2(\frac{\varepsilon}{2})$ とすると），$n \geq n_3$ を満たす任意の自然数 n に対して

$$\left| \frac{a_1 + a_2 + \cdots + a_n}{n} - \alpha \right| < 2\frac{\varepsilon}{2} = \varepsilon$$

が成り立つことがわかる．あるいは，(1.2) の代わりに $|a_n - \alpha| < \frac{\varepsilon}{2} \ (\forall n \geq n_0)$ を

満たす自然数 n_0 をとることから議論を始めれば，最後に ε の置き換えをすることなく，数列の収束の定義における不等式と同じ形の不等式を導くことができる.

上の証明における計算過程を各自手を動かして確かめてみることを強く推奨する.そうすることにより，どの条件がどのように使われているかが明確に理解できることであろう．このように自分で手を動かして計算や証明を確認することは，上の証明に限らず，これから数学を学んでいくうえで重要な作業である．とくに，より進んだ内容の教科書では途中計算が省かれている場合が非常に多い．その際，書かれていることを鵜呑みにするのではなく，省かれている計算を自分で補いながら最終的な結論を確認するように心掛けよう．そのことがより深い理解につながっていく．このような作業は，しばしば「行間を埋める」あるいは「行間を読む」と表現される.

次に，数列の極限に関する基本事項を紹介しよう．そのために，いくつかの言葉を定義しておく.

定義 1.5 $\{a_n\}$ を数列とする.
   (1) 任意の自然数 n に対して $a_n \leq a_{n+1}$ （または $a_n < a_{n+1}$）が成り立つとき，$\{a_n\}$ は単調増加（または狭義単調増加）であるという.
   (2) 任意の自然数 n に対して $a_n \geq a_{n+1}$ （または $a_n > a_{n+1}$）が成り立つとき，$\{a_n\}$ は単調減少（または狭義単調減少）であるという.
   (3) 集合 $\{a_1, a_2, a_3, \ldots\}$ が上に有界（または下に有界）であるとき，$\{a_n\}$ は上に有界（または下に有界）であるという.
   (4) 集合 $\{a_1, a_2, a_3, \ldots\}$ が有界であるとき，$\{a_n\}$ は有界であるという.

定理 1.3 収束する数列 $\{a_n\}$ は有界である.

[証明] $\lim_{n \to \infty} a_n = \alpha$ とすると，極限の定義より，（$\varepsilon = 1$ に対して）十分大きな自然数 n_0 をとれば $|a_n - \alpha| < 1$ $(\forall n \geq n_0)$ が成り立つ．それゆえ，

$$|a_n| = |(a_n - \alpha) + \alpha| \leq |a_n - \alpha| + |\alpha| < 1 + |\alpha| \quad (\forall n \geq n_0)$$

となる．したがって，$M := \max\{|a_1|, |a_2|, \ldots, |a_{n_0-1}|, 1+|\alpha|\}$ とおくと $|a_n| \leq M$ $(\forall n \in \mathbf{N})$ が成り立つ．これは $\{a_n\}$ が有界であることを示している. $\square$

次の定理は高校においてすでに習っていることであるが，ここで再度紹介してお

く. 高校では直感的な理解にとどまりその証明は与えられなかったが, 数列の極限の定義を厳密に与えた今, その証明を与えることができる.

定理 1.4 $\lim_{n\to\infty} a_n = \alpha$, $\lim_{n\to\infty} b_n = \beta$ とすると, 次式が成り立つ.

(1) $\lim_{n\to\infty} (a_n + b_n) = \alpha + \beta$ $\left(= \lim_{n\to\infty} a_n + \lim_{n\to\infty} b_n \right)$

(2) $\lim_{n\to\infty} a_n b_n = \alpha\beta$ $\left(= \lim_{n\to\infty} a_n \times \lim_{n\to\infty} b_n \right)$

さらに, $b_n \neq 0$ $(n \in \mathbf{N})$, $\beta \neq 0$ とすると, 次式も成り立つ.

(3) $\lim_{n\to\infty} \dfrac{a_n}{b_n} = \dfrac{\alpha}{\beta}$ $\left(= \dfrac{\lim_{n\to\infty} a_n}{\lim_{n\to\infty} b_n} \right)$

[証明] (2) を示そう. (1) および (3) の証明は問いとして残しておく. まず,

$$|a_n b_n - \alpha\beta| = |(a_n - \alpha)b_n + \alpha(b_n - \beta)| \leq |a_n - \alpha||b_n| + |\alpha||b_n - \beta|$$

が成り立つことに注意しよう. 一方, 仮定より任意の $\varepsilon > 0$ に対して十分大きな自然数 n_0 をとれば, $n \geq n_0$ を満たす任意の自然数 n に対して

$$|a_n - \alpha| < \varepsilon \quad \text{および} \quad |b_n - \beta| < \varepsilon \tag{1.3}$$

が成り立つ. また, $\{b_n\}$ は収束列であるから, 定理 1.3 より有界列であることがわかる. したがって, 十分大きな正数 M をとれば $|b_n| \leq M$ $(\forall n \in \mathbf{N})$ が成り立つ. それゆえ, $n \geq n_0$ を満たす任意の自然数 n に対して

$$|a_n b_n - \alpha\beta| < \varepsilon M + |\alpha|\varepsilon = (M + |\alpha|)\varepsilon$$

が成り立つ. ここで $\varepsilon > 0$ は任意であったから, この最後の不等式は望みの式が成り立つことを示している. □

　例 1.6 のときと同様, この最後の不等式の右辺が ε ではなく $(M + |\alpha|)\varepsilon$ であることに疑問をもつ人がいるかもしれない. この点については, 任意の $\varepsilon > 0$ に対して, ε の代わりに $\frac{\varepsilon}{M+|\alpha|}$ から上のようにして定まる自然数 n_0 を n_1 とおくと (すなわち, $n_1(\varepsilon) := n_0(\frac{\varepsilon}{M+|\alpha|})$ とすると), $n \geq n_1$ を満たす任意の自然数 n に対して $|a_n b_n - \alpha\beta| < \varepsilon$ が成り立つことがわかる. あるいは, (1.3) の代わりに

$$|a_n - \alpha| < \frac{\varepsilon}{M + |\alpha|} \quad \text{および} \quad |b_n - \beta| < \frac{\varepsilon}{M + |\alpha|} \quad (\forall n \geq n_0)$$

を満たす自然数 n_0 をとることから議論を始めれば, 最後に ε の置き換えをするこ

となく $|a_n b_n - \alpha\beta| < \varepsilon$ を導くことができる.

問 1.6 $\lim\limits_{n \to \infty} b_n = \beta$ ならば,ある自然数 n_0 が存在して $|b_n| \geq \frac{|\beta|}{2}$ $(\forall n \geq n_0)$ となることを示せ.

問 1.7 定理 1.4 の (1) および (3) を証明せよ.

問 1.8 $\lim\limits_{n \to \infty} a_n = \alpha$,$\lim\limits_{n \to \infty} b_n = \beta$ ならば,次式が成り立つことを示せ.

$$\lim_{n \to \infty} \frac{a_1 b_n + a_2 b_{n-1} + \cdots + a_n b_1}{n} = \alpha\beta$$

問 1.9 $\lim\limits_{n \to \infty} a_n = \alpha$ ならば,次式が成り立つことを示せ.

$$\lim_{n \to \infty} \frac{1}{n^2} \sum_{k=1}^{n} k a_k = \frac{1}{2}\alpha$$

1.3 数列の収束判定法

次の「はさみうちの原理」も高校で学んできており,数列の極限値を計算する際に大いに役立つことは承知しているであろう.ここでは,その証明を与えるので「はさみうちの定理」とよぼう.

定理 1.5(はさみうちの定理) 数列 $\{a_n\}, \{b_n\}, \{c_n\}$ は $b_n \leq a_n \leq c_n$ $(\forall n \in \mathbf{N})$ を満たしており,かつ $\lim\limits_{n \to \infty} b_n = \lim\limits_{n \to \infty} c_n = \alpha$ ならば,$\lim\limits_{n \to \infty} a_n = \alpha$ が成り立つ.

[証明] 仮定より,任意の $\varepsilon > 0$ に対して十分大きな自然数 n_0 をとれば,$n \geq n_0$ を満たす任意の自然数 n に対して $|b_n - \alpha| < \varepsilon$ および $|c_n - \alpha| < \varepsilon$,すなわち,

$$\alpha - \varepsilon < b_n < \alpha + \varepsilon \quad \text{および} \quad \alpha - \varepsilon < c_n < \alpha + \varepsilon$$

が成り立つ.これらの不等式と仮定より,

$$\alpha - \varepsilon < b_n \leq a_n \leq c_n < \alpha + \varepsilon \qquad \therefore \quad \alpha - \varepsilon < a_n < \alpha + \varepsilon$$

となる.したがって,$|a_n - \alpha| < \varepsilon$ $(\forall n \geq n_0)$ となり $\lim\limits_{n \to \infty} a_n = \alpha$ が従う. $\qquad \square$

次の定理も高校で習ってきたが，上のはさみうちの定理の証明をまねてその証明を試みると，トートロジーに陥ってしまいかねない．しかし，背理法を使えば比較的簡単に証明できるので，その証明は問いとして残しておく．

定理 1.6　数列 $\{a_n\}, \{b_n\}$ が $a_n \leq b_n$ $(\forall n \in \mathbf{N})$ を満たしており，かつ $\lim\limits_{n \to \infty} a_n = \alpha$, $\lim\limits_{n \to \infty} b_n = \beta$ ならば，$\alpha \leq \beta$ が成り立つ．

問 1.10　定理 1.6 を証明せよ．

次の定理は単調収束定理として知られている．

定理 1.7　上に有界な単調増加数列および下に有界な単調減少数列は収束列である．

［証明］　$\{a_n\}$ を上に有界な単調増加数列とする．集合 $\{a_1, a_2, \ldots\}$ は上に有界であるから，連続性公理より上限 $\alpha = \sup\{a_1, a_2, \ldots\}$ が存在する．このとき，

$$a_n \leq \alpha \quad (\forall n \in \mathbf{N})$$

が成り立つ．さて，任意の $\varepsilon > 0$ に対して，$\alpha - \varepsilon < \alpha$ であるから，定理 1.1 (1) より $\alpha - \varepsilon < a_{n_0}$ を満たす自然数 n_0 が存在する．このとき，$\{a_n\}$ が単調増加数列であることから

$$\alpha - \varepsilon < a_{n_0} \leq a_n \quad (\forall n \geq n_0)$$

が成り立つ．これら二つの不等式より $|a_n - \alpha| < \varepsilon$ $(\forall n \geq n_0)$ が得られ，数列 $\{a_n\}$ は α に収束することがわかる．まったく同様にして，下に有界な単調減少数列も収束することが示される．　　　　□

この定理 1.7 の証明より，$\{a_n\}$ が上に有界な単調増加数列であれば

$$\lim_{n \to \infty} a_n = \sup\{a_1, a_2, \ldots\} \quad \left(= \sup_{n \in \mathbf{N}} a_n \text{ と書くこともある}\right)$$

が成り立ち，$\{a_n\}$ が下に有界な単調減少数列であれば

$$\lim_{n \to \infty} a_n = \inf\{a_1, a_2, \ldots\} \quad \left(= \inf_{n \in \mathbf{N}} a_n \text{ と書くこともある}\right)$$

が成り立つことがわかる.

例 1.7　　$0 \leq r < 1$ ならば $\lim\limits_{n \to \infty} r^n = 0$ が成り立つ.

　実際, $0 \leq r < 1$ ならば $0 \leq r^{n+1} \leq r^n \ (\forall n \in \mathbf{N})$ であるから, $\{r^n\}$ は下に有界な単調減少数列である. したがって, 定理 1.7 より極限値 $\alpha = \lim\limits_{n \to \infty} r^n$ が存在する. $r^{n+1} = r r^n$ において $n \to \infty$ とすれば, $\alpha = r\alpha$. ゆえに $(1 - r)\alpha = 0$ となるが, $r \neq 1$ より $\alpha = 0$ となり望みの式が従う. ここで暗黙のうちに, 収束する数列の任意の部分列は同じ極限値に収束するという事実 (問 1.17 を参照) を用いていることに注意しよう.

　あるいは, 次のように証明してもよい. $r = 0$ のときは明らかだから, $0 < r < 1$ とする. このとき, $r^{-1} > 1$ であるから $r^{-1} = 1 + h$ を満たす $h > 0$ がとれる. 二項定理より

$$r^{-n} = (1 + h)^n = 1 + nh + \cdots + h^n > nh$$

となるが, この両辺の逆数をとれば $0 < r^n < \dfrac{1}{hn}$ となり, はさみうちの定理より望みの式が従う.　　　　　　　　　　　　　　　　　　　　　　　　　　　　□

問 1.11　　$a_1 = 1$, $a_{n+1} = \sqrt{a_n + 2}$ で定まる数列 $\{a_n\}$ に対して, 次の問いに答えよ.
(1) $\{a_n\}$ は上に有界な単調増加数列であることを示せ.
(2) $\{a_n\}$ の極限値を求めよ.

例 1.8　　$a_n = (1 + \frac{1}{n})^n$ より定まる数列 $\{a_n\}$ は上に有界な単調増加数列, それゆえ収束列であることを見ていこう. 二項定理より,

$$\begin{aligned}
a_n &= \sum_{k=0}^{n} \binom{n}{k} \left(\frac{1}{n}\right)^k = \sum_{k=0}^{n} \frac{n!}{k!(n-k)!} \frac{1}{n^k} \\
&= \sum_{k=0}^{n} \frac{1}{k!} \frac{n(n-1)\cdots(n-(k-1))}{n^k} \\
&= 1 + \sum_{k=1}^{n} \frac{1}{k!} \left(1 - \frac{0}{n}\right)\left(1 - \frac{1}{n}\right)\left(1 - \frac{2}{n}\right) \cdots \left(1 - \frac{k-1}{n}\right)
\end{aligned}$$

となる. ここで, $1 \leq k \leq n$ を満たす任意の自然数 k に対して

$$\begin{aligned}
&\left(1 - \frac{0}{n}\right)\left(1 - \frac{1}{n}\right)\left(1 - \frac{2}{n}\right) \cdots \left(1 - \frac{k-1}{n}\right) \\
&\leq \left(1 - \frac{0}{n+1}\right)\left(1 - \frac{1}{n+1}\right)\left(1 - \frac{2}{n+1}\right) \cdots \left(1 - \frac{k-1}{n+1}\right)
\end{aligned}$$

が成り立つことに注意すれば，$a_n \leq a_{n+1}$ $(\forall n \in \mathbf{N})$ が従い，$\{a_n\}$ は単調増加であることがわかる．また，$(k+1)! \geq 2^k$ $(\forall k \in \mathbf{N})$ より，

$$a_n \leq 1 + \sum_{k=1}^{n} \frac{1}{k!} = 2 + \sum_{k=1}^{n-1} \frac{1}{(k+1)!} \leq 2 + \sum_{k=1}^{n-1} \frac{1}{2^k} = 3 - \frac{1}{2^{n-1}} < 3 \quad (\forall n \in \mathbf{N})$$

となり $\{a_n\}$ は上に有界である．したがって $\{a_n\}$ は収束する．その極限値を

$$e := \lim_{n \to \infty} \left(1 + \frac{1}{n}\right)^n$$

と書くことはすでに高校で習ってきた．この実数 e は Napier（ネピア）数とよばれ，解析学において重要な役割を果たす数である．

　高校では具体的にその極限値が計算できるような数列のみを扱い，その極限値を求めることによってその数列が収束することを確かめていた．ところが上の例からもわかるように，（仮にその極限が存在することがわかっていても）その極限値が具体的に計算できない数列はたくさん存在する．そのような数列の極限が存在することの一つの十分条件を与えているのが定理 1.7 であるが，より一般の数列に対する収束判定法を紹介しよう．

　定義 1.6　数列 $\{a_n\}$ が Cauchy（コーシー）列であるとは，$n, m \to \infty$ のとき $|a_n - a_m| \to 0$ が成り立つときをいう．より正確には，任意の $\varepsilon > 0$ に対してある自然数 n_0 が存在し，$n, m \geq n_0$ を満たす任意の自然数 n, m に対して $|a_n - a_m| < \varepsilon$ が成り立つときをいう．

この Cauchy 列の定義を論理記号を用いて書くと，次のようになる．

$$\forall \varepsilon > 0 \, \exists n_0 \in \mathbf{N} \, \forall n, m \in \mathbf{N} \, (n, m \geq n_0 \Rightarrow |a_n - a_m| < \varepsilon)$$

　定理 1.8　数列 $\{a_n\}$ が収束するための必要十分条件は，$\{a_n\}$ が Cauchy 列であることである．

[証明]　（必要条件）$\displaystyle\lim_{n \to \infty} a_n = \alpha$ とすると，

$$|a_n - a_m| = |(a_n - \alpha) - (a_m - \alpha)| \leq |a_n - \alpha| + |a_m - \alpha| \to 0 \quad (n, m \to \infty)$$

であるから，$\{a_n\}$ は Cauchy 列である．

（十分条件）$\{a_n\}$ を Cauchy 列とすると，定理 1.3 の証明とまったく同様の議論により，$\{a_n\}$ が有界であることがわかる．とくに，各自然数 n を固定するごとに集合 $\{a_n, a_{n+1}, a_{n+2}, \ldots\}$ もまた有界であるから，連続性公理よりその上限および下限が存在する．それらを

$$r_n := \sup\{a_n, a_{n+1}, a_{n+2}, \ldots\} \quad \text{および} \quad l_n := \inf\{a_n, a_{n+1}, a_{n+2}, \ldots\}$$

と書こう．このとき，$l_n \le l_{n+1} \le r_{n+1} \le r_n$ $(\forall n \in \mathbf{N})$ が成り立つから（問 1.3 を参照せよ），$\{r_n\}$ は下に有界な単調減少数列であり，$\{l_n\}$ は上に有界な単調増加数列である．したがって，定理 1.7 よりそれらは収束列である．

一方，仮定より，任意の $\varepsilon > 0$ に対して十分大きな自然数 n_0 をとれば $a_n - a_m < \varepsilon$ $(\forall n, m \ge n_0)$ が成り立つ．とくに，任意の $m \ge n_0$ に対して $a_n < a_m + \varepsilon$ $(\forall n \ge n_0)$ が成り立つ．これは $a_m + \varepsilon$ が集合 $\{a_{n_0}, a_{n_0+1}, \ldots\}$ の上界であることを示しているから，

$$r_{n_0} = \sup\{a_{n_0}, a_{n_0+1}, \ldots\} \le a_m + \varepsilon \qquad \therefore \quad r_{n_0} - \varepsilon \le a_m \ (\forall m \ge n_0)$$

が成り立つ．これは $r_{n_0} - \varepsilon$ が集合 $\{a_{n_0}, a_{n_0+1}, \ldots\}$ の下界であることを示しているから，

$$r_{n_0} - \varepsilon \le \inf\{a_{n_0}, a_{n_0+1}, \ldots\} = l_{n_0}$$

となる．さらに $\{r_n\}, \{l_n\}$ の単調性を用いると，

$$0 \le r_n - l_n \le r_{n_0} - l_{n_0} \le \varepsilon \quad (\forall n \ge n_0)$$

となるが，これは $\lim_{n \to \infty}(r_n - l_n) = 0$ が成り立つことを示しており，$\lim_{n \to \infty} r_n = \lim_{n \to \infty} l_n$ が得られる．数列 $\{r_n\}, \{l_n\}$ の定義より $l_n \le a_n \le r_n$ $(\forall n \in \mathbf{N})$ が成り立っているので，はさみうちの定理より $\{a_n\}$ は収束列であり，その極限値は $\{r_n\}, \{l_n\}$ の極限値と一致することがわかる． $\square$

例 1.9 数列 $\{a_n\}$ は次の性質をもつとする：$0 \le \theta < 1$ を満たす n に無関係なある定数 θ が存在し，すべての自然数 n に対して

$$|a_{n+2} - a_{n+1}| \le \theta |a_{n+1} - a_n|$$

が成り立つ．このとき，$\{a_n\}$ は Cauchy 列であり，それゆえ定理 1.8 より収束列である．

実際，上の条件式を帰納的に用いれば

$$|a_{n+1} - a_n| \leq \theta|a_n - a_{n-1}| \leq \theta^2|a_{n-1} - a_{n-2}| \leq \cdots \leq \theta^{n-1}|a_2 - a_1|$$

となる．したがって，任意の自然数 n, m に対して

$$\begin{aligned}
|a_n - a_{n+m}| &= |(a_n - a_{n+1}) + (a_{n+1} - a_{n+2}) + \cdots + (a_{n+m-1} - a_{n+m})| \\
&\leq |a_n - a_{n+1}| + |a_{n+1} - a_{n+2}| + \cdots + |a_{n+m-1} - a_{n+m}| \\
&\leq (\theta^{n-1} + \theta^n + \cdots + \theta^{n+m-2})|a_2 - a_1| \\
&= \frac{\theta^{n-1}(1 - \theta^m)}{1 - \theta}|a_2 - a_1| \leq \frac{\theta^{n-1}}{1 - \theta}|a_2 - a_1| \to 0 \quad (n \to \infty)
\end{aligned}$$

が成り立つ．これより，$\{a_n\}$ が Cauchy 列になることは明らかであろう．この例は，直感的には数列 $\{a_n\}$ の隣り合う項の間隔が一定の比率 θ 以下で狭くなっていると，いつかはどこかに収束してしまうといっているのである．   □

問 1.12 $a_1 = 1$, $a_{n+1} = \frac{1}{a_n + 1}$ で定まる数列 $\{a_n\}$ に対して，次の問いに答えよ．
(1) $|a_{n+2} - a_{n+1}| \leq \theta|a_{n+1} - a_n|$ $(\forall n \in \mathbf{N})$ となる $\theta \in [0, 1)$ が存在することを示せ．
(2) 数列 $\{a_n\}$ の極限値を求めよ．

ここで，十分条件として比較的強い仮定を課しているものの，比較的応用範囲の広い定理を紹介しよう．

定理 1.9   各項が 0 でない数列 $\{a_n\}$ が条件 $\displaystyle\lim_{n \to \infty}\left|\frac{a_{n+1}}{a_n}\right| < 1$ を満たすならば，$\displaystyle\lim_{n \to \infty} a_n = 0$ となる．

数列 $\{a_n\}$ が等比数列の場合，この定理は，公比の絶対値が 1 より小さい等比数列は 0 に収束する，という皆さんにとってお馴染みの結果を述べていることに注意しよう．この定理の仮定は，直感的には，n が大きくなると数列 $\{|a_n|\}$ は漸近的に等比数列のような挙動をしていて，その公比が 1 よりも小さい，ということを表している．そのように考えれば，この定理はもっともらしいと思えるであろう．

[定理 1.9 の証明] $r := \displaystyle\lim_{n \to \infty}\left|\frac{a_{n+1}}{a_n}\right|$ とおき，$r < r_1 < 1$ を満たす r_1 を任意に一つとり固定する（たとえば，$r_1 := \frac{1+r}{2}$ とすればよい）．このとき，極限の定義より $\varepsilon = r_1 - r > 0$ に対して十分大きな自然数 n_0 をとれば，$n \geq n_0$ を満たす任意の自

然数 n に対して

$$\left| \left| \frac{a_{n+1}}{a_n} \right| - r \right| < r_1 - r$$

が成り立つ. このとき,

$$\left| \frac{a_{n+1}}{a_n} \right| = \left| \left(\left| \frac{a_{n+1}}{a_n} \right| - r \right) + r \right| \leq \left| \left| \frac{a_{n+1}}{a_n} \right| - r \right| + r < (r_1 - r) + r = r_1 \quad (\forall n \geq n_0)$$

となる. したがって, $n \geq n_0$ を満たす任意の自然数 n に対して

$$|a_n| = \left| \frac{a_n}{a_{n-1}} \frac{a_{n-1}}{a_{n-2}} \cdots \frac{a_{n_0+1}}{a_{n_0}} a_{n_0} \right| \leq r_1^{n-n_0} |a_{n_0}| \to 0 \quad (n \to \infty)$$

となり, $\lim_{n \to \infty} a_n = 0$ が従う. □

例 1.10 任意の実数 r に対して, $\lim_{n \to \infty} \frac{r^n}{n!} = 0$ が成り立つ.

実際, $r = 0$ の場合は明らかである. $r \neq 0$ のとき, $a_n = \frac{r^n}{n!}$ とおくと

$$\left| \frac{a_{n+1}}{a_n} \right| = \frac{|r|^{n+1}}{(n+1)!} \frac{n!}{|r|^n} = \frac{|r|}{n+1} \to 0 \quad (n \to \infty)$$

となる. したがって, 定理 1.9 より望みの式が従う. □

例 1.11 $|r| > 1$ を満たす任意の実数 r および p に対して, $\lim_{n \to \infty} \frac{n^p}{r^n} = 0$ が成り立つ.

実際, $a_n = \frac{n^p}{r^n}$ とおくと

$$\left| \frac{a_{n+1}}{a_n} \right| = \frac{(n+1)^p}{|r|^{n+1}} \frac{|r|^n}{n^p} = \frac{1}{|r|} \left(1 + \frac{1}{n} \right)^p \to \frac{1}{|r|} \quad (n \to \infty)$$

となる. ここで $\frac{1}{|r|} < 1$ であるから, 定理 1.9 より望みの式が従う. □

数列の発散についても少し触れておこう.

定義 1.7 (1) 数列 $\{a_n\}$ が $+\infty$ に発散するとは, 任意の正数 $M > 0$ に対して十分大きな自然数 n_0 をとると, $n \geq n_0$ を満たす任意の自然数 n に対して $a_n > M$ が成り立つときをいう. このとき $\lim_{n \to \infty} a_n = +\infty$ と書く.

(2) 数列 $\{a_n\}$ が $-\infty$ に発散するとは, 任意の正数 $M > 0$ に対して十分大きな自然数 n_0 をとると, $n \geq n_0$ を満たす任意の自然数 n に対して $a_n < -M$ が成り立つときをいう. このとき $\lim_{n \to \infty} a_n = -\infty$ と書く.

数列 $\{a_n\}$ が $+\infty$ に発散することの定義を論理記号を用いて書くと，次のように
なる.

$$\forall M > 0\ \exists n_0 \in \mathbf{N}\ \forall n \in \mathbf{N}\ (n \geq n_0 \Rightarrow a_n > M)$$

これよりすぐにわかることであるが，数列 $\{a_n\}$ が $+\infty$ に発散すれば

$$\forall M > 0\ \exists n \in \mathbf{N}\ \text{s.t.}\ a_n > M \tag{1.4}$$

が成り立つ．しかしながら，その逆は成り立たないことに注意しよう．この後者の
命題 (1.4) は，「数列 $\{a_n\}$ は上に有界でない」ということを論理記号で書いたもの
にほかならない.

問 1.13　(1.4) を満たすが $+\infty$ に発散しないような数列 $\{a_n\}$ の例を挙げよ.

問 1.14　$\{a_n\}$ が上に有界でない単調増加数列ならば，$\displaystyle\lim_{n\to\infty} a_n = +\infty$ となり，$\{a_n\}$ が
下に有界でない単調減少数列ならば，$\displaystyle\lim_{n\to\infty} a_n = -\infty$ となることを示せ.

問 1.15　$\displaystyle\lim_{n\to\infty} a_n = +\infty$ あるいは $\displaystyle\lim_{n\to\infty} a_n = -\infty$ であり，かつ $a_n \neq 0\ (\forall n \in \mathbf{N})$ なら
ば，$\displaystyle\lim_{n\to\infty} \frac{1}{a_n} = 0$ となることを示せ.

例 1.12　任意の $r > 1$ に対して，$\displaystyle\lim_{n\to\infty} r^n = +\infty$ が成り立つ.

　実際，$s = \frac{1}{r}$ とおき例 1.7 を適用すれば容易に導かれる．あるいは，次のよう
に直接的に証明してもよい．$r > 1$ より $r = 1 + h\ (h > 0)$ と書くことができ，
二項定理より $r^n = (1 + h)^n \geq 1 + nh$ となる．さて，任意の $M > 0$ に対して，
Archimedes の公理（定理 1.2）より $M < n_0 h$ となる自然数 n_0 が存在する．この
とき，$n \geq n_0$ を満たす任意の自然数 n に対して $r^n \geq 1 + nh > n_0 h > M$ が成り
立ち，$\displaystyle\lim_{n\to\infty} r^n = +\infty$ が従う.

　論理の演習の意味で別証明も与えておこう．$r > 1$ より $\{r^n\}$ は単調増加数列で
ある．ここで，仮に $\{r^n\}$ は上に有界であるとしてみよう．このとき，定理 1.7 よ
り極限値 $\alpha = \displaystyle\lim_{n\to\infty} r^n$ が存在する．$1 \leq r^{n+1} = r r^n$ において $n \to \infty$ とすれば，
$1 \leq \alpha = r\alpha$．とくに，$(1 - r)\alpha = 0$ となり $r \neq 1$ より $\alpha = 0$ が従うが，これは
$1 \leq \alpha$ に矛盾する．したがって $\{r^n\}$ は上に有界でない．ゆえに，問 1.14 の結果よ
り $\displaystyle\lim_{n\to\infty} r^n = +\infty$ が従う.　　　　　　　　　　　　　　　　　　　　　　□

問 1.16 数列 $\{a_n\}$ を

$$a_n := \sum_{k=1}^{n} \frac{1}{k} = 1 + \frac{1}{2} + \frac{1}{3} + \cdots + \frac{1}{n}$$

で定める. このとき, 次式が成り立つことを証明せよ.

(1) $|a_{2n} - a_n| \geq \frac{1}{2}$ $(\forall n \in \mathbf{N})$

(2) $\displaystyle\lim_{n \to \infty} a_n = +\infty$

1.4 Bolzano–Weierstrass の定理

この節では, 必ずしも収束するとは限らない有界な数列に対する Bolzano–Weierstrass (ボルツァーノ–ワイヤストラス) の定理を紹介しておこう. これは後の章でも使われる重要な定理である. そのために, 数列の部分列の定義を与えよう.

定義 1.8 自然数に対して定義され自然数に値をとる関数 $\varphi : \mathbf{N} \to \mathbf{N}$ が狭義単調増加であるとき, すなわち $\varphi(1) < \varphi(2) < \cdots < \varphi(n) < \varphi(n+1) < \cdots$ を満たすとき, 数列 $\{a_n\}$ から作られる数列 $\{a_{\varphi(n)}\}_{n=1}^{\infty}$ を $\{a_n\}$ の部分列という.

たとえば, $\varphi(n) = 2n$ の場合には偶数項からなる部分列 $a_2, a_4, a_6, \ldots$ になり, $\varphi(n) = 2n - 1$ の場合には奇数項からなる部分列 $a_1, a_3, a_5, \ldots$ になる.

問 1.17 (1) 自然数に対して定義され自然数に値をとる関数 $\varphi : \mathbf{N} \to \mathbf{N}$ が狭義単調増加であるとき, $\varphi(n) \geq n$ $(\forall n \in \mathbf{N})$ が成り立つことを示せ.

(2) 数列 $\{a_n\}$ が α に収束しているとき, $\{a_n\}$ の任意の部分列もまた α に収束することを示せ.

定理 1.10 (Bolzano–Weierstrass) 有界な数列は収束する部分列をもつ.

[証明] $\{a_n\}$ を有界な数列とする. このとき, ある $l_1, r_1 \in \mathbf{R}$ が存在して $l_1 \leq a_n \leq r_1$ $(\forall n \in \mathbf{N})$ が成り立つ. 閉区間 I_1 を $I_1 := [l_1, r_1]$ で定める. さて, 閉区間 $I_m = [l_m, r_m]$ が

$$\{n \in \mathbf{N} \mid a_n \in I_m\} \text{ は無限集合}$$

となるように与えられているとき，閉区間 $I_{m+1} = [l_{m+1}, r_{m+1}]$ を，I_m の 2 等分割により得られる閉区間 $[l_m, \frac{l_m + r_m}{2}]$ および $[\frac{l_m + r_m}{2}, r_m]$ のどちらか一方で，$\{n \in \mathbf{N} \mid a_n \in I_{m+1}\}$ が無限集合になるように選ぶ．このようにして帰納的に閉区間の列 $\{I_m\}$ を構成すると，

$$l_m \leq l_{m+1} \leq r_{m+1} \leq r_m, \quad r_m - l_m = 2^{1-m}(r_1 - l_1) \quad (\forall m \in \mathbf{N})$$

となることがわかる．ゆえに，$\{r_m\}$ は下に有界な単調減少数列であり，$\{l_m\}$ は上に有界な単調増加数列である．したがって，定理 1.7 よりそれらは収束列である．しかもそれらの極限値は一致することがわかる．

次に，自然数に対して定義され自然数に値をとる関数 $\varphi : \mathbf{N} \to \mathbf{N}$ を以下のように帰納的に構成する．$\varphi(1) := 1$ とし，$\varphi(m) \in \mathbf{N}$ が定まっているとき，

$$a_{\varphi(m+1)} \in I_{m+1} \quad \text{かつ} \quad \varphi(m+1) > \varphi(m)$$

となるように $\varphi(m+1) \in \mathbf{N}$ を定める．それが可能なことは，$\{n \in \mathbf{N} \mid a_n \in I_{m+1}\}$ が無限集合であることからわかる．このとき $\{a_n\}$ の部分列 $\{a_{\varphi(n)}\}$ は，$a_{\varphi(n)} \in I_n$ より $l_n \leq a_{\varphi(n)} \leq r_n \ (\forall n \in \mathbf{N})$ を満たす．$\{l_m\}, \{r_m\}$ は同じ値に収束するので，はさみうちの定理より $\{a_{\varphi(n)}\}$ もまたその値に収束する．　　　□

例 1.13　$a_n = (-1)^n$ により定まる有界数列 $\{a_n\}$ は収束しないが，その部分列 $\{a_{2n}\}$ および $\{a_{2n-1}\}$ はそれぞれ 1 および -1 に収束する．

Bolzano–Weierstrass の定理における有界性の仮定は本質的であり，この仮定を外すと，もはやこの定理は成り立たなくなる．実際，$a_n = (-1)^n n$ により定まる数列 $\{a_n\}$ を考えると，これは有界ではなく，どんな部分列をとってきても収束することはない．しかし，部分列 $\{a_{2n}\}$ および $\{a_{2n-1}\}$ はそれぞれ $+\infty$ および $-\infty$ に発散する．このように，非有界な数列は $+\infty$ あるいは $-\infty$ に発散する部分列をもつことが示される．その証明は問いとして残しておこう．

問 1.18　非有界な数列は $+\infty$ あるいは $-\infty$ に発散する部分列をもつことを示せ．

第 2 章　連続関数

　この章では，区間で定義された1変数関数の極限および連続性の定義を論理記号を用いて厳密に与え，中間値の定理のような，連続関数がもついくつかの基本的な性質を証明する．次いで，指数関数および三角関数の逆関数として対数関数および逆三角関数を導入する．

2.1　関数の極限と連続関数

連続関数とはどのような関数か？　高校では，

- $y = f(x)$ のグラフを描いたとき，切れ目のないひとつながりの曲線になっているような関数 f のこと
- $\lim_{x \to a} f(x) = f(a)$ がすべての a に対して成り立つ関数 f のこと

と習ったことであろう．前者の説明のほうが感覚的には理解しやすいが，これを定義として採用するにはあまりに直感に頼り過ぎているといえよう．後者の説明のほうが直感に頼らないだけ厳密な定義といえるが，数列のときと同様，極限 $\lim_{x \to a} f(x)$ の定義が曖昧であった．そこで，この関数の極限の厳密な定義を与えよう．なお，本書ではとくに断らない限り，関数はすべて実数値関数であるとする．

定義 2.1（関数の極限）　I を a を含む区間，f を $I \setminus \{a\}$ で定義された関数とする．

(1) $x \to a$ のとき $f(x)$ が α に収束するとは，任意の正数 ε に対してある正数 δ が存在し，$0 < |x-a| < \delta$ を満たす任意の $x \in I$ に対して $|f(x)-\alpha| < \varepsilon$ が成り立つときをいう．このとき

$$\lim_{x \to a} f(x) = \alpha \quad あるいは \quad f(x) \to \alpha \quad (x \to a)$$

と書き，α を $x \to a$ のときの $f(x)$ の極限値という．

(2) $x \to a + 0$ のとき $f(x)$ が α_+ に収束するとは，任意の正数 ε に対して
ある正数 δ が存在し，$a < x < a + \delta$ を満たす任意の $x \in I$ に対して
$|f(x) - \alpha_+| < \varepsilon$ が成り立つときをいう．このとき

$$\lim_{x \to a+0} f(x) = \alpha_+ \quad \text{あるいは} \quad f(x) \to \alpha_+ \quad (x \to a + 0)$$

と書き，α_+ を $x \to a + 0$ のときの $f(x)$ の右極限値という．

(3) $x \to a - 0$ のとき $f(x)$ が α_- に収束するとは，任意の正数 ε に対して
ある正数 δ が存在し，$a - \delta < x < a$ を満たす任意の $x \in I$ に対して
$|f(x) - \alpha_-| < \varepsilon$ が成り立つときをいう．このとき

$$\lim_{x \to a-0} f(x) = \alpha_- \quad \text{あるいは} \quad f(x) \to \alpha_- \quad (x \to a - 0)$$

と書き，α_- を $x \to a - 0$ のときの $f(x)$ の左極限値という．

$x \to a$ のとき $f(x)$ が α に収束することの定義を論理記号を用いて書くと，次の
ようになる．

$$\forall \varepsilon > 0 \; \exists \delta > 0 \; \forall x \in I \; (0 < |x - a| < \delta \Rightarrow |f(x) - \alpha| < \varepsilon)$$

この定義の意味を説明しておこう．これは，どんなに小さな正数 ε をとってきても，
それに応じて十分小さな正数 δ をとれば，a から距離 δ という極めて近くにある（a
と異なる）どんな x をもってきても（すなわち，x が限りなく a に近づくとき），$f(x)$
の値は α から距離 ε という極めて近いところにある（すなわち，$f(x)$ の値は α に限
りなく近づく），ということを述べている（図 2.1 を参照せよ）．この正数 δ は一般
に ε に依存しており，ε を小さくすると，それに応じて δ は小さくとらなければな
らない．そのような意味で δ は ε の関数であり，$\delta = \delta(\varepsilon)$ と書いておくと間違いが
減るかもしれない．右および左極限値の定義も論理記号を用いて書き下せるが，そ
れは問いとして残しておこう．

上の定義では記号 ε および δ を用いており，その定義に従って（記号 ε および δ
を用いて）関数の極限を議論する論法は ε-δ 論法とよばれている．論理に慣れてい
ない人にとって，この ε-δ 論法はハードルが高く理解に苦しむかもしれない．そん
なこともあり，最近では ε-δ 論法を大学 2 年次以降に教えたほうがよいという意見

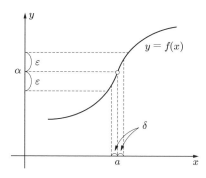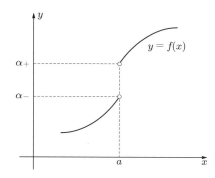

図 2.1 ε-δ 論法による関数の極限値の概念図（左図）および関数の右極限値と左極限値の概念図（右図）

もあるし，そうしている大学もある．しかしながら，外国語を習得するのに時間をかけているように，ε-δ 論法も大学 1 年次から少しずつ慣れ親しんで，すぐには理解できなくとも時間をかけてしっかり学習すればよい．

問 2.1 $x \to a \pm 0$ のとき $f(x)$ が $\alpha_{\pm}$ に収束することの定義を，論理記号を用いて書き下せ．

ここで，$x \to \pm\infty$ のときの $f(x)$ の極限値の定義も与えておこう．

定義 2.2（関数の極限）

(1) f を開区間 $I = (a, \infty)$ で定義された関数とする．$x \to +\infty$ のとき $f(x)$ が α に収束するとは，任意の正数 ε に対してある（十分大きな）正数 M が存在し，$x > M$ を満たす任意の $x \in I$ に対して $|f(x) - \alpha| < \varepsilon$ が成り立つときをいう．このとき，次のように書く．

$$\lim_{x \to +\infty} f(x) = \alpha \quad \text{あるいは} \quad f(x) \to \alpha \quad (x \to +\infty)$$

(2) f を開区間 $I = (-\infty, a)$ で定義された関数とする．$x \to -\infty$ のとき $f(x)$ が α に収束するとは，任意の正数 ε に対してある（十分大きな）正数 M が存在し，$x < -M$ を満たす任意の $x \in I$ に対して $|f(x) - \alpha| < \varepsilon$ が成り立つときをいう．このとき，次のように書く．

$$\lim_{x \to -\infty} f(x) = \alpha \quad \text{あるいは} \quad f(x) \to \alpha \quad (x \to -\infty)$$

| **問 2.2**　$x \to \pm\infty$ のとき $f(x)$ が α に収束することの定義を，論理記号を用いて書き下せ.

次の定理は，数列の極限に関する基本性質を述べている定理 1.4 を関数の極限の場合に焼き直したものであり，定理 1.4 の証明とほぼ同様な方針で証明することができる．その証明は問いとして残しておこう．

定理 2.1　$\displaystyle\lim_{x \to a} f(x) = \alpha$, $\displaystyle\lim_{x \to a} g(x) = \beta$ とすると，次式が成り立つ．

(1) $\displaystyle\lim_{x \to a}(f(x) + g(x)) = \alpha + \beta$ $\left(= \displaystyle\lim_{x \to a} f(x) + \lim_{x \to a} g(x) \right)$

(2) $\displaystyle\lim_{x \to a} f(x)g(x) = \alpha\beta$ $\left(= \displaystyle\lim_{x \to a} f(x) \times \lim_{x \to a} g(x) \right)$

さらに，$g(x) \neq 0$, $\beta \neq 0$ とすると，次式も成り立つ．

(3) $\displaystyle\lim_{x \to a} \frac{f(x)}{g(x)} = \frac{\alpha}{\beta}$ $\left(= \dfrac{\displaystyle\lim_{x \to a} f(x)}{\displaystyle\lim_{x \to a} g(x)} \right)$

上の定理は，極限 $x \to a$ を $x \to a \pm 0$ あるいは $x \to \pm\infty$ に変えても成り立つ．

| **問 2.3**　$\displaystyle\lim_{x \to a} f(x) = \alpha$ ならば，ある正数 δ が存在して $0 < |x - a| < \delta$ を満たす任意の実数 x に対して $\frac{|\alpha|}{2} \leq |f(x)| \leq |\alpha| + 1$ となることを示せ．

| **問 2.4**　定理 2.1 を証明せよ．

いったん関数の極限が定義されれば，高校で習ったときと同様にして，関数の連続性の定義を以下のように与えることができる．

定義 2.3　I を区間，$a \in I$ および f を I で定義された関数とする．

(1) f が a で連続であるとは，$\displaystyle\lim_{x \to a} f(x) = f(a)$ が成り立つときをいう．

(2) f が I で連続であるとは，f が I の各点 a で連続であるときをいう．

(3) I で連続な関数全体の集合を $C(I)$ あるいは $C^0(I)$ と書く．

f が I で連続であることの定義を論理記号を用いて書くと，次のようになる．

$$\forall a \in I \ \forall \varepsilon > 0 \ \exists \delta > 0 \ \forall x \in I \ (|x - a| < \delta \Rightarrow |f(x) - f(a)| < \varepsilon)$$

この場合，δ は一般に ε だけではなく a にも依存することに注意しよう．

例 2.1　$f(x) = x^2$ で定まる関数 f が $\mathbf{R}$ で連続であることの ε-δ 論法による直接的な証明を与えてみよう．それにより，ε と δ のはたらきを理解してほしい．

さて，任意の $a \in \mathbf{R}$ および任意の $\varepsilon > 0$ に対して，

$$|x - a| < \delta \Rightarrow |x^2 - a^2| < \varepsilon \tag{2.1}$$

が成り立つような $\delta > 0$ がとれることを示せばよい．そこで，x を $|x - a| < \delta$ を満たす任意の実数としよう．このとき

$$|x^2 - a^2| = |x - a||x + a| = |x - a||(x - a) + 2a|$$
$$\leq |x - a|(|x - a| + 2|a|) < \delta(\delta + 2|a|)$$

となる．したがって，$\delta := \sqrt{a^2 + \varepsilon} - |a|$（これは $\delta(\delta + 2|a|) = \varepsilon$ の解）とおくと $\delta > 0$ であり，かつ (2.1) が成り立つ．あるいは $\delta := \min\{1, \frac{\varepsilon}{2|a|+1}\} > 0$ とおくと，$\delta(\delta + 2|a|) \leq \delta(1 + 2|a|) \leq \varepsilon$ より，やはり (2.1) が成り立つ．　　□

この例からわかるように，関数 f の a における連続性を証明するためには，任意の $\varepsilon > 0$ に対して $|x - a| < \delta \Rightarrow |f(x) - f(a)| < \varepsilon$ が成り立つような $\delta > 0$ を一つ見つけ出せばよい．δ の選び方は無数にあり，一番計算しやすいものを選ぶのがコツである．

与えられた関数が連続であるかどうかを調べるために，上の例のようにいちいち連続の定義に戻って確かめるのは非常に面倒である．そこで実際は，連続であることがすでに知られている関数から出発して，以下で紹介する定理などを用いて確認をする．次の定理は，連続性の定義および定理 2.1 からただちに従う．

定理 2.2　I を区間，$a \in I$ とし，f, g を I で定義された関数とする．f, g が a で連続ならば，$f + g$ および fg もまた a で連続である．さらに，$g(a) \neq 0$ ならば $\frac{f}{g}$ もまた a で連続である．

定義 2.4　f を区間 I で定義された関数，g を区間 J で定義された関数とする．$f(I) := \{f(x) \mid x \in I\} \subset J$ が成り立つとき，f と g は合成可能であるという．このとき，$h(x) := g(f(x)), x \in I$ で定まる関数 h を f と g の合成関数といい，$h = g \circ f$ と書く．

定理 2.3　f と g は合成可能であるとする．f が a で連続であり，かつ g が $f(a)$ で連続であれば，合成関数 $g \circ f$ もまた a で連続である．

[**証明**]　任意の $\varepsilon > 0$ に対して，g が $f(a)$ で連続であることから，ある $\delta_1 > 0$ が存在して

$$|y - f(a)| < \delta_1 \Rightarrow |g(y) - g(f(a))| < \varepsilon$$

が成り立つ．次に，この $\delta_1 > 0$ に対して，f が a で連続であることから，ある $\delta > 0$ が存在して

$$|x - a| < \delta \Rightarrow |f(x) - f(a)| < \delta_1$$

となる．したがって，$y = f(x)$ として前者の性質を用いることにより

$$|x - a| < \delta \Rightarrow |g(f(x)) - g(f(a))| < \varepsilon$$

が従うが，これは $g \circ f$ が a で連続であることを示している．　　　　□

問 2.5　I を区間，$a \in I$ とし，f を区間 I で定義された関数で a において連続であるとする．さらに，$\{x_n\}$ を区間 I における数列で $\lim_{n \to \infty} x_n = a$ を満たすとする．このとき，$\lim_{n \to \infty} f(x_n) = f(a)$ が成り立つことを，定義に従って厳密に証明せよ．

問 2.6　I を区間，$a \in I$ とし，f を区間 I で定義された関数で a において連続であり，かつ $f(a) > 0$ を満たすとする．このとき，ある正数 δ が存在し $|x - a| < \delta$ を満たす任意の $x \in I$ に対して $f(x) > 0$ となることを，連続性の定義を用いて厳密に証明せよ．

問 2.7　I を区間，$a \in I$ とし，f を区間 I で定義された関数とする．a に収束するような区間 I における任意の数列 $\{x_n\}$ に対して $\lim_{n \to \infty} f(x_n) = \alpha$ となるならば，$\lim_{x \to a} f(x) = \alpha$ が成り立つことを証明せよ．

次の問いはやや難しいので，初読の際は読み飛ばしてもかまわない．しかし，このような問いに取り組むことにより，ε-δ 論法の必要性が実感できるであろう．

問 2.8　区間 $[0, \infty)$ で定義された連続関数 f が $\lim_{x \to +\infty} \big(f(x+1) - f(x) \big) = \alpha$ を満たしていれば，$\lim_{x \to +\infty} \dfrac{f(x)}{x} = \alpha$ となることを証明せよ．

2.2 最大値・最小値の存在と中間値の定理

この節では，連続関数の重要な性質である最大値・最小値の存在と中間値の定理を紹介しよう．これらの性質はすでに高校で習ってきたことであるが，ここではそれらの証明を与える．どちらも関数のグラフを描いてみれば極めて自明な性質であるが，それだけにその証明には実数の連続性を本質的に用いる．

定義 2.5 I を実数の集合とし，f を I で定義された関数とする．

(1) 実数の集合 $f(I) := \{f(x) \mid x \in I\}$ が有界であるとき，すなわち $|f(x)| \leq M$ $(\forall x \in I)$ を満たす定数 $M > 0$ が存在するとき，関数 f は有界であるという．同様に，$f(I)$ が上に有界である（または下に有界である）とき，関数 f は上に有界である（または下に有界である）という．

(2) 実数の集合 $f(I)$ が最大元 $\alpha = \max f(I)$ をもつとき，すなわち $f(x) \leq f(x_0) = \alpha$ $(\forall x \in I)$ を満たす $x_0 \in I$ が存在するとき，関数 f は最大値 α をとるという．

(3) 実数の集合 $f(I)$ が最小元 $\alpha = \min f(I)$ をもつとき，すなわち $f(x) \geq f(x_0) = \alpha$ $(\forall x \in I)$ を満たす $x_0 \in I$ が存在するとき，関数 f は最小値 α をとるという．

定理 2.4 閉区間 $I = [a,b]$ で定義された連続関数 f は有界である．

[証明] この定理の結論を論理記号を用いて書くと，次のようになる．

$$\exists M > 0 \; \forall x \in I \; |f(x)| \leq M \tag{2.2}$$

これを背理法を用いて証明しよう．この命題が偽であると仮定すると，その否定命題

$$\forall M > 0 \; \exists x \in I \text{ s.t. } |f(x)| > M \tag{2.3}$$

が成り立つ．そこで任意の自然数 $n \in \mathbf{N}$ をとってきたとき，$M = n$ として上の命題 (2.3) を用いると，$|f(x_n)| > n$ を満たす $x_n \in I$ が存在することがわかる．$a \leq x_n \leq b$ $(\forall n \in \mathbf{N})$ であるから，このようにして定まる数列 $\{x_n\}$ は有界である．したがって，Bolzano–Weierstrass の定理（定理 1.10）より，$\{x_n\}$ は収束する部分列 $\{x_{\varphi(n)}\}$ をもつ．その極限値を x_0 としよう．このとき，

$$\lim_{n \to \infty} x_{\varphi(n)} = x_0 \qquad (2.4)$$

となる. $a \leq x_{\varphi(n)} \leq b$ において $n \to \infty$ とすれば, 定理 1.6 より $a \leq x_0 \leq b$, それゆえ $x_0 \in I$ である. 仮定より f は I で連続であり, とくに x_0 で連続であるから, (2.4) より

$$\lim_{n \to \infty} f(x_{\varphi(n)}) = f(x_0) \qquad \therefore \quad \lim_{n \to \infty} |f(x_{\varphi(n)})| = |f(x_0)| \qquad (2.5)$$

となる. 一方, 数列 $\{x_n\}$ の作り方から $|f(x_{\varphi(n)})| \geq \varphi(n) \geq n \to +\infty \ (n \to \infty)$ となり, 数列 $\{|f(x_{\varphi(n)})|\}$ は $+\infty$ に発散するが, これは (2.5) に矛盾する. したがって, (2.2) が成り立たなければならない. □

定理 2.5 (最大値・最小値の存在) 閉区間 $I = [a, b]$ で定義された連続関数 f は最大値および最小値をとる.

[証明] 定理 2.4 より $f(I) := \{f(x) \mid x \in I\}$ は空でない有界集合である. したがって, 実数の連続性公理より上限 $\alpha = \sup f(I) \in \mathbf{R}$ が存在する. 任意の自然数 $n \in \mathbf{N}$ をとってきたとき, $\alpha - \frac{1}{n} < \alpha$ であるから, 上限の特徴付けを与えている定理 1.1 (1) より $\alpha - \frac{1}{n} < f(x_n) \leq \alpha$ を満たす $x_n \in I$ が存在する (定理 1.1 の記号では, $\beta = \alpha - \frac{1}{n}, a = f(x_n)$ である). とくに, このように定めた数列 $\{x_n\}$ に対して

$$\lim_{n \to \infty} f(x_n) = \alpha \qquad (2.6)$$

が成り立つ. 一方, $a \leq x_n \leq b \ (\forall n \in \mathbf{N})$ であるから, 数列 $\{x_n\}$ は有界である. したがって, Bolzano–Weierstrass の定理 (定理 1.10) より, $\{x_n\}$ は収束する部分列 $\{x_{\varphi(n)}\}$ をもつ. その極限値を $x_0 := \lim_{n \to \infty} x_{\varphi(n)}$ としよう. I が閉区間であることから $x_0 \in I$ である. したがって, (2.6) および f の連続性より

$$\lim_{n \to \infty} f(x_{\varphi(n)}) = \alpha \quad \text{および} \quad \lim_{n \to \infty} f(x_{\varphi(n)}) = f(x_0) \qquad \therefore \quad \alpha = f(x_0)$$

となる. α は $f(I)$ の上限であったからとくに上界であり, $f(x) \leq \alpha = f(x_0)$ $(\forall x \in I)$ が成り立つ. すなわち, f は x_0 において最大値 α をとる. f が最小値をとることも, $\alpha = \inf f(I)$ を考えることによりまったく同様にして示される. □

これら二つの定理はどちらも連続関数に対して成り立つ性質であり, 関数の連続性を仮定しないと一般には成り立たない. たとえば, 定理 2.5 については, 次のように区間 $I = [0, 2\pi]$ で定義された関数 f を考えると, f は最大値も最小値もとら

ない.

$$f(x) := \begin{cases} \sin x & \left(x \neq \frac{1}{2}\pi, \frac{3}{2}\pi\right) \\ 0 & \left(x = \frac{1}{2}\pi, \frac{3}{2}\pi\right) \end{cases}$$

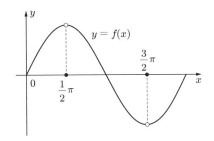

図 2.2　$y = f(x)$ のグラフ

　もう一点重要なことは，どちらの定理も関数の定義域 I を閉区間と仮定していることである．これが開区間だと，いくら関数 f が連続であっても，有界でなくなったり最大値・最小値が存在しなくなったりする．たとえば，$I = (0, 1)$ で定義された関数 $f(x) = \frac{1}{x}$ を考えてみると明らかであろう.

問 2.9　n を自然数，$a_0, a_1, \ldots, a_{2n-1}$ を実定数とする．このとき，$\mathbf{R}$ で定義された $2n$ 次多項式 $f(x) = x^{2n} + a_{2n-1}x^{2n-1} + \cdots + a_1 x + a_0$ は最小値をとることを証明せよ.

定理 2.6（中間値の定理）　閉区間 $I = [a, b]$ で定義された連続関数 f が $f(a) \neq f(b)$ を満たしているとき，$f(a)$ と $f(b)$ の間の任意の実数 α に対して $f(c) = \alpha$ となる $c \in (a, b)$ が存在する.

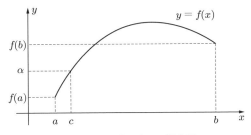

図 2.3　中間値の定理の概念図

[証明]　$f(a) < f(b)$ と仮定しよう（$f(a) > f(b)$ の場合も同様に証明できる）．任意の実数 $\alpha \in (f(a), f(b))$ に対して $A := \{x \in I \mid f(x) < \alpha\}$ とおくと，$a \in A$ より A は空集合ではなく，また明らかに有界である．したがって，実数の連続性公理より上限 $c = \sup A$ が存在する．ここで定理 1.1 (1) より，任意の自然数 n に対し

て $c - \frac{1}{n} < x_n \leq c$ を満たす $x_n \in A$ が存在する. このようにして定まる数列 $\{x_n\}$ は $\lim_{n \to \infty} x_n = c$ を満たす. また, $x_n \in A$ より $a \leq x_n \leq b$ および $f(x_n) < \alpha$ であるが, ここで $n \to \infty$ とすれば $a \leq c \leq b$ すなわち $c \in I$ であり, f の連続性より

$$f(c) = \lim_{n \to \infty} f(x_n) \leq \alpha \tag{2.7}$$

となる. $f(b) > \alpha$ より $c \neq b$, それゆえ $c < b$ となる. ここで, 任意の自然数 $n \in \mathbf{N}$ に対して $y_n := c + \frac{b-c}{n}$ とおくと $c < y_n \leq b$ であり, c が A の上限であることに注意すれば

$$f(y_n) \geq \alpha \quad (\forall n \in \mathbf{N}) \qquad \therefore \quad f(c) = \lim_{n \to \infty} f(y_n) \geq \alpha \tag{2.8}$$

となる. (2.7) および (2.8) より $f(c) = \alpha$ であり, とくに $c \in (a, b)$ が従う. □

例 2.2　f を閉区間 $[0, 1]$ で定義された連続関数で $0 \leq f(x) \leq 1$ を満たすものとする. このとき, 方程式 $f(x) = x$ は少なくとも一つの解をもつことを中間値の定理を用いて証明しよう.

　$f(0) = 0$ あるいは $f(1) = 1$ の場合は明らかだから, $f(0) \neq 0$ および $f(1) \neq 1$ と仮定してよい. このとき $f(0) > 0$ および $f(1) < 1$ が成り立つ. そこで $g(x) = f(x) - x$ とおくと, g は閉区間 $[0, 1]$ で定義された連続関数であり, $g(0) = f(0) > 0$ および $g(1) = f(1) - 1 < 0$ となる. したがって, 中間値の定理より $g(x) = 0$ すなわち $f(x) = x$ を満たす $x \in (0, 1)$ が存在する. □

問 2.10　n を自然数, $a_0, a_1, \ldots, a_{2n}$ を実定数とする. このとき, $\mathbf{R}$ で定義された $2n+1$ 次多項式 $f(x) = x^{2n+1} + a_{2n}x^{2n} + \cdots + a_1 x + a_0$ に対して, 方程式 $f(x) = 0$ は少なくとも一つの実解をもつことを証明せよ.

2.3　逆関数と逆三角関数

　高校で学んできた連続関数として指数関数および三角関数がある. 高校では, これらの関数がうまく定義され, しかも連続関数になるということは漠然と学んだだけであって, それらの厳密な定義や連続性の証明は与えられなかった. 正数 a および有理数 x に対して a^x が定義できることや, 直角三角形の図を用いた三角関数 $\sin x$ の定義は容易に理解されるが, 任意の実数 x に対してそれらを定義することはそう簡単ではない. 厳密な理論を構築していくためには, それらの関数の定義から見直

さなければならないのだが，教育的な面を考慮するとそれは得策とはいえない．そこで，Napier 数を底とする指数関数 e^x および三角関数 $\sin x, \cos x$ はすべての実数 x に対して定義されており，高校で習った諸性質が成り立つことを既知として議論を進めることにする．このとき，

$$\tan x = \frac{\sin x}{\cos x} \quad \left(x \neq \frac{\pi}{2} + n\pi, n \in \mathbf{Z}\right)$$

により三角関数 $\tan x$ を定義すれば，$\tan x$ は各開区間 $\left(\frac{\pi}{2} + (n-1)\pi, \frac{\pi}{2} + n\pi\right)$ $(n \in \mathbf{Z})$ において連続関数になることが定理 2.2 から従う．

次に，写像に関するいくつかの言葉を定義し，逆関数の定義を確認しておく．

定義 2.6　A, B を集合とする．

(1) A の各元 $a \in A$ に対して B の元 $\varphi(a) \in B$ が対応しているとき，φ を A から B への写像といい $\varphi : A \to B$ と書く．このとき，A を写像 φ の定義域，B を値域という．また，A, B がともに実数の集合であるとき，A から B への写像 φ を実数値関数あるいは単に関数という．

(2) 写像 $\varphi : A \to B$ が1対1写像である，あるいは単射であるとは，「$a_1 \neq a_2 \Rightarrow \varphi(a_1) \neq \varphi(a_2)$」すなわち「$\varphi(a_1) = \varphi(a_2) \Rightarrow a_1 = a_2$」を満たすときをいう．

(3) 写像 $\varphi : A \to B$ が上への写像である，あるいは全射であるとは，任意の $b \in B$ に対して $\varphi(a) = b$ を満たす $a \in A$ が必ず存在するときをいう．

(4) 写像 $\varphi : A \to B$ が全単射であるとは，全射かつ単射であるときをいう．

(5) 写像 $\varphi : A \to B$ が全単射であるとき，B の任意の元 $b \in B$ に対して $\varphi(a) = b$ を満たす A の元 $a \in A$ がただ一つ定まる．この b から a への対応を $a = \varphi^{-1}(b)$ と書き，$\varphi^{-1} : B \to A$ を φ の逆写像という．とくに，その写像が関数であるとき，その逆写像を逆関数という．

例 2.3　2 次関数 $f(x) = x^2$ を考えよう．

(1) $f : \mathbf{R} \to \mathbf{R}$ としよう．任意の $x \in \mathbf{R}$ に対して $f(x) \geq 0$ であるから，$y < 0$ に対しては $f(x) = y$ となる $x \in \mathbf{R}$ は存在しない．したがって，$f : \mathbf{R} \to \mathbf{R}$ は全射でない．

(2) $f : \mathbf{R} \to [0, \infty)$ としよう．任意の $y \in [0, \infty)$ に対して $x_1 := \sqrt{y} \in \mathbf{R}$ および $x_2 := -\sqrt{y} \in \mathbf{R}$ とおくと，$f(x_1) = f(x_2) = y$ が成り立つ．したがって，

$f : \mathbf{R} \to [0, \infty)$ は全射であるが単射ではない.

(3) $f : [0, \infty) \to [0, \infty)$ としよう. 任意の $y \in [0, \infty)$ に対して $x := \sqrt{y} \in [0, \infty)$ とおくと $f(x) = y$ であり, また $f(x) = y$ となる $x \in [0, \infty)$ は $x = \sqrt{y}$ に限られる. したがって, $f : [0, \infty) \to [0, \infty)$ は全単射である. なお, f の逆写像が $f^{-1}(y) = \sqrt{y}$ にほかならない.

このように, 写像の形だけではなくその値域や定義域の違いにより, その写像が全射であるか単射であるかが変わってくる.

写像 $\varphi : A \to B$ が逆写像 $\varphi^{-1} : B \to A$ をもつとき,

$$\varphi^{-1}(\varphi(a)) = a \quad (\forall a \in A) \qquad および \qquad \varphi(\varphi^{-1}(b)) = b \quad (\forall b \in B)$$

が成り立つことに注意しよう.

定義 2.7　f を区間 I で定義された関数とする.

(1) f が単調増加（または単調減少）であるとは, 任意の $x_1, x_2 \in I$ に対して次式が成り立つときをいう.

$$x_1 < x_2 \Rightarrow f(x_1) \leq f(x_2) \quad （または f(x_1) \geq f(x_2)）$$

(2) f が狭義単調増加（または狭義単調減少）であるとは, 任意の $x_1, x_2 \in I$ に対して次式が成り立つときをいう.

$$x_1 < x_2 \Rightarrow f(x_1) < f(x_2) \quad （または f(x_1) > f(x_2)）$$

定理 2.7　f は閉区間 $[a, b]$ で定義された狭義単調増加な連続関数であるとする. このとき, $f : [a, b] \to [f(a), f(b)]$ は全単射であり, その逆関数 $f^{-1} : [f(a), f(b)] \to [a, b]$ が存在する. そして, f^{-1} もまた狭義単調増加な連続関数になる. 狭義単調増加を狭義単調減少に変えても同様な結果が成り立つ.

[証明]　狭義単調増加性より, $f : [a, b] \to [f(a), f(b)]$ が単射であることは明らかである. また, 任意の $\alpha \in (f(a), f(b))$ に対して, 中間値の定理より $f(c) = \alpha$ となる $c \in (a, b)$ が存在する. したがって, f は全単射な関数であり, その逆関数 $f^{-1} : [f(a), f(b)] \to [a, b]$ が存在する. ここで,

$$a \leq x_1 < x_2 \leq b \Leftrightarrow f(a) \leq f(x_1) < f(x_2) \leq f(b)$$

$$\therefore \quad a \leq f^{-1}(y_1) < f^{-1}(y_2) \leq b \Leftrightarrow f(a) \leq y_1 < y_2 \leq f(b)$$

ゆえに，f^{-1} もまた狭義単調増加関数である．

次に f^{-1} の連続性を示す．$y_0 \in (f(a), f(b))$ とすると，$f(x_0) = y_0$ を満たす $x_0 \in (a, b)$ が存在する．任意の $\varepsilon > 0$ に対して（必要であれば ε を小さくとり直すことにより，一般性を失うことなく $a \leq x_0 - \varepsilon < x_0 + \varepsilon \leq b$ と仮定してよい）$\delta := \min\{y_0 - f(x_0 - \varepsilon), f(x_0 + \varepsilon) - y_0\} > 0$ とおくと，

$$f(x_0 - \varepsilon) \leq y_0 - \delta \quad \text{かつ} \quad f(x_0 + \varepsilon) \geq y_0 + \delta$$

$$\therefore \quad x_0 - \varepsilon \leq f^{-1}(y_0 - \delta) \quad \text{かつ} \quad x_0 + \varepsilon \geq f^{-1}(y_0 + \delta)$$

となる．したがって，$|y - y_0| < \delta$ を満たす任意の $y \in [f(a), f(b)]$ に対して，$y_0 - \delta < y < y_0 + \delta$ より

$$x_0 - \varepsilon \leq f^{-1}(y_0 - \delta) < f^{-1}(y) < f^{-1}(y_0 + \delta) \leq x_0 + \varepsilon$$

$$\therefore \quad |f^{-1}(y) - f^{-1}(y_0)| < \varepsilon$$

となる．これは，f^{-1} が $y_0 \in (f(a), f(b))$ において連続であることを示している．同様にして，$y = f(a), f(b)$ における連続性も示される． $\square$

定理 2.7 における閉区間 $[a, b]$ を，開区間 (a, b) あるいは半開区間 $[a, b), (a, b]$ に変えても同様な結果が成り立つ．

例 2.4 **（対数関数）** Napier 数 e を底とする指数関数を $f(x) = e^x$ とおく．f は $\mathbf{R}$ で連続な狭義単調増加関数であり，

$$\lim_{x \to -\infty} f(x) = 0, \qquad \lim_{x \to +\infty} f(x) = +\infty$$

となる．したがって，定理 2.7 より関数 $f : \mathbf{R} \to (0, \infty)$ は全単射であってその逆関数 $f^{-1} : (0, \infty) \to \mathbf{R}$ が存在し，f^{-1} は狭義単調増加な連続関数となることがわかる．この逆関数を $f^{-1}(x) = \log x$ と書き，（e を底とする）対数関数とよぶ．

いったん対数関数 $\log x$ が定義されれば，高校のときに学んだ指数関数に対する関係式

$$a^x = e^{x \log a} \quad (a > 0, x \in \mathbf{R}) \tag{2.9}$$

を定義式と思うことにより指数関数 a^x が定義され，定理 2.3 より指数関数 a^x の連続性が従う．

例 2.5 （**逆三角関数**） 三角関数 $\cos x, \sin x, \tan x$ は周期関数で単調性はない．したがって，そのままでは逆関数を考えることはできないので，それらの定義域および値域を以下のように制限しよう．

$$\cos x : [0, \pi] \to [-1, 1]$$
$$\sin x : \left[-\tfrac{\pi}{2}, \tfrac{\pi}{2}\right] \to [-1, 1]$$
$$\tan x : \left(-\tfrac{\pi}{2}, \tfrac{\pi}{2}\right) \to \mathbf{R}$$

このとき，$\cos x$ は狭義単調減少，$\sin x, \tan x$ は狭義単調増加な上への写像となり，定理 2.7 よりそれらの逆関数が存在する．その逆関数を，それぞれ

$$\cos^{-1} x, \ \sin^{-1} x, \ \tan^{-1} x \quad \text{あるいは} \quad \arccos x, \ \arcsin x, \ \arctan x$$

と書き，逆三角関数という（図 2.4–2.6 を参照せよ）．

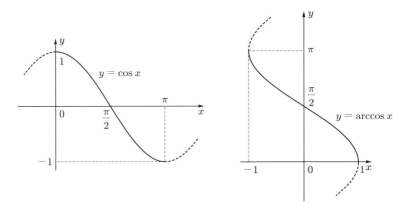

図 2.4 $y = \cos x$ のグラフ（左図）および $y = \arccos x$ のグラフ（右図）

このように定義された逆三角関数の定義域および値域は，以下のようになる．

$$\arccos x : [-1, 1] \to [0, \pi]$$
$$\arcsin x : [-1, 1] \to \left[-\tfrac{\pi}{2}, \tfrac{\pi}{2}\right] \tag{2.10}$$
$$\arctan x : \mathbf{R} \to \left(-\tfrac{\pi}{2}, \tfrac{\pi}{2}\right)$$

また，定理 2.7 より，$\arccos x$ は狭義単調減少な連続関数，$\arcsin x, \arctan x$ は狭

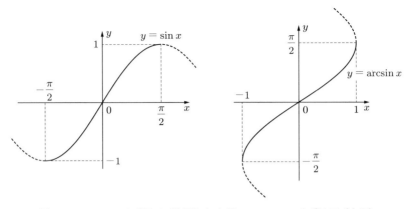

図 2.5 $y = \sin x$ のグラフ（左図）および $y = \arcsin x$ のグラフ（右図）

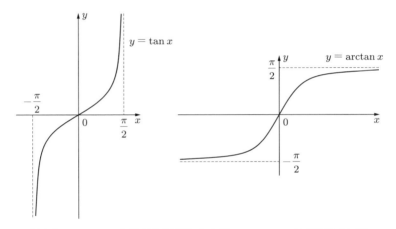

図 2.6 $y = \tan x$ のグラフ（左図）および $y = \arctan x$ のグラフ（右図）

義単調増加な連続関数になる．なお，逆三角関数の表記は三角関数の分数表記と混同されやすいので注意しよう．たとえば，$\cos^{-1} x$ は $(\cos x)^{-1} = \frac{1}{\cos x}$ と勘違いされることがある．

　上では，たとえば三角関数 $\cos x$ の逆関数を定義するためにその定義域を $[0, \pi]$ に制限したが，この区間に制限する必然性はなく，$[-\pi, 0]$ に制限してやれば狭義単調増加な逆三角関数が定義される．このときの逆三角関数の値域は $[0, \pi]$ ではなく $[-\pi, 0]$ となる．このように三角関数が単調になる区間は無数にあり，それに応じて異なった逆三角関数が定義される．それらの逆三角関数と区別するために，(2.10) で定めた逆三角関数は主値をとるという．

問 2.11　逆三角関数 $\arcsin x$, $\arccos x$, $\arctan x$ は主値をとるものとする. このとき以下の表を完成させよ.

x	-1	$-\frac{\sqrt{3}}{2}$	$-\frac{1}{\sqrt{2}}$	$-\frac{1}{2}$	0	$\frac{1}{2}$	$\frac{1}{\sqrt{2}}$	$\frac{\sqrt{3}}{2}$	1
$\arcsin x$									
$\arccos x$									

x	$-\sqrt{3}$	-1	$-\frac{1}{\sqrt{3}}$	0	$\frac{1}{\sqrt{3}}$	1	$\sqrt{3}$
$\arctan x$							

問 2.12　逆三角関数に関して, 次式が成り立つことを証明せよ.
 (1) $\cos(\arcsin x) = \sqrt{1-x^2}$
 (2) $\sin(\arccos x) = \sqrt{1-x^2}$
 (3) $\cos(\arctan x) = \frac{1}{\sqrt{1+x^2}}$
 (4) $\arcsin x + \arccos x = \frac{\pi}{2}$

　逆三角関数の定義より, それらの定義域である任意の x に対して

$$\cos(\arccos x) = x, \quad \sin(\arcsin x) = x, \quad \tan(\arctan x) = x$$

が成り立つ. 一方, $\arccos(\cos x)$ および $\arcsin(\sin x)$ は任意の実数 x に対して, また $\arctan(\tan x)$ は $\tan x$ が定義されている任意の x に対して定義されているが,

$$\arccos(\cos x) = x \text{ が成り立つのは } 0 \le x \le \pi \text{ のときのみ}$$

$$\arcsin(\sin x) = x \text{ が成り立つのは } -\frac{\pi}{2} \le x \le \frac{\pi}{2} \text{ のときのみ}$$

$$\arctan(\tan x) = x \text{ が成り立つのは } -\frac{\pi}{2} < x < \frac{\pi}{2} \text{ のときのみ}$$

であることに注意しよう. たとえば, $\frac{\pi}{2} \le x \le \frac{3}{2}\pi$ のときには $\arcsin(\sin x) = \pi - x$ となる.

問 2.13　以下の関数を三角関数を使わないで書き表せ. ただし, 逆三角関数は主値をとるものとする.
 (1) $\arcsin(\sin x)$　$\left(\frac{3}{2}\pi \le x \le \frac{5}{2}\pi\right)$
 (2) $\arccos(\cos x)$　$\left(\pi \le x \le 2\pi\right)$
 (3) $\arctan(\tan x)$　$\left(\frac{\pi}{2} < x < \frac{3}{2}\pi\right)$

第 3 章 微分

この章では，まず開区間で定義された 1 変数関数の微分について復習し，Rolle（ロール）の定理や平均値の定理，不定形の極限に関する l'Hôpital（ロピタル）の定理を証明する．次いで，滑らかな関数を多項式で近似する Taylor（テイラー）の定理や Taylor 展開について解説する．

3.1 微分係数と導関数

高校のときに学んだ微分係数と導関数の復習から始めよう．

定義 3.1 I を開区間，$a \in I$ とし，f を I で定義された関数とする．

(1) f が a で微分可能であるとは，極限値

$$f'(a) := \lim_{h \to 0} \frac{f(a+h) - f(a)}{h} = \lim_{x \to a} \frac{f(x) - f(a)}{x - a}$$

が存在するときをいう．このとき，$f'(a)$ を f の a における微分係数という．

(2) f が I で微分可能であるとは，f が I の各点で微分可能であるときをいう．このとき，I の各点 $x \in I$ を $f'(x)$ に対応させる I で定義された関数 f' が定まるが，これを f の導関数という．この導関数は次のようにも書かれる．

$$\frac{df}{dx}(x) = \frac{d}{dx}f(x) := f'(x) = \lim_{h \to 0} \frac{f(x+h) - f(x)}{h}$$

(3) f' の導関数 $f'' = (f')'$ を f の 2 階導関数という．一般に，

$$f^{(0)} := f, \qquad f^{(n)} := (f^{(n-1)})' \quad (\forall n \in \mathbf{N})$$

により帰納的に定義される関数 $f^{(n)}$ を，（それらが存在するとき）f の n 階導関数という．

微分可能性は連続性よりも強い性質であり，次の定理 3.1 で示されるように，微分可能であれば連続であることがわかる．しかし，その逆は一般には成り立たないことに注意しよう．それは，たとえば，関数 $f(x) = |x|$ の $x = 0$ における様子を眺めてみれば明らかであろう．

定理 3.1   開区間 I で定義された関数 f が $a\,(\in I)$ において微分可能ならば，f は a において連続である．

[**証明**] $x \to a$ のとき，

$$f(x) = \frac{f(x) - f(a)}{x - a}(x - a) + f(a) \to f'(a) \cdot 0 + f(a) = f(a)$$

となることに注意すればよい．   □

高校のときに学んだ基本的な関数の導関数を思い出そう．

$$\frac{d}{dx}x^n = nx^{n-1}\ (n \in \mathbf{N}), \quad \frac{d}{dx}e^x = e^x, \quad \frac{d}{dx}\sin x = \cos x, \quad \frac{d}{dx}\cos x = -\sin x$$

最初の公式を示すことは易しいが，残りの公式を厳密に証明することはそれらの関数の定義にも関わってくることなので簡単ではない（もちろん，直感に基づいた証明を与えることは難しくない）．ここではこれらの公式が成り立つことを認めて先に進むことにする．

定理 3.2 f, g が開区間 I で微分可能であれば，$\alpha f + \beta g$（α, β は定数），fg, $\frac{f}{g}\,(g(x) \neq 0)$ もまた I で微分可能であり，次式が成り立つ．
(1) $(\alpha f + \beta g)'(x) = \alpha f'(x) + \beta g'(x)$ （微分の線形性）
(2) $(fg)'(x) = f'(x)g(x) + f(x)g'(x)$ （積の微分法）
(3) $\left(\dfrac{f}{g}\right)'(x) = \dfrac{f'(x)g(x) - f(x)g'(x)}{(g(x))^2}$ （商の微分法）

[**証明**]   (2) を示そう．導関数の定義および定理 2.1 より，

$$\frac{f(x+h)g(x+h) - f(x)g(x)}{h} = \frac{f(x+h) - f(x)}{h}g(x+h)$$
$$+ f(x)\frac{g(x+h) - g(x)}{h}$$
$$\to f'(x)g(x) + f(x)g'(x) \quad (h \to 0)$$

となり，(2) が従う．(1) および (3) の証明は問いとして残しておく．　　　　　□

問 3.1　定理 3.2 の (1) および (3) を証明せよ．

例 3.1　(1) 積の微分法より，次式が従う．

$$\frac{d}{dx}(e^x \sin x) = (e^x)' \sin x + e^x (\sin x)' = e^x (\sin x + \cos x) = \sqrt{2} e^x \sin\left(x + \frac{\pi}{4}\right)$$

(2) 商の微分法より，次式が従う．

$$\frac{d}{dx}\tan x = \frac{d}{dx}\left(\frac{\sin x}{\cos x}\right) = \frac{(\sin x)' \cos x - \sin x (\cos x)'}{\cos^2 x}$$
$$= \frac{\cos^2 x + \sin^2 x}{\cos^2 x} = \frac{1}{\cos^2 x}$$

問 3.2　開区間 I で定義された関数 f が $a\,(\in I)$ で微分可能であるとき，

$$\lim_{h \to 0} \frac{f(a+h) - f(a-h)}{2h} = f'(a)$$

が成り立つことを示せ．

次の問いはやや難しいので，初読の際は読み飛ばしてもかまわない．

問 3.3　原点を含む開区間で定義された関数 f が原点で連続であり，

$$\lim_{x \to 0} \frac{f(2x) - f(x)}{x} = \alpha$$

を満たしていれば，f は原点で微分可能であり $f'(0) = \alpha$ が成り立つことを示せ．

3.2　合成関数・逆関数の微分法

定理 3.3（合成関数の微分法）　f は開区間 I で微分可能，g は開区間 J で微分可能，f と g は合成可能であるとする．このとき，合成関数 $g \circ f$ もまた I で微分可能であり，次式が成り立つ．

$$\frac{d}{dx}g(f(x)) = g'(f(x))f'(x)$$

[証明]　$a \in I$ を任意に固定する．$b := f(a)$ とおき，開区間 J で定義された関数 g_1 を次式で定める．

$$g_1(y) := \begin{cases} \dfrac{g(y) - g(b)}{y - b} & (y \neq b) \\ g'(y_0) & (y = b) \end{cases}$$

このとき，g_1 は開区間 J で連続であり，任意の $x \in I$ ($x \neq a$) に対して次の恒等式が成り立つ．

$$\frac{g(f(x)) - g(f(a))}{x - a} = g_1(f(x))\frac{f(x) - f(a)}{x - a} \tag{3.1}$$

ここで，g_1 が連続であり f が微分可能であることから，$x \to a$ のときこの右辺は $g_1(f(a))f'(a) = g'(f(a))f'(a)$ に収束する．これは $g \circ f$ が a で微分可能であり，その微分係数が $g'(f(a))f'(a)$ であることを示している．　　　　□

　この合成関数の微分法はすでに高校において習っている．高校教科書における証明では，「合成関数 $g \circ f$ の差分商を次のように変形し，

$$\frac{g(f(x)) - g(f(a))}{x - a} = \frac{g(f(x)) - g(f(a))}{f(x) - f(a)}\frac{f(x) - f(a)}{x - a}$$

$x \to a$ のとき，（$f(x) \to f(a)$ であるから）この右辺は $g'(f(a))f'(a)$ に収束する」と説明しているであろう．しかしながら，たとえば定数関数のように $x \neq a$ であっても $f(x) = f(a)$ となる場合があり，このときには上式の右辺は意味をもたなくなってしまう．このような困難を回避するために，上の証明では補助的な関数 g_1 を導入して (3.1) のような変形を行ったのである．

　この合成関数の微分の公式を書かせる問題を出すと，ほとんどすべての人が正しい式を書くことができる．しかし，ちょっとだけ複雑な関数の合成関数を具体的に与え，その微分を計算させると計算ミスをする人が非常に多い．公式を覚えることは大事であるが，その形だけを覚えるのでなく，具体的な関数に間違いなく適用できるようにしよう．この合成関数の微分法は簡単だと見下されがちであるが，具体的な計算において落とし穴にはまってしまわないよう十分に気をつけよう．

定理 3.4（逆関数の微分法）　f は開区間 I で微分可能であり，$f'(y) > 0$ ($\forall y \in I$) あるいは $f'(y) < 0$ ($\forall y \in I$) とする．このとき，f の逆関数 $f^{-1} : f(I) \to I$ が存在し，f^{-1} も $f(I)$ で微分可能であり，次式が成り立つ．

$$\frac{d}{dx}f^{-1}(x) = \frac{1}{f'(f^{-1}(x))}$$

[証明]　$f'(y) > 0 \ (\forall y \in I)$ としよう．このとき，後に紹介する定理 3.7 より，f は I で狭義単調増加である．それゆえ，定理 2.7 より逆関数 $f^{-1}: f(I) \to I$ が存在する．さて，$a \in f(I)$ を任意に固定し $b := f^{-1}(a)$ とおく．このとき，任意の $x \in f(I) \ (x \neq a)$ に対して $y := f^{-1}(x)$ とおくと $y \neq b$ であり，次式が成り立つ．

$$\frac{f^{-1}(x) - f^{-1}(a)}{x - a} = \frac{y - b}{f(y) - f(b)} = \frac{1}{\frac{f(y) - f(b)}{y - b}}$$

ここで，定理 2.7 より f^{-1} は連続であるから，$x \to a$ のとき $y \to b$ であり，上式の右辺は $\frac{1}{f'(b)} = \frac{1}{f'(f^{-1}(a))}$ に収束する．これは f^{-1} が a で微分可能であり，その微分係数が $\frac{1}{f'(f^{-1}(a))}$ であることを示している．$f'(y) < 0 \ (\forall y \in I)$ のときもまったく同様にして示される．　□

　上の証明では，逆関数 f^{-1} の微分可能性の証明とその導関数の計算を同時に行った．しかし，あらかじめ逆関数 f^{-1} の微分可能性が示されていれば，その導関数は次のようにして容易に計算される．恒等式 $f(f^{-1}(x)) = x$ の両辺を x で微分し，合成関数の微分法（定理 3.3）を用いれば

$$f'(f^{-1}(x))\frac{d}{dx}f^{-1}(x) = 1$$

となり，望みの導関数が従う．

例 3.2　(1) $f(y) = e^y$ により $f: \mathbf{R} \to (0, \infty)$ を定めると，$f^{-1}(x) = \log x$ および $f'(y) = e^y = f(y)$．ゆえに $f'(f^{-1}(x)) = f(f^{-1}(x)) = x$ となり，逆関数の微分法より次式が従う．

$$\frac{d}{dx}\log x = \frac{1}{x} \quad (x > 0)$$

(2) $f(y) = \sin y$ により $f: (-\frac{\pi}{2}, \frac{\pi}{2}) \to (-1, 1)$ を定めると，$f^{-1}(x) = \arcsin x$ および $f'(y) = \cos y = \sqrt{1 - \sin^2 y} = \sqrt{1 - (f(y))^2}$ が成り立つ．ここで，$-\frac{\pi}{2} < y < \frac{\pi}{2}$ より $\cos y > 0$ ということを用いた．ゆえに $f'(f^{-1}(x)) = \sqrt{1 - x^2}$ となり，逆関数の微分法より次式が従う．

$$\frac{d}{dx}\arcsin x = \frac{1}{\sqrt{1 - x^2}} \quad (|x| < 1)$$

(3) $f(y) = \cos y$ により $f: (0, \pi) \to (-1, 1)$ を定めると，$f^{-1}(x) = \arccos x$ および $f'(y) = -\sin y = -\sqrt{1 - \cos^2 y} = -\sqrt{1 - (f(y))^2}$ が成り立つ．ここ

で, $0 < y < \pi$ より $\sin y > 0$ ということを用いた. ゆえに $f'(f^{-1}(x)) = -\sqrt{1-x^2}$ となり, 逆関数の微分法より次式が従う.

$$\frac{d}{dx}\arccos x = -\frac{1}{\sqrt{1-x^2}} \quad (|x| < 1)$$

問 3.4　$\frac{d}{dx}\arctan x = \frac{1}{1+x^2}$ となることを示せ.

例 3.3　指数関数の定義式 (2.9) および合成関数の微分法を用いれば, 以下の指数関数に対する導関数を計算することができる.

(1) $\frac{d}{dx}a^x = a^x \log a \quad (x \in \mathbf{R},\ a > 0)$

　　実際, a^x は $f(x) = x\log a$ と $g(y) = e^y$ との合成関数 $a^x = e^{x\log a} = (g \circ f)(x)$ であるから, $f'(x) = \log a$ および $g'(y) = e^y$ に注意し, 合成関数の微分法を用いて次のように計算すればよい.

$$\frac{d}{dx}a^x = \frac{d}{dx}e^{x\log a} = e^{x\log a}(x\log a)' = a^x \log a$$

(2) $\frac{d}{dx}x^a = ax^{a-1} \quad (x > 0,\ a \in \mathbf{R})$

　　実際, x^a は $f(x) = a\log x$ と $g(y) = e^y$ との合成関数 $x^a = e^{a\log x} = (g \circ f)(x)$ であるから, $f'(x) = \frac{a}{x}$ および $g'(y) = e^y$ に注意し, 合成関数の微分法を用いて次のように計算すればよい.

$$\frac{d}{dx}x^a = \frac{d}{dx}e^{a\log x} = e^{a\log x}(a\log x)' = x^a \frac{a}{x} = ax^{a-1}$$

(3) $\frac{d}{dx}x^x = x^x(\log x + 1) \quad (x > 0)$

　　実際, x^x は $f(x) = x\log x$ と $g(y) = e^y$ との合成関数 $x^x = e^{x\log x} = (g \circ f)(x)$ であるから, $f'(x) = \log x + 1$ および $g'(y) = e^y$ に注意し, 合成関数の微分法を用いて次のように計算すればよい.

$$\frac{d}{dx}x^x = \frac{d}{dx}e^{x\log x} = e^{x\log x}(x\log x)' = x^x(\log x + 1)$$

あるいは, 高校で習った対数微分法を使って次のように計算してもよい. $y = x^x$ とおいて両辺の対数をとると $\log y = x\log x$. この両辺を x で微分すると合成関数の微分法より $\frac{y'}{y} = \log x + 1$ となり, $y' = y(\log x + 1) = x^x(\log x + 1)$ が得られる.

　　ただし, 対数微分法を使うためには, 厳密な意味では x^x の微分可能性をあらかじめ知っている必要がある. それに対して上の方法では, 合成関数の微

分法（定理 3.3）が x^x の微分可能性をも保証していることに注意しよう.

問 3.5　以下で定められる関数 f の導関数 f' を計算せよ.

(1) $f(x) = e^{-x^2}$

(2) $f(x) = \cos(\log(x^2 + 1))$

(3) $f(x) = x^{\sin x}$ $(x > 0)$

(4) $f(x) = x^{\frac{1}{x}}$ $(x > 0)$

(5) $f(x) = x^{x^x}$ $(x > 0)$

(6) $f(x) = \arctan \frac{1+x}{1-x}$ $(x \neq 1)$

(7) $f(x) = \arctan(2\tan x)$ $(|x| < \frac{\pi}{2})$

例 3.4　次式で定められる $\mathbf{R}$ 上の関数 f の導関数を計算しよう.

$$f(x) = \begin{cases} x^2 \sin \frac{1}{x} & (x \neq 0) \\ 0 & (x = 0) \end{cases}$$

$x \neq 0$ のとき，積の微分法，合成関数の微分法および商の微分法より，

$$f'(x) = (x^2)' \sin \frac{1}{x} + x^2 \left(\frac{1}{x}\right)' \cos \frac{1}{x} = 2x \sin \frac{1}{x} - \cos \frac{1}{x}$$

となる. 次に $x = 0$ のときの導関数の値を計算するのだが，このとき「$x \to 0$ のとき上式の $f'(x)$ は収束しないので $f'(0)$ は存在しない」というような議論をする人が少なくない. しかしこれは誤りである. 上式はあくまで $x \neq 0$ のときにしか成り立っていないことに注意しよう. このような場合に $f'(0)$ を求めるためには，微分係数の定義に戻って次のように計算するしかない.

$$f'(0) = \lim_{h \to 0} \frac{f(h) - f(0)}{h} = \lim_{h \to 0} h \sin \frac{1}{h} = 0$$

これより，f は $\mathbf{R}$ で微分可能であり，その導関数は次式で与えられることがわかる.

$$f'(x) = \begin{cases} 2x \sin \frac{1}{x} - \cos \frac{1}{x} & (x \neq 0) \\ 0 & (x = 0) \end{cases}$$

なお，この導関数 f' は $x = 0$ で連続ではない.

問 3.6　以下で定められる関数 f の導関数を求めよ.

(1) $f(x) = x|x|$

(2) $f(x) = \begin{cases} |x| \arctan \frac{1}{x} & (x \neq 0) \\ 0 & (x = 0) \end{cases}$

3.3　平均値の定理と l'Hôpital の定理

高校のときに習った平均値の定理を詳しく述べよう．そのために，まず Rolle（ロール）の定理を紹介する．

定理 3.5（Rolle の定理）　関数 f は閉区間 $[a,b]$ で連続，開区間 (a,b) で微分可能であり $f(a) = f(b)$ を満たすとする．このとき，$f'(c) = 0$ となる $c \in (a,b)$ が存在する．

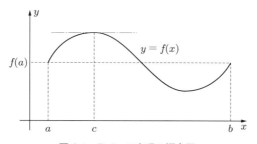

図 3.1　Rolle の定理の概念図

［証明］　f が定数関数の場合は明らかであるから，f は定数関数でないとする．f は閉区間 $[a,b]$ で連続であるから，定理 2.5 より，f は $[a,b]$ で最大値 $M = f(c_1)$ および最小値 $m = f(c_2)$ をとる．ここで，$c_1, c_2 \in [a,b]$ である．f は定数関数でないから，

$$M > f(a) \left(= f(b)\right) \quad \text{あるいは} \quad m < f(a) \left(= f(b)\right)$$

の少なくとも一方が成り立つ．$M > f(a)$ としよう．このとき，$c_1 \neq a, b$ より $c_1 \in (a,b)$．したがって，十分小さな正数 δ をとれば $|h| < \delta$ を満たすすべての実数 h に対して $c_1 + h \in (a,b)$ が成り立つ．$M = f(c_1)$ が f の最大値であることから，

$$f(c_1 + h) - f(c_1) \leq 0 \quad (\forall h \in (-\delta, \delta))$$

となる．この両辺を $h \,(\neq 0)$ で割ると，h の正負により不等号の向きが変わり

$$\frac{f(c_1 + h) - f(c_1)}{h} \leq 0 \quad (\forall h \in (0, \delta))$$

$$\frac{f(c_1 + h) - f(c_1)}{h} \geq 0 \quad (\forall h \in (-\delta, 0))$$

となる. ここで $h \to \pm 0$ の極限をとれば, f が c_1 で微分可能であることから

$$f'(c_1) = \lim_{h \to +0} \frac{f(c_1 + h) - f(c_1)}{h} \leq 0$$

$$f'(c_1) = \lim_{h \to -0} \frac{f(c_1 + h) - f(c_1)}{h} \geq 0$$

となり, $f'(c_1) = 0$ が得られる. $m < f(a)$ の場合も同様にして $f'(c_2) = 0$ が示される. $\qquad \square$

　微分可能な関数 f が c で極大 (あるいは極小) になれば $f'(c) = 0$ である, という性質はすでに高校で習った. 上の Rolle の定理の証明では, この性質の証明も与えていることに注意しよう.

定理 3.6 (平均値の定理)　関数 f は閉区間 $[a, b]$ で連続, 開区間 (a, b) で微分可能であるとする. このとき, 次式を満たす $c \in (a, b)$ が存在する.

$$\frac{f(b) - f(a)}{b - a} = f'(c)$$

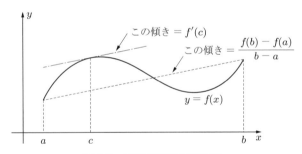

図 3.2　平均値の定理の概念図

[証明]　関数 g を次式により定める.

$$g(x) := f(x) - \frac{f(b) - f(a)}{b - a}(x - a)$$

このとき, 関数 g もまた閉区間 $[a, b]$ で連続, 開区間 (a, b) で微分可能であり $g(a) = g(b) \left(= f(a)\right)$ を満たす. したがって, Rolle の定理より $g'(c) = 0$ を満たす $c \in (a, b)$ が存在する. ここで,

$$g'(c) = f'(c) - \frac{f(b) - f(a)}{b - a}$$

に注意すれば望みの結果が従う. □

　この平均値の定理より, 微分可能な関数 f の増減はその導関数 f' の符号を調べれ
ばよいことがわかる. すなわち, 次の定理が成り立つ. これはすでに高校で習って
きたことだから, その証明は問いとして残しておこう.

　定理 3.7　f を開区間 $I = (a, b)$ で微分可能な関数とする.
　(1) $f'(x) > 0$ $(\forall x \in I)$ ならば, f は I で狭義単調増加である.
　(2) $f'(x) < 0$ $(\forall x \in I)$ ならば, f は I で狭義単調減少である.
　(3) $f'(x) = 0$ $(\forall x \in I)$ ならば, f は I で定数である.

| 問 3.7　平均値の定理（定理 3.6）を用いて定理 3.7 を証明せよ.

　$\lim_{x \to a} f(x) = \lim_{x \to a} g(x) = 0$ のとき $\lim_{x \to a} \dfrac{f(x)}{g(x)}$ を $\dfrac{0}{0}$ 型の不定形の極限といい,
$\lim_{x \to a} f(x) = \lim_{x \to a} g(x) = \infty$ のとき $\lim_{x \to a} \dfrac{f(x)}{g(x)}$ を $\dfrac{\infty}{\infty}$ 型の不定形の極限という. こ
こで, $a = \pm\infty$ のときもある. これら不定形の極限を計算する強力な武器として
l'Hôpital（ロピタル）の定理が知られている. この定理は高校教育の課程外である
が, 耳にしたことがある人も多いであろう. その l'Hôpital の定理を証明するため
に, 上の平均値の定理を一般化した次の Cauchy の平均値定理を準備しておく.

　定理 3.8（Cauchy の平均値定理）　関数 f, g は閉区間 $[a, b]$ で連続, 開区間
(a, b) で微分可能であり, $g'(x) \neq 0$ $(\forall x \in (a, b))$ とする. このとき, 次式を満
たす $c \in (a, b)$ が存在する.

$$\frac{f(b) - f(a)}{g(b) - g(a)} = \frac{f'(c)}{g'(c)}$$

[証明]　関数 h を次式により定める.

$$h(x) := \big(g(b) - g(a)\big)f(x) - \big(f(b) - f(a)\big)g(x)$$

このとき, 関数 h もまた閉区間 $[a, b]$ で連続, 開区間 (a, b) で微分可能であり $h(a) =$
$h(b) \big(= g(b)f(a) - f(b)g(a)\big)$ を満たす. したがって, Rolle の定理より $h'(c) = 0$,
すなわち,

$$\big(g(b) - g(a)\big)f'(c) = \big(f(b) - f(a)\big)g'(c)$$

を満たす $c \in (a,b)$ が存在する．また，平均値の定理（定理 3.6）より $g(b) - g(a) = g'(c_1)(b-a)$ を満たす $c_1 \in (a,b)$ が存在するが，これと仮定より $g(b) \neq g(a)$ となることがわかる．そこで上式の両辺を $\big(g(b) - g(a)\big)g'(c)$ $(\neq 0)$ で割れば望みの式が従う． $\square$

定理 3.9（l'Hôpital の定理）　関数 f, g は開区間 (a,b) で微分可能であり，$g'(x) \neq 0$ $(\forall x \in (a,b))$ を満たすとする．

　(1) $\displaystyle\lim_{x \to a+0} f(x) = \lim_{x \to a+0} g(x) = 0$ のとき，

$$\lim_{x \to a+0} \frac{f'(x)}{g'(x)} = l \quad \text{が存在すれば} \quad \lim_{x \to a+0} \frac{f(x)}{g(x)} = l$$

となる．ここで，$l = \pm\infty$ でもよい．

　(2) $\displaystyle\lim_{x \to a+0} f(x) = \lim_{x \to a+0} g(x) = \infty$ のとき，

$$\lim_{x \to a+0} \frac{f'(x)}{g'(x)} = l \quad \text{が存在すれば} \quad \lim_{x \to a+0} \frac{f(x)}{g(x)} = l$$

となる．ここで，$l = \pm\infty$ でもよい．

また，上の極限 $x \to a + 0$ を，$x \to a - 0$, $x \to a$, $x \to \pm\infty$ に変えても同様な結果が成り立つ．

[証明]　(1) $x = a$ における f, g の値を $f(a) := 0$, $g(a) := 0$ と定めると，f, g は $[a,b)$ において連続となる．したがって，任意の $x \in (a,b)$ に対して f, g は閉区間 $[a,x]$ で連続，開区間 (a,x) で微分可能である．以上のことと仮定より Cauchy の平均値定理を適用することができて，

$$\frac{f(x)}{g(x)} = \frac{f(x) - f(a)}{g(x) - g(a)} = \frac{f'(c)}{g'(c)}$$

を満たす $c \in (a,x)$ が存在することがわかる．ここで，$x \to a + 0$ のとき $c \to a + 0$ であるから，望みの結果が従う．

　(2) この場合の証明は (1) と比べるとやや面倒であるから，最初は読み飛ばしてもかまわない．ある程度大学の数学に慣れてきた時点でこの部分を読み返すのが適当であろう．

　まず，$l \neq \pm\infty$ の場合を考える．任意の $\varepsilon > 0$ に対して，仮定より

$$\left|\frac{f'(x)}{g'(x)} - l\right| < \varepsilon \qquad \therefore \quad l - \varepsilon < \frac{f'(x)}{g'(x)} < l + \varepsilon \quad (\forall x \in (a, a_1)) \tag{3.2}$$

を満たす a に十分近い $a_1 \in (a, b)$ が存在する．ここで，任意の $x \in (a, a_1)$ に対して f, g は閉区間 $[x, a_1]$ で連続，開区間 (x, a_1) で微分可能であり，$g(x) \neq g(a_1)$ が成り立つ．したがって，Cauchy の平均値定理より

$$\frac{\frac{f(x)}{g(x)} - \frac{f(a_1)}{g(x)}}{1 - \frac{g(a_1)}{g(x)}} = \frac{f(x) - f(a_1)}{g(x) - g(a_1)} = \frac{f'(c)}{g'(c)} \tag{3.3}$$

を満たす $c \in (x, a_1)$ が存在する．さらに，$\displaystyle\lim_{x \to a+0} g(x) = \infty$ より

$$1 - \frac{g(a_1)}{g(x)} > 0 \quad \text{および} \quad \left|\frac{f(a_1)}{g(x)}\right|, \left|\frac{g(a_1)}{g(x)}\right| < \varepsilon \quad (\forall x \in (a, a_2))$$

を満たす a に十分近い $a_2 \in (a, a_1)$ が存在する．(3.3) を (3.2) で $x = c$ とした式に代入し，$\frac{f(x)}{g(x)}$ について解くと

$$\frac{f(a_1)}{g(x)} + (l - \varepsilon)\left(1 - \frac{g(a_1)}{g(x)}\right) < \frac{f(x)}{g(x)} < \frac{f(a_1)}{g(x)} + (l + \varepsilon)\left(1 - \frac{g(a_1)}{g(x)}\right)$$

となる．それゆえ，

$$\left|\frac{f(x)}{g(x)} - l\right| < \left|\frac{f(a_1)}{g(x)}\right| + \varepsilon\left(1 - \frac{g(a_1)}{g(x)}\right) + l\left|\frac{g(a_1)}{g(x)}\right| < \varepsilon(2 + |l| + \varepsilon) \quad (\forall x \in (a, a_2))$$

となるが，これは $\displaystyle\lim_{x \to a+0} \frac{f(x)}{g(x)} = l$ が成り立つことを示している．$l = \pm\infty$ の場合は，$\frac{f(x)}{g(x)}$ の代わりに $\frac{g(x)}{f(x)}$ の極限を考え，$l = 0$ の場合に帰着させればよい．

最後に，極限 $x \to a + 0$ を $x \to a - 0$ あるいは $x \to +0$ に変えても同様な結果が成り立つことは，上の証明を見れば明らかであろう．そこで，$x \to \pm\infty$ に変えた場合を考える．このとき，$F(y) := f(\frac{1}{y}), G(y) := g(\frac{1}{y})$ とおき，求める極限を $y \to \pm 0$ における不定形の極限 $\displaystyle\lim_{y \to \pm 0} \frac{F(y)}{G(y)}$ としてとらえる．そして，すでに証明した結果を用いて

$$\lim_{x \to \pm\infty} \frac{f(x)}{g(x)} = \lim_{y \to \pm 0} \frac{F(y)}{G(y)} = \lim_{y \to \pm 0} \frac{F'(y)}{G'(y)}$$

$$= \lim_{y \to \pm 0} \frac{f'\left(\frac{1}{y}\right)\left(\frac{-1}{y^2}\right)}{g'\left(\frac{1}{y}\right)\left(\frac{-1}{y^2}\right)} = \lim_{x \to \pm\infty} \frac{f'(x)}{g'(x)} = l$$

と計算すればよい． $\qquad\qquad\qquad\qquad\qquad\qquad\qquad\qquad\qquad\qquad\qquad\qquad\qquad$ □

Cauchy の平均値定理を使わなくても，次のようにして l'Hôpital の定理（定理 3.9 (1)）を証明してもよいのでは？と考える人もいるであろう．

$$\lim_{x \to a+0} \frac{f(x)}{g(x)} = \lim_{x \to a+0} \frac{f(x) - f(a)}{g(x) - g(a)} = \lim_{x \to a+0} \frac{\frac{f(x)-f(a)}{x-a}}{\frac{g(x)-g(a)}{x-a}} = \frac{f'(a)}{g'(a)} = \lim_{x \to a+0} \frac{f'(x)}{g'(x)}$$

確かに，$f'(a), g'(a)$ が存在し，かつ $g'(a) \neq 0$ である場合にはそれでもよい．しかし，実際に l'Hôpital の定理を使う場合，$\displaystyle\lim_{x \to a+0} \frac{f'(x)}{g'(x)}$ もまた不定形の極限になっており，$g'(a) \neq 0$ という仮定は満たされない場合が多い．このようなことも考慮に入れて，上の証明では Cauchy の平均値定理を使っているのである．

例 3.5 (1) $x \to +0$ のときの $x \log x$ の極限は，$\frac{\log x}{\frac{1}{x}}$ と書きなおすことにより $\frac{\infty}{\infty}$ 型の不定形の極限となる．したがって，l'Hôpital の定理より

$$\lim_{x \to +0} x \log x = \lim_{x \to +0} \frac{\log x}{\frac{1}{x}} = \lim_{x \to +0} \frac{(\log x)'}{\left(\frac{1}{x}\right)'}$$

$$= \lim_{x \to +0} \frac{\frac{1}{x}}{\frac{-1}{x^2}} = \lim_{x \to +0} (-x) = 0$$

となる．これより，$\displaystyle\lim_{x \to +0} x^x = \lim_{x \to +0} e^{x \log x} = e^0 = 1$ も得られる．

(2) 次のように l'Hôpital の定理を続けて用いる場合もある．

$$\lim_{x \to 0} \frac{x - \sin x}{x^3} = \lim_{x \to 0} \frac{1 - \cos x}{3x^2} = \lim_{x \to 0} \frac{\sin x}{6x} = \lim_{x \to 0} \frac{\cos x}{6} = \frac{1}{6}$$

問 3.8 次の極限値を求めよ．ただし，a, b は正定数である．

(1) $\displaystyle\lim_{x \to 0} \left(\frac{1}{x} - \frac{1}{e^x - 1} \right)$

(2) $\displaystyle\lim_{x \to 0} \frac{\log(\cos(bx))}{\log(\cos(ax))}$

(3) $\displaystyle\lim_{x \to 1} \frac{1 + \cos(\pi x^{-3})}{(\log x)^2}$

(4) $\displaystyle\lim_{x \to 1} x^{\frac{1}{1-x}}$

(5) $\displaystyle\lim_{x \to +0} \left(\frac{1}{\sin x} \right)^x$

(6) $\displaystyle\lim_{x \to 0} \left(\frac{a^x + b^x}{2} \right)^{\frac{1}{x}}$

(7) $\displaystyle\lim_{x \to +0} (\sin x)^{1 - \cos x}$

3.4 高階導関数と Taylor 展開

定義 3.2 n を自然数とし，f を開区間 I で定義された関数とする．

(1) f が I で n 回微分可能であるとは，I の各点 x で f の n 階導関数 $f^{(n)}(x)$

が存在するときをいう．この n 階導関数は，次のように書かれたりもする．

$$\frac{d^n f}{dx^n}(x), \quad \frac{d^n}{dx^n}f(x), \quad \left(\frac{d}{dx}\right)^n f(x)$$

(2) f が I で n 回連続微分可能あるいは f が I で C^n 級であるとは，f が I で n 回微分可能であり，かつ n 階導関数 $f^{(n)}$ が I で連続であるときをいう．さらに，f が I で無限回連続微分可能あるいは f が I で C^∞ 級であるとは，f が I で何回でも微分可能であるときをいう．

(3) I で n 回連続微分可能な関数全体の集合を $C^n(I)$ と書き，I で無限回連続微分可能な関数全体の集合を $C^\infty(I)$ と書く．

なお，関数の集合 $C^n(I)$ の記号に整合する形で，I で連続な関数全体の集合を $C^0(I)$ あるいは，単に $C(I)$ と書く．

n 階導関数の簡単な計算例を紹介しておこう．

例 3.6   (1) $\frac{d}{dx}e^x = e^x$ より，$\frac{d^n}{dx^n}e^x = e^x$

(2) $\frac{d}{dx}a^x = a^x \log a$ より，$\frac{d^n}{dx^n}a^x = a^x(\log a)^n$

(3) $\frac{d}{dx}\sin x = \cos x = \sin\left(x + \frac{\pi}{2}\right)$ より，$\frac{d^n}{dx^n}\sin x = \sin\left(x + \frac{n}{2}\pi\right)$

(4) $\frac{d}{dx}\cos x = -\sin x = \cos\left(x + \frac{\pi}{2}\right)$ より，$\frac{d^n}{dx^n}\cos x = \cos\left(x + \frac{n}{2}\pi\right)$

(5) m を自然数とするとき，$\frac{d}{dx}x^m = mx^{m-1}$ より

$$\frac{d^n}{dx^n}x^m = \begin{cases} m(m-1)\cdots(m-n+1)x^{m-n} & (n \le m) \\ 0 & (n > m) \end{cases}$$

(6) $\frac{d}{dx}(a-x)^{-m} = m(a-x)^{-(m+1)} \ (m \in \mathbf{N})$ より，

$$\frac{d^n}{dx^n}\frac{1}{a-x} = \frac{n!}{(a-x)^{n+1}}$$

問 3.9 $f, \phi \in C^3(\mathbf{R})$ に対して，f と ϕ の合成関数を $F(x) := f(\phi(x))$ とおく．このとき，$F''(x)$ および $F'''(x)$ を f, ϕ およびそれらの導関数を用いて書き表せ．

定理 3.2 において積の微分法を紹介したが，高階導関数に対する積の微分法として次の Leibniz（ライプニッツ）の公式が知られている．その公式は数学的帰納法と二項係数に対する関係式を用いて比較的容易に証明されるので，その証明は問いとして残しておく．

定理 3.10（Leibniz の公式） f, g が I で n 回微分可能であれば，次の等式が成り立つ．

$$(fg)^{(n)}(x) = \sum_{k=0}^{n} \binom{n}{k} f^{(k)}(x) g^{(n-k)}(x)$$

問 3.10 Leibniz の公式（定理 3.10）を証明せよ．

例 3.7 (1) 任意の自然数 n に対して，Leibniz の公式より次式が従う．

$$\frac{d^n}{dx^n}(xe^x) = \sum_{k=0}^{n} \binom{n}{k} \left(\frac{d^k}{dx^k}x\right)\left(\frac{d^{n-k}}{dx^{n-k}}e^x\right) = \binom{n}{0}xe^x + \binom{n}{1}e^x$$
$$= (x+n)e^x$$

(2) $n \geq 2$ を満たす任意の自然数 n および n 回微分可能な関数 f に対して，Leibniz の公式より次式が従う．

$$\frac{d^n}{dx^n}\big(x^2 f(x)\big) = \sum_{k=0}^{n} \binom{n}{k} \left(\frac{d^k}{dx^k}x^2\right) f^{(n-k)}(x)$$
$$= \binom{n}{0}x^2 f^{(n)}(x) + \binom{n}{1}2x f^{(n-1)}(x) + \binom{n}{2}2 f^{(n-2)}(x)$$
$$= x^2 f^{(n)}(x) + 2nx f^{(n-1)}(x) + n(n-1) f^{(n-2)}(x)$$

　上の例では二つの関数の積の n 階導関数を計算するために Leibniz の公式を用いたが，やみくもに Leibniz の公式を用いるべきではない．場合によっては，2 階導関数，3 階導関数を具体的に計算して n 階導関数の形を予測し，数学的帰納法を用いてそれが正しいことを示すほうが計算が非常に簡単になることもある．たとえば，$e^x \sin x$ の n 階導関数を Leibniz の公式を用いて計算すると非常に複雑な形になるが，例 3.1 で見たように計算すれば，$\frac{d^n}{dx^n}(e^x \sin x) = \sqrt{2}^{\,n} e^x \sin\big(x + \frac{n}{4}\pi\big)$ となることが数学的帰納法によって示される．

問 3.11 以下で定められる関数 f の n 階導関数 $f^{(n)}$ を計算せよ．
(1) $f(x) = \log x$ (2) $f(x) = xa^x$ （a は正定数）
(3) $f(x) = \sin^2 x$ (4) $f(x) = \frac{1}{x^2 - 3x + 2}$
(5) $f(x) = e^{x\cos\alpha}\cos(x\sin\alpha)$ （α は定数）

問 3.12　$f(x) = \arctan x$ とおく．$(1+x^2)f'(x) = 1$ の両辺を微分してから $x = 0$ を代入し，$f^{(n)}(0)$ に対する漸化式を導くことによって $f^{(n)}(0)$ を求めよ．

次に，平均値の定理（定理 3.6）を精密化した Taylor（テイラー）の定理を紹介しよう．

定理 3.11（Taylor の定理）　f は開区間 I で n 回微分可能な関数とし，$a, b \in I$ は $a \neq b$ を満たすとする．このとき，次式を満たす a と b の間の実数 c が存在する．

$$f(b) = f(a) + f'(a)(b-a) + \cdots + \frac{f^{(n-1)}(a)}{(n-1)!}(b-a)^{n-1} + \frac{f^{(n)}(c)}{n!}(b-a)^n$$

$$= \sum_{k=0}^{n-1} \frac{f^{(k)}(a)}{k!}(b-a)^k + \frac{f^{(n)}(c)}{n!}(b-a)^n$$

[証明]　次式により実数 A を定める．

$$f(b) = \sum_{k=0}^{n-1} \frac{f^{(k)}(a)}{k!}(b-a)^k + \frac{A}{n!}(b-a)^n$$

すなわち，

$$A := \frac{n!}{(b-a)^n}\left\{ f(b) - \sum_{k=0}^{n-1} \frac{f^{(k)}(a)}{k!}(b-a)^k \right\}$$

とする．このとき，$A = f^{(n)}(c)$ となる a と b の間の実数 c が存在することを示せばよい．

$$g(x) := f(b) - \left\{ \sum_{k=0}^{n-1} \frac{f^{(k)}(x)}{k!}(b-x)^k + \frac{A}{n!}(b-x)^n \right\}$$

$$= f(b)$$
$$\quad - \left\{ f(x) + f'(x)(b-x) + \cdots + \frac{f^{(n-1)}(x)}{(n-1)!}(b-x)^{n-1} + \frac{A}{n!}(b-x)^n \right\}$$

により関数 g を定めよう．f は n 回微分可能であり，この右辺には f の $n-1$ 階までの導関数しか現れていないので，g は I で微分可能な関数である．さらに，定数 A の定め方から $g(a) = g(b) = 0$ が成り立つ．したがって，Rolle の定理より $g'(c) = 0$ となる a と b の間の実数 c が存在する．ここで，

$$g'(x) = -\sum_{k=0}^{n-1} \frac{1}{k!} \{f^{(k+1)}(x)(b-x)^k + f^{(k)}(x)(-k)(b-x)^{k-1}\}$$

$$+ \frac{A}{(n-1)!}(b-x)^{n-1}$$

$$= -\sum_{k=0}^{n-2} \frac{f^{(k+1)}(x)}{k!}(b-x)^k - \frac{f^{(n)}(x)}{(n-1)!}(b-x)^{n-1}$$

$$+ \sum_{k=1}^{n-1} \frac{f^{(k)}(x)}{(k-1)!}(b-x)^{k-1} + \frac{A}{(n-1)!}(b-x)^{n-1}$$

$$= \frac{A - f^{(n)}(x)}{(n-1)!}(b-x)^{n-1}$$

より $A = f^{(n)}(c)$ が従う. □

$n = 1$ のとき, この Taylor の定理は平均値の定理にほかならないことに注意しよう.

異なる 2 つの実数 a, b の間にある任意の実数 c は, $0 < \theta < 1$ を満たす適当な θ を用いて $c = a + \theta(b-a)$ という形に書き表されることに注意し, Taylor の定理（定理 3.11）において $b = x$ とすれば, ただちに次の定理が従う.

定理 3.12（有限 Taylor 展開）　f は開区間 I で n 回微分可能な関数とし, $a \in I$ とする. このとき, 関数 f は次の形の有限和に展開される.

$$f(x) = f(a) + f'(a)(x-a) + \cdots + \frac{f^{(n-1)}(a)}{(n-1)!}(x-a)^{n-1} + R_n(x)$$

$$= \sum_{k=0}^{n-1} \frac{f^{(k)}(a)}{k!}(x-a)^k + R_n(x) \tag{3.4}$$

ここで $R_n(x)$ は剰余項とよばれ, 任意の $x \in I$ に対して適当な $\theta \in (0,1)$ をとれば, 次の形に書き表される.

$$R_n(x) = \frac{f^{(n)}(a + \theta(x-a))}{n!}(x-a)^n$$

この剰余項には何通りかの書き表し方があるが（例 5.3 を参照せよ）, 上の形を Lagrange（ラグランジュ）の剰余という. (3.4) の右辺を, 関数 f の a の周りでの

（あるいは a を中心とした）有限 Taylor 展開という．とくに，$a = 0$ の周りでの有限 Taylor 展開を有限 Maclaurin（マクローリン）展開という．

$\lim\limits_{x \to a} f(x) = 0$ という記号は，$x \to a$ のとき関数 $f(x)$ が 0 に収束することを意味しているが，ただ単に「0 に収束する」という情報だけでなく「どのくらいの速さで 0 に収束するのか？」という情報が必要になったり，その情報を用いることでさまざまな計算が見通しよく行えたりする場合がある．たとえば，$x \to 0$ のとき，x^2 のほうが x よりも速く 0 に収束し，さらに x^3 のほうが x^2 よりも速く 0 に収束する．一般に，$f(x) = x^m$ は m が大きくなればなるほど，$x \to 0$ のとき速く 0 に収束する．このことは，以下を眺めてみれば理解されよう．

$$h = 10^{-1} \quad \text{のとき,} \quad h^2 = 10^{-2} \quad h^4 = 10^{-4} \quad h^6 = 10^{-6}$$
$$h = 10^{-2} \quad \text{のとき,} \quad h^2 = 10^{-4} \quad h^4 = 10^{-8} \quad h^6 = 10^{-12}$$
$$h = 10^{-3} \quad \text{のとき,} \quad h^2 = 10^{-6} \quad h^4 = 10^{-12} \quad h^6 = 10^{-18}$$

このような収束の速さを比較したり極限の計算に応用したりする際，次に紹介する Landau（ランダウ）の記号が非常に役に立つ．

定義 3.3（Landau の記号）　f, g, h を開区間 I で定義された関数とし，$a \in I$ とする．

(1) ある（十分大きな）定数 $C > 0$ および（十分小さな）定数 $\delta > 0$ が存在して，$0 < |x - a| < \delta$ を満たす任意の $x \in I$ に対して $\left| \frac{f(x) - g(x)}{h(x)} \right| \leq C$ が成り立つことを次のように書く．

$$f(x) = g(x) + O(h(x)) \quad (x \to a)$$

(2) $\lim\limits_{x \to a} \dfrac{f(x) - g(x)}{h(x)} = 0$ が成り立つことを次のように書く．

$$f(x) = g(x) + o(h(x)) \quad (x \to a)$$

(3) $g(x) \equiv 0$ の場合，上の記号をそれぞれ $f(x) = O(h(x))\ (x \to a)$ および $f(x) = o(h(x))\ (x \to a)$ のように書く．

上の定義では，$g(x) \equiv 0$ という記号を用いている．この記号 $\equiv$ は命題の等号としてすでに使っていたが，恒等的に等しいという意味でもしばしば使われる．したがって，$g(x) \equiv 0$ は関数 g の値が恒等的に 0 であることを表している．

この Landau の記号 $O(h(x))$ および $o(h(x))$ が使われる際，関数 h としては，$h(x) = (x - a)^m$ という（$x \to a$ のとき 0 に収束する）単項式が使われることが非常に多い．Landau の記号は，いったん慣れてしまえば，非常に便利で使いやすい記号だと思うことであろう．しかしながら，上の定義は汎用性を高めるために一般的に書かれているので，初めて習う人には何を意味している記号かすぐには理解できないかもしれない．そこでもう少し噛み砕いて説明しよう．h としてこのように 0 に収束する関数が使われている場合，$f(x) = O(h(x))$ とは $f(x)$ が $h(x)$ と同じくらいの速さあるいは $h(x)$ よりも速く 0 に収束することを意味しており，$f(x) = o(h(x))$ とは $f(x)$ が $h(x)$ よりも真に速く 0 に収束することを意味する．したがって，$f(x) = o(h(x))$ であれば $f(x) = O(h(x))$ が成り立つ．しかしながら，$f(x) = O(h(x))$ という記号は，$f(x)$ が $h(x)$ と同じくらいの速さで収束するときに（すなわち，$h(x) = O(f(x))$ も同時に成り立つときに）使われる場合が多い．

たとえば，$x \to 0$ のとき $f(x) = 10^{23}x^3 + 10^{-23}x^2$ という関数の各項を見てみると，x がそれほど小さくないときには $10^{-23}x^2$ のほうが $10^{23}x^3$ よりも小さいが，x が小さくなればなるほど $10^{23}x^3$ のほうが $10^{-23}x^2$ よりも圧倒的に小さくなる．x^3 の係数 10^{23} は非常に大きく x^2 の係数 10^{-23} は非常に小さな数であるが，$x \to 0$ のときの収束の速さを考える際にはさほど影響はないのである．収束の速さに影響があるのは x の指数である．そこで，

$$10^{23}x^3 + 10^{-23}x^2 = O(x^2) \quad (x \to 0) \tag{3.5}$$

と書くのである．実際，$|x| \leq 1$ を満たす任意の実数 x に対して

$$\left| \frac{10^{23}x^3 + 10^{-23}x^2}{x^2} \right| = |10^{23}x + 10^{-23}| \leq 10^{23} + 10^{-23}$$

が成り立つので，$\delta = 1$ および $C = 10^{23} + 10^{-23}$ として定義における条件が満たされていることがわかる．一方，

$$\lim_{x \to 0} \frac{10^{23}x^3 + 10^{-23}x^2}{x} = \lim_{x \to 0} (10^{23}x^2 + 10^{-23}x) = 0$$

であるから，次のようにも書ける．

$$10^{23}x^3 + 10^{-23}x^2 = o(x) \quad (x \to 0)$$

ただし，このように書いてしまうと (3.5) よりも情報量が失われていることに注意しよう．Landau の記号のわかりづらさは，このように Landau の記号を用いた書

き表し方が一通りではないことかもしれない．これについては慣れてもらうしかないであろう．

なお，$f(x) = g(x) + O(h(x))$ とは，「$O(h(x))$ 程度の誤差を無視すれば $f(x)$ と $g(x)$ は等しい」と読むとわかりやすいであろう．また，$f(x) = o(1)$ $(x \to a)$ は $\lim_{x \to a} f(x) = 0$ にほかならない．

> **問 3.13**　Landau の記号に関する以下の事項を証明せよ．
> (1) $f(x) = O(x^m)$ $(x \to 0)$ および $g(x) = O(x^n)$ $(x \to 0)$ ならば，$f(x)g(x) = O(x^{m+n})$ $(x \to 0)$ および $f(x) + g(x) = O(x^l)$ $(x \to 0)$ が成り立つ．ただし，$l = \min\{m, n\}$ である．
> (2) $f(x) = g(x) + O(h(x))$ $(x \to a)$ および $\phi(x) = a + o(1)$ $(x \to a)$ ならば，$f(\phi(x)) = g(\phi(x)) + O(h(\phi(x)))$ $(x \to a)$ が成り立つ．
> (3) $f(x) = b + O(h(x))$ $(x \to a)$，$b \neq 0$ および $h(x) = o(1)$ $(x \to a)$ ならば，$\frac{1}{f}(x) = \frac{1}{b} + O(h(x))$ $(x \to a)$ が成り立つ．

この Landau の記号を使うと，面倒な剰余項を定理 3.12 のように正確に丁寧に書く必要がなくなり，次の定理が成り立つ．

定理 3.13　$f \in C^n(I)$ および $a \in I$ に対して次式が成り立つ．

$$f(x) = \sum_{k=0}^{n} \frac{f^{(k)}(a)}{k!}(x - a)^k + o((x - a)^n) \quad (x \to a)$$

とくに，$f \in C^\infty(I)$ とすると，任意の自然数 n および $a \in I$ に対して次式が成り立つ．

$$f(x) = \sum_{k=0}^{n} \frac{f^{(k)}(a)}{k!}(x - a)^k + O((x - a)^{n+1}) \quad (x \to a)$$

[**証明**]　関数 h を

$$h(x) := f(x) - \sum_{k=0}^{n} \frac{f^{(k)}(a)}{k!}(x - a)^k$$

により定め，定理 3.12 より次式が成り立つことに注意すればよい．

$$\frac{h(x)}{(x - a)^n} = \frac{1}{n!}\{f^{(n)}(a + \theta(x - a)) - f^{(n)}(a)\} \to 0 \quad (x \to a)$$

ここで，$f^{(n)}$ の連続性および $0 < \theta < 1$ であることを用いた．　□

定理 3.13 が述べていることを噛み砕いて説明すると，f が C^n 級関数であるとき，a に十分近い場所にある x に対しては，$o((x-a)^n)$ 程度の誤差を無視すれば $f(x)$ を n 次多項式 $\displaystyle\sum_{k=0}^{n}\frac{f^{(k)}(a)}{k!}(x-a)^k$ で近似できることを主張しているのである．$n = 1$ のときは 1 次式 $f(a) + f'(a)(x-a)$ で近似されることになるが，このような近似は 1 次近似あるいは線形近似とよばれている．$y = f(x)$ のグラフを $x = a$ において線形近似したものがそのグラフの接線であることに注意しよう．

次の例からもわかるように，Landau の記号を使うことにより，具体的な関数の有限 Taylor 展開をすっきりとした形で書くことができる．しかし，Landau の記号を使うと，$x = a$ の近くでの様子はわかりやすくなるが，そこから離れた場所における情報は失われてしまっていることに注意しよう．そのような情報も必要になる場合は，剰余項をしっかりと書いた (3.4) を使わなければならない．

例 3.8 (1) $f(x) = e^x$ とすると $f^{(n)}(0) = 1$ となる．したがって，e^x の有限 Maclaurin 展開は次のようになる．

$$e^x = 1 + \frac{x}{1!} + \frac{x^2}{2!} + \frac{x^3}{3!} + \cdots + \frac{x^n}{n!} + O(x^{n+1}) \quad (x \to 0)$$

(2) $f(x) = \sin x$ とすると $f^{(n)}(0) = \sin\left(\frac{n}{2}\pi\right)$，それゆえ $f^{(2m)}(0) = 0$, $f^{(2m+1)}(0) = (-1)^m$ となる．したがって，$\sin x$ の有限 Maclaurin 展開は次のようになる．

$$\sin x = x - \frac{x^3}{3!} + \frac{x^5}{5!} - \frac{x^7}{7!} + \cdots + (-1)^m \frac{x^{2m+1}}{(2m+1)!} + O(x^{2m+3}) \quad (x \to 0)$$

(3) $f(x) = \cos x$ とすると $f^{(n)}(0) = \cos\left(\frac{n}{2}\pi\right)$，それゆえ $f^{(2m)}(0) = (-1)^m$, $f^{(2m+1)}(0) = 0$ となる．したがって，$\cos x$ の有限 Maclaurin 展開は次のようになる．

$$\cos x = 1 - \frac{x^2}{2!} + \frac{x^4}{4!} - \frac{x^6}{6!} + \cdots + (-1)^m \frac{x^{2m}}{(2m)!} + O(x^{2m+2}) \quad (x \to 0)$$

$f \in C^\infty(I)$ および $a \in I$ とすると，定理 3.12 より任意の $x \in I$ および $n \in \mathbf{N}$ に対して有限 Taylor 展開 (3.4) が成り立つ．その剰余項 $R_n(x)$ が各 $x \in I$ を固定するごとに

$$\lim_{n \to \infty} R_n(x) = 0 \tag{3.6}$$

を満たすとき，関数 f は次のように級数展開される．

$$f(x) = \sum_{n=0}^{\infty} \frac{f^{(n)}(a)}{n!}(x-a)^n \quad (x \in I)$$

この右辺の級数を関数 f の a の周りでの（あるいは a を中心とした）Taylor 展開という．とくに，$a = 0$ の周りでの Taylor 展開を Maclaurin 展開という．

任意の項まで有限 Taylor 展開可能であっても，条件 (3.6) が満たされるとは限らない．それゆえ Taylor 展開可能であるとは限らないことに注意しよう．実際，

$$f(x) = \begin{cases} e^{-\frac{1}{x}} & (x > 0) \\ 0 & (x \le 0) \end{cases}$$

によって定められる関数 f は $\mathbf{R}$ で無限回微分可能であるが，$x = 0$ の周りでは Taylor 展開不可能であることが知られている．余力のある人は証明してみよう．

次の定理は，C^∞ 級関数が Taylor 展開可能であるための一つの十分条件を与えている．

定理 3.14 $f \in C^\infty(I)$ に対して，（x および n に無関係な）定数 $C, M > 0$ が存在して，

$$|f^{(n)}(x)| \le CM^n \quad (\forall x \in I \; \forall n \in \mathbf{N})$$

が成り立つとき，f は I の各点 a の周りで Taylor 展開可能である．

[証明] (3.4) における剰余項 $R_n(x)$ に対して，各 $x \in I$ を固定するごとに

$$|R_n(x)| \le \frac{CM^n}{n!}|x-a|^n = C\frac{(M|x-a|)^n}{n!} \to 0 \quad (n \to \infty)$$

が成り立つことに注意すればよい．   □

例 3.9 $f(x) = \sin x$ とすると $|f^{(n)}(x)| \le 1$ であるから，$\sin x$ は $\mathbf{R}$ の各点で Taylor 展開可能である．さらに，$\sin x$ の Maclaurin 展開は次のようになる．

$$\sin x = \sum_{n=0}^{\infty} \frac{(-1)^n}{(2n+1)!}x^{2n+1} = x - \frac{x^3}{3!} + \frac{x^5}{5!} - \frac{x^7}{7!} + \cdots$$

同様に，$\cos x$ および e^x も $\mathbf{R}$ の各点で Taylor 展開可能であり，それらの Maclaurin 展開は次のようになる．

$$\cos x = \sum_{n=0}^{\infty} \frac{(-1)^n}{(2n)!}x^{2n} = 1 - \frac{x^2}{2!} + \frac{x^4}{4!} - \frac{x^6}{6!} + \cdots$$

$$e^x = \sum_{n=0}^{\infty} \frac{x^n}{n!} = 1 + \frac{x}{1!} + \frac{x^2}{2!} + \frac{x^3}{3!} + \cdots$$

1 点注意すべきこととして，$I = \mathbf{R}$ としたとき $f(x) = e^x$ は定理 3.14 の条件を満たさない．しかし，任意の正数 R に対して $I = (-R, R)$ とすれば定理 3.14 を適用することができ，任意の $x \in (-R, R)$ に対して上の級数展開が成り立つことがわかる．ところが $R > 0$ は任意であったから，結局，$\mathbf{R}$ の各点で Maclaurin 展開可能であることが従う．

三角関数 $f(x) = \sin x$ の Maclaurin 展開の第 n 部分和として得られる多項式を

$$S_{2n-1}(x) := x - \frac{x^3}{3!} + \frac{x^5}{5!} - \frac{x^7}{7!} + \cdots + (-1)^{n-1} \frac{x^{2n-1}}{(2n-1)!}$$

とおこう．n の値をいろいろ変えてみて $y = S_{2n-1}(x)$ のグラフを描くと，図 3.3 のようになる．n を大きくすればするほど，もとの三角関数 $y = \sin x$ をより広い範囲でより精密に近似していることが見て取れるであろう．

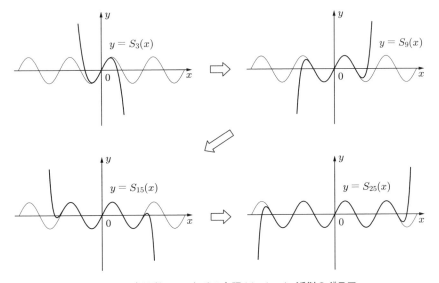

図 3.3 三角関数 $\sin x$ とその有限 Maclaurin 近似のグラフ

問 3.14 以下で定められる関数 f の Maclaurin 展開を求めよ．ただし，a は定数，m は自然数であり，$\sinh x = \frac{e^x - e^{-x}}{2}$ および $\cosh x = \frac{e^x + e^{-x}}{2}$ は双曲線関数である．

(1) $f(x) = (x + a)^m$ (2) $f(x) = \log(1 + x)$

(3) $f(x) = \sin^2 x$ 　　　　　(4) $f(x) = \sinh x$

(5) $f(x) = \cosh x$ 　　　　　(6) $f(x) = \frac{1}{x^2+x-2}$

　Taylor の定理はいろいろな問題に応用される重要な定理であるが，ここではその一例として極値問題に応用しよう．高校のときに習ったように，与えられた関数 f の極値を求めるためには，まず $f'(a) = 0$ となる a を求めることにより極値点，すなわち，極値を実現する点の候補を選んだ．次に増減表を作成して，f は a において極大になるか極小になるか，あるいはそのどちらでもないかを判定した．あるいは増減表を作らなくても，$f''(a) > 0$ ならば f は a において極小，$f''(a) < 0$ ならば f は a において極大になることも習ったであろう．ただし，$f''(a) = 0$ の場合は判定不能であったが，次の定理ではこの場合にも極値の判定が行える．

定理 3.15（極値の判定）　$f \in C^{n+1}(I)$ および $a \in I$ が

$$f'(a) = f''(a) = \cdots = f^{(n)}(a) = 0, \qquad f^{(n+1)}(a) \neq 0$$

を満たしているとする．このとき，

(1) n が偶数ならば，f は a において極大でも極小でもない．

(2) n が奇数であり $f^{(n+1)}(a) > 0$ ならば，f は a において極小になる．

(3) n が奇数であり $f^{(n+1)}(a) < 0$ ならば，f は a において極大になる．

［証明］　定理 3.13 および仮定より

$$f(x) = f(a) + \frac{f^{(n+1)}(a)}{(n+1)!}(x-a)^{n+1} + o((x-a)^{n+1}) \quad (x \to a)$$

であるから，

$$f(x) - f(a) = \frac{(x-a)^{n+1}}{(n+1)!}\bigl(f^{(n+1)}(a) + o(1)\bigr) \quad (x \to a)$$

となる．ここで，$o(1)$ の項は（定義より）$x \to a$ のとき 0 に収束すること，および $f^{(n+1)}(a) \neq 0$ に注意しよう．したがって，十分小さな $\delta > 0$ をとれば，$|x - a| < \delta$ である限り $f^{(n+1)}(a) + o(1)$ の符号は $f^{(n+1)}(a)$ の符号と一致することがわかる．

　さて，n が偶数であり $f^{(n+1)}(a) > 0$ の場合を考えよう．このとき，$f(x) - f(a)$ の符号は $(x-a)^{n+1}$ の符号と一致するので，$a - \delta < x < a$ のとき $f(x) < f(a)$，$a < x < a + \delta$ のとき $f(x) > f(a)$ となり，f は a において極大でも極小でもない．同様にしてほかの場合も確かめられる．　　　　　　　　　□

次に，Taylor の定理を不定形の極限を求める問題に応用してみよう．すでに紹介したように，不定形の極限は通常 l'Hôpital の定理（定理 3.9）を用いて計算される．しかし，次の例でもわかるように，Landau の記号を用いた有限 Taylor 展開を使うと，非常に見通しよく計算できる場合がある．

例 3.10 $\displaystyle\lim_{x\to 0}\frac{\sin^3 x}{x-\sin(\sin x)}=3$

実際，$x\to 0$ のとき

$$\sin x = x - \frac{1}{6}x^3 + O(x^5) = x + O(x^3) = O(x) \tag{3.7}$$

となる．これと問 3.13 (1) より

$$\sin^3 x = \left(x + O(x^3)\right)^3 = x^3 + O(x^5)$$

となる．また，$\sin x = o(1)\ (x\to 0)$ であるから，問 3.13 (2) に注意すると (3.7) における x に $\sin x$ を代入することができて，

$$\sin(\sin x) = \sin x - \frac{1}{6}\sin^3 x + O(\sin^5 x) = x - \frac{1}{6}x^3 - \frac{1}{6}x^3 + O(x^5)$$
$$= x - \frac{1}{3}x^3 + O(x^5)$$

となる．したがって，

$$\frac{\sin^3 x}{x-\sin(\sin x)} = \frac{x^3 + O(x^5)}{\frac{1}{3}x^3 + O(x^5)} = \frac{1 + O(x^2)}{\frac{1}{3} + O(x^2)} \to 3 \quad (x\to 0)$$

となる．当然のことながら l'Hôpital の定理を使っても計算できるが，その計算は非常に面倒である．

例 3.11 $\displaystyle\lim_{x\to 0}\frac{2\log(\cos x)+x^2}{x^n}$ が 0 以外の有限な極限値をとるように自然数 n を定め，そのときの極限値を求めてみよう．

$\log(\cos x) = \log\bigl(1+(\cos x - 1)\bigr)$ および $\cos x - 1 = o(1)\ (x\to 0)$ に注意すれば，問 3.13 (2) より，$\log(1+y)$ の展開式

$$\log(1+y) = y - \frac{1}{2}y^2 + O(y^3) \quad (y\to 0)$$

に $y = \cos x - 1$ を代入することができて，$x\to 0$ のとき

$$\log(\cos x) = (\cos x - 1) - \frac{1}{2}(\cos x - 1)^2 + O((\cos x - 1)^3)$$

となる．ここで，$\cos x - 1 = -\frac{x^2}{2!} + \frac{x^4}{4!} + O(x^6)$ より

$$\log(\cos x) = -\frac{x^2}{2!} + \frac{x^4}{4!} - \frac{1}{2}\left(-\frac{x^2}{2!} + \frac{x^4}{4!}\right)^2 + O(x^6) = -\frac{1}{2}x^2 - \frac{1}{12}x^4 + O(x^6)$$

となる．したがって，

$$\frac{2\log(\cos x) + x^2}{x^n} = -\frac{1}{6}x^{4-n} + O(x^{6-n}) \quad (x \to 0)$$

が成り立つ．ゆえに，$n = 4$ のとき，またそのときに限り 0 以外の有限な極限値をもち，その極限値は

$$\lim_{x \to 0} \frac{2\log(\cos x) + x^2}{x^4} = -\frac{1}{6}$$

となる．

第 4 章　偏微分

　二つの実数の組 (x, y) 全体の集合を $\mathbf{R}^2$ と書く. 直感的には, 平面上に直交する 2 本の座標軸を定め, 平面上の各点と二つの実数の組 (x, y) とを同一視することにより平面を $\mathbf{R}^2$ とみなしている. この章では, $\mathbf{R}^2$ の部分集合 (すなわち平面上の集合) D で定義された 2 変数関数 $f(x, y)$ に対して, 前章で紹介した 1 変数関数の微分法を拡張していく. 具体的には, 2 変数関数に対する連続性, 偏微分および全微分について解説したのち, 合成関数の微分法を紹介する. 次いで, 前章で習った 1 変数関数に対する Taylor の定理を 2 変数関数に対して拡張し, その応用として 2 変数関数に対する極値問題について解説する.

4.1　2 変数関数の極限と連続性

　まず, 開区間や閉区間に対応するような平面上の集合を定義することから始めよう. なお, このような概念を高度に抽象化したものとして, 位相 (トポロジー) という非常に重要な概念がある. 平面上の 2 点 (x_1, y_1) および (x_2, y_2) の Euclid (ユークリッド) の距離は次式で与えられる.

$$\|(x_1, y_1) - (x_2, y_2)\| := \sqrt{(x_1 - x_2)^2 + (y_1 - y_2)^2}$$

また, 平面上の点 (a, b) を中心とする半径 r の円の内部の点 (x, y) 全体の集合を $B_r(a, b)$ と書くことにしよう. すなわち,

$$B_r(a, b) := \{(x, y) \in \mathbf{R}^2 \mid \|(x, y) - (a, b)\| < r\}$$

とする.

　定義 4.1　D を $\mathbf{R}^2$ の集合とする.
　(1) D が開集合であるとは, 任意の D 内の点 (a, b) に対して $B_r(a, b) \subset D$ を満たす正数 r が存在するときをいう.

(2) D が閉集合であるとは，D の補集合 $\mathbf{R}^2 \setminus D$ が開集合であるときをいう．

(3) D が（弧状）連結であるとは，D 内の任意の2点が D 内を通る連続曲線で結べるときをいう．より正確には，任意の $(a_1, b_1), (a_2, b_2) \in D$ に対して，次の条件を満たす閉区間 $[0,1]$ で定義された連続関数 ϕ, ψ が存在するときをいう．

$$\begin{cases} (\phi(0), \psi(0)) = (a_1, b_1), \quad (\phi(1), \psi(1)) = (a_2, b_2) \\ (\phi(t), \psi(t)) \in D \quad (\forall t \in [0,1]) \end{cases}$$

(4) D が領域であるとは，D が連結な開集合であるときをいう．

(5) D が点 (a, b) の近傍であるとは，D が点 (a, b) を含む開集合であるときをいう．

　もう少しわかりやすく説明しよう．D が開集合であるとは，D 内の任意の点に対して，その点を中心とする十分小さな円の内部が再び D に含まれるときをいい，直感的には2次元的な広がりをもち，なおかつ（1次元の場合の開区間のように）その境界が含まれない集合 D をいう．D が閉集合であるとは，（1次元の場合の閉区間のように）その境界が含まれる集合 D をいう．この場合，集合 D は2次元的な広がりをもつ必要はなく，端点が含まれる曲線もまた閉集合になる．また，D が（弧状）連結であるとは，その名のとおりつながっているような集合 D である．

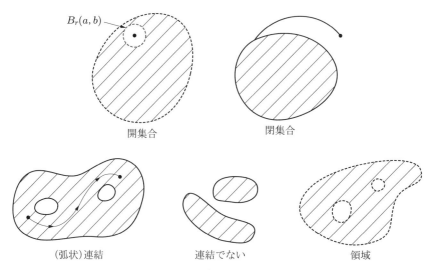

図 4.1　開集合，閉集合，連結，非連結，領域の概念図

次に，x および y を変数とする 2 変数関数 $f = f(x, y)$ の連続性を定義しよう．そのためには，1 変数関数のときのように，まず関数の極限を定義しなければならない．

定義 4.2　D を点 (a, b) の近傍，$f = f(x, y)$ を D で定義された 2 変数関数とする（ただし，$f(a, b)$ は定義されていなくてもよい）．$(x, y) \to (a, b)$ のとき $f(x, y)$ が α に収束するとは，任意の正数 ε に対してある正数 δ が存在し，$0 < \|(x, y) - (a, b)\| < \delta$ を満たす任意の点 $(x, y) \in D$ に対して $|f(x, y) - \alpha| < \varepsilon$ が成り立つときをいう．このとき，

$$\lim_{(x,y) \to (a,b)} f(x, y) = \alpha \qquad \text{あるいは} \qquad f(x, y) \to \alpha \quad \big((x, y) \to (a, b)\big)$$

と書き，α を $(x, y) \to (a, b)$ のときの $f(x, y)$ の極限値という．

この定義を論理記号を用いて書くと，次のようになる．

$$\forall \varepsilon > 0 \ \exists \delta > 0 \ \forall (x, y) \in D \ \big(0 < \|(x, y) - (a, b)\| < \delta \Rightarrow |f(x, y) - \alpha| < \varepsilon\big)$$

この定義からわかるように，「$(x, y) \to (a, b)$ のとき」というのは「(x, y) と (a, b) との距離が 0 に近づくとき」，すなわち

$$\sqrt{(x - a)^2 + (y - b)^2} \to 0 \quad \text{のとき}$$

ということを意味している．これは，x と y が互いに独立に $x \to a$ および $y \to b$ となることと同等である．1 次元の場合には x の a への近づき方は右あるいは左からしかないが，2 次元になると (x, y) の (a, b) への近づき方は右から，左から，上から，下から，斜めから，さらには回転しながらなどさまざまである．$f(x, y)$ が α に収束するとは，(x, y) が (a, b) にどんな近づき方をしても $f(x, y)$ は必ず一定値 α に近づく，ということを意味している．

例 4.1　(1) $f(x, y) = \dfrac{x^2 y}{x^2 + y^2}$ とすると，

$$|f(x, y)| = \frac{x^2 |y|}{x^2 + y^2} \leq |y| \leq \|(x, y)\| \to 0 \quad \big((x, y) \to (0, 0)\big)$$

となる．したがって，$\displaystyle\lim_{(x,y) \to (0,0)} \frac{x^2 y}{x^2 + y^2} = 0$ が成り立つ．

(2) $f(x,y) = \frac{x^2 - y^2}{x^2 + y^2}$ とする. (x,y) が x 軸あるいは y 軸に沿って $(0,0)$ に近づくときの極限値は, それぞれ

$$\lim_{x \to 0} f(x,0) = \lim_{x \to 0} \frac{x^2}{x^2} = 1 \quad \text{あるいは} \quad \lim_{y \to 0} f(0,y) = \lim_{y \to 0} \frac{-y^2}{y^2} = -1$$

となり, 同じ値ではない. したがって, 極限値 $\displaystyle\lim_{(x,y) \to (0,0)} \frac{x^2 - y^2}{x^2 + y^2}$ は存在しない.

定義 4.3　D を点 (a,b) の近傍, $f = f(x,y)$ を D で定義された 2 変数関数とする.

(1) f が (a,b) で連続であるとは, $\displaystyle\lim_{(x,y) \to (a,b)} f(x,y) = f(a,b)$ が成り立つときをいう.

(2) f が D で連続であるとは, f が D の各点 (a,b) で連続であるときをいう.

f が (a,b) で連続であることの定義を論理記号を用いて書くと, 次のようになる.

$$\forall \varepsilon > 0 \; \exists \delta > 0 \; \forall (x,y) \in D \; \left(\|(x,y) - (a,b)\| < \delta \Rightarrow |f(x,y) - f(a,b)| < \varepsilon \right)$$

このように書けば, 必ずしも開集合ではない集合 D で定義された関数 $f = f(x,y)$ の連続性を定義することができる.

x の関数 $\phi(x)$ および y の関数 $\psi(y)$ が 1 変数関数として連続であれば, それらを (x,y) の関数とみなすことにより (たとえば, $\phi(x)$ は変数 y に関して定数関数とみなすことにより), 2 変数関数として (すなわち, 上の定義 4.3 の意味で) 連続であることは明らかであろう. また, 2 変数関数に対しても定理 2.2 と同様な定理が成り立つ. さらに, 定理 2.3 に対応するものとして, 次の定理が成り立つ. その証明は問いとして残しておこう.

定理 4.1　$f = f(x,y)$ を $\mathbf{R}^2$ の開集合 D で定義された連続関数, $\phi = \phi(t), \psi = \psi(t)$ を区間 I で定義された連続関数で $(\phi(t), \psi(t)) \in D \; (\forall t \in I)$ を満たすものとする. このとき, $F(t) := f(\phi(t), \psi(t))$ で定まる合成関数 F もまた区間 I で連続である.

問 4.1　定理 4.1 を証明せよ.

例 4.2　例 4.1 における極限の計算より，ただちに次のことがわかる.

(1) 次式で定まる関数 f は $\mathbf{R}^2$ で連続である.

$$f(x,y) = \begin{cases} \dfrac{x^2 y}{x^2 + y^2} & ((x,y) \neq (0,0)) \\ 0 & ((x,y) = (0,0)) \end{cases}$$

(2) 定数 a の値をどのように選んでも，次式で定まる関数 f は $(0,0)$ で連続でない.

$$f(x,y) = \begin{cases} \dfrac{x^2 - y^2}{x^2 + y^2} & ((x,y) \neq (0,0)) \\ a & ((x,y) = (0,0)) \end{cases}$$

問 4.2　以下で定められる $\mathbf{R}^2$ 上の関数 f が $(0,0)$ において連続であるかどうかを判定せよ.

(1) $f(x,y) = \begin{cases} \frac{x^3 - y^3}{x^2 + y^2} & ((x,y) \neq (0,0)) \\ 0 & ((x,y) = (0,0)) \end{cases}$

(2) $f(x,y) = \begin{cases} \frac{x^2 y}{x^4 + y^2} & ((x,y) \neq (0,0)) \\ 0 & ((x,y) = (0,0)) \end{cases}$

問 4.3　I を開区間，$a \in I$ とし，f を I で定義された関数とする.

(1) $f \in C^1(I)$ ならば次式が成り立つことを示せ.

$$\lim_{(x,y) \to (a,a)} \frac{f(x) - f(y)}{x - y} = f'(a)$$

(2) f は I で微分可能であるが必ずしも C^1 級でない場合，上式が成り立つかどうか？成り立つならばその証明を，そうでなければ反例を与えよ.

4.2　偏微分と全微分

定義 4.4　D を $\mathbf{R}^2$ の開集合, $(a,b) \in D$, $f = f(x,y)$ を D で定義された 2 変数関数とする.

(1) f が (a,b) で x または y に関して偏微分可能であるとは，極限値

$$\frac{\partial f}{\partial x}(a,b) = f_x(a,b) := \lim_{h \to 0} \frac{f(a+h,b) - f(a,b)}{h}$$

$$\frac{\partial f}{\partial y}(a,b) = f_y(a,b) := \lim_{h \to 0} \frac{f(a,b+h) - f(a,b)}{h}$$

がそれぞれ存在するときをいう.このとき,$f_x(a,b)$ および $f_y(a,b)$ を,それぞれ (a,b) における f の x および y に関する偏微分係数という.

(2) f が D で x または y に関して偏微分可能であるとは,f が D の各点で x または y に関してそれぞれ偏微分可能であるときをいう.このとき,D の各点 (x,y) を $f_x(x,y)$ または $f_y(x,y)$ に対応させる関数 f_x, f_y が定まるが,これらを f の x または y に関する偏導関数という.同様にして,2 階偏導関数

$$f_{xx} := \frac{\partial}{\partial x} f_x, \quad f_{xy} := \frac{\partial}{\partial y} f_x, \quad f_{yx} := \frac{\partial}{\partial x} f_y, \quad f_{yy} := \frac{\partial}{\partial y} f_y$$

が定義され,さらには n 階偏導関数も(それらが存在するとき)定義される.

(3) f が D で n 回連続微分可能あるいは f が D で C^n 級であるとは,f の n 階までのすべての偏導関数が存在しかつ連続であるときをいい,D で C^n 級な関数全体の集合を $C^n(D)$ と書く.さらに,f が D で無限回連続微分可能あるいは f が D で C^∞ 級であるとは,f のすべての偏導関数が存在し,かつ連続であるときをいい,D で C^∞ 級な関数全体の集合を $C^\infty(D)$ と書く.

　この定義からわかるように,偏微分というのは,二つあるうちの一つの変数 x あるいは y に着目して残りの変数は定数とみなし,着目した変数に関する(高校のときに習った)1 変数関数としての微分にほかならない.したがって,x に関する偏導関数を計算する際には,頭の中で y を定数であると思い込み,x に関してこれまでどおりに微分すればよい.

　関数 $f = f(x,y)$ の連続性を定義する場合,その定義域 D は必ずしも開集合である必要はなかったが,偏微分を考える場合,D は本質的に開集合でなければならないことに注意しよう.

例 4.3 $f(x,y) = \log(x^2 + y^2)$ とすると,x に関する 1 階および 2 階偏導関数は

$$f_x(x,y) = \frac{1}{x^2+y^2}\frac{\partial}{\partial x}(x^2+y^2) = \frac{2x}{x^2+y^2}$$

$$f_{xx}(x,y) = \frac{\partial}{\partial x}\left(\frac{2x}{x^2+y^2}\right) = \frac{2}{x^2+y^2} - \frac{(2x)^2}{(x^2+y^2)^2} = \frac{2(y^2-x^2)}{(x^2+y^2)^2}$$

となる．また，（上と同様に計算してもよいが）x と y の対称性を考慮すれば $f_{yy}(x,y) = \frac{2(x^2-y^2)}{(x^2+y^2)^2}$ となることがわかる．したがって，この関数 $f(x,y) = \log(x^2+y^2)$ は

$$f_{xx}(x,y) + f_{yy}(x,y) = 0$$

を満たす．これは Laplace（ラプラス）方程式とよばれる偏微分方程式で，物理学や工学において現れる重要な方程式である．

> **問 4.4** 以下で定められる 2 変数関数 $f = f(x,y)$ の偏導関数 f_x および f_y を計算せよ．
> (1) $f(x,y) = x^y \quad (x > 0)$
> (2) $f(x,y) = \arctan(\frac{x}{y}) \quad (y \neq 0)$
> (3) $f(x,y) = \begin{cases} \frac{x^3}{x^2+y^2} & ((x,y) \neq (0,0)) \\ 0 & ((x,y) = (0,0)) \end{cases}$

2 階偏導関数 $f_{xy}(x,y)$ および $f_{yx}(x,y)$ がともに存在しても $f_{xy}(x,y) = f_{yx}(x,y)$ が成り立つとは限らない．すなわち，x で偏微分してから y で偏微分した関数 f_{xy} と，偏微分の順序を入れ替えて，y で偏微分してから x で偏微分した関数 f_{yx} とは一般には一致しないのである．しかしながら次の定理で見るように，それら偏導関数の連続性を仮定すれば偏微分の順序交換が許される．その証明はかなり技巧的であるから，最初は読み飛ばすほうが無難であろう．余裕がある人はその証明を読んでもよいが，大学の数学に慣れてきてから読み返すことを勧める．

> **定理 4.2** $f = f(x,y)$ を $\mathbf{R}^2$ の開集合 D で定義された関数とする．偏導関数 f_{xy}, f_{yx} が D で存在し，かつ (a,b) で連続であれば，$f_{xy}(a,b) = f_{yx}(a,b)$ が成り立つ．

［証明］ D は開集合であるから，十分小さな $r > 0$ をとれば，(a,b) を中心とする半径 r の円 $B_r(a,b)$ は再び D に含まれる．そこで，$\sqrt{h^2+k^2} < r$ を満たす任意の実数 h, k に対して，関数 $g = g(h,k)$ を次式で定める．

$$g(h,k) := f(a+h,b+k) - f(a,b+k) - f(a+h,b) + f(a,b)$$

このとき，$\phi(x) := f(x, b+k) - f(x, b)$ とおき，平均値の定理（定理 3.6）を 2 回用いると，

$$g(h, k) = \phi(a+h) - \phi(a) = \phi'(a + \theta_1 h)h$$
$$= \big(f_x(a + \theta_1 h, b+k) - f_x(a + \theta_1 h, b)\big)h$$
$$= f_{xy}(a + \theta_1 h, b + \theta_2 k)hk$$

を満たす $\theta_1, \theta_2 \in (0, 1)$ が存在する．したがって，f_{xy} の (a, b) における連続性より，

$$\lim_{(h,k) \to (0,0)} \frac{g(h, k)}{hk} = \lim_{(h,k) \to (0,0)} f_{xy}(a + \theta_1 h, b + \theta_2 k) = f_{xy}(a, b) \qquad (4.1)$$

となる．同様にして，$\psi(y) := f(a+h, y) - f(a, y)$ とおき平均値の定理を 2 回用いると，

$$g(h, k) = \psi(b+k) - \psi(b) = \psi'(b + \theta_3 k)k$$
$$= \big(f_y(a+h, b + \theta_3 k) - f_y(a, b + \theta_3 k)\big)k$$
$$= f_{yx}(a + \theta_4 h, b + \theta_3 k)hk$$

を満たす $\theta_3, \theta_4 \in (0, 1)$ が存在する．したがって，f_{yx} の (a, b) における連続性より，

$$\lim_{(h,k) \to (0,0)} \frac{g(h, k)}{hk} = \lim_{(h,k) \to (0,0)} f_{yx}(a + \theta_3 h, b + \theta_4 k) = f_{yx}(a, b) \qquad (4.2)$$

となる．(4.1) および (4.2) より $f_{xy}(a, b) = f_{yx}(a, b)$ が従う． $\qquad\square$

この定理を帰納的に用いると，$f = f(x, y)$ が D で C^n 級ならば，f の n 階までのすべての偏導関数に対して，その偏微分の順序を入れ替えてもその値は変わらないことがわかる．たとえば f が C^3 級であれば，その 3 階偏導関数に対して次式が成り立つ．

$$f_{xxy} = f_{xyx} = f_{yxx}, \qquad f_{xyy} = f_{yxy} = f_{yyx}$$

このことを考慮して，f が C^n 級であるとき，f を x に関して m 回，y に関して l 回（ただし，$m + l \leq n$）偏微分した偏導関数を次のようにも書く．

$$\frac{\partial^{m+l} f}{\partial x^m \partial y^l}(x, y) \quad \text{あるいは} \quad \frac{\partial^{m+l}}{\partial x^m \partial y^l} f(x, y)$$

ここで，$f_{xy} = f_{yx}$ が成り立たないような例を問いの形で紹介しよう．

問 4.5 次式で定められる $\mathbf{R}^2$ 上の関数 $f = f(x,y)$ に対して，$f_{xy}(0,0) = 0$，$f_{yx}(0,0) = 1$ となることを証明せよ．

$$f(x,y) = \begin{cases} \dfrac{x^3 y}{x^2 + y^2} & ((x,y) \neq (0,0)) \\ 0 & ((x,y) = (0,0)) \end{cases}$$

すでに説明したように，偏微分というのは，複数ある変数の中の一つの変数に着目したときの，その変数に関する微分のことであった．その意味では，偏微分とは計算技術に着目した通常の微分の一般化である．一方，1 変数関数 f の微分係数 $f'(a)$ というのは，曲線 $y = f(x)$ のグラフの $(a, f(a))$ における接線の傾きを表していた．したがって，微分可能というのは，その点の近くで曲線 $y = f(x)$ がその接線で近似されることを意味している．

この考え方を 2 変数関数 $f = f(x,y)$ に適用して微分の概念を拡張すると，関数 f が (a,b) で微分可能というのは，3 次元空間内における曲面 $z = f(x,y)$ のグラフがある平面（接平面）で近似されるということになるであろう．このような考え方による 2 変数関数の微分が，次に定義する全微分である．

定義 4.5 D を $\mathbf{R}^2$ の開集合，$(a,b) \in D$，$f = f(x,y)$ を D で定義された 2 変数関数とする．

(1) f が (a,b) で**全微分可能**であるとは，次式を満たす実数 p, q が存在するときをいう．

$$f(x,y) - f(a,b) = p(x-a) + q(y-b) + o(\|(x,y) - (a,b)\|)$$
$$((x,y) \to (a,b))$$

これは次の極限が成り立つことと同値である．

$$\lim_{(x,y) \to (a,b)} \frac{f(x,y) - f(a,b) - p(x-a) - q(y-b)}{\sqrt{(x-a)^2 + (y-b)^2}} = 0$$

(2) f が D で**全微分可能**であるとは，f が D の各点で全微分可能であるときをいう．

この全微分は偏微分よりも強い性質であり，次の定理で見るように全微分可能であれば偏微分可能であることがいえる．

定理 4.3　f が (a, b) で全微分可能であれば, 偏微分可能でもあり, $p = f_x(a, b)$ および $q = f_y(a, b)$ が成り立つ.

[証明]　仮定より $f(a+h, b) - f(a, b) = ph + o(h)$ $(h \to 0)$ であるから,

$$\frac{f(a+h, b) - f(a, b)}{h} = p + \frac{o(h)}{h} \to p \quad (h \to 0)$$

となる. したがって, f は (a, b) で x に関して偏微分可能であり, $f_x(a, b) = p$ が成り立つ. y に関しても同様である. $\qquad\square$

この定理 4.3 より, 2 変数関数 f が (a, b) で全微分可能であれば,

$$f(x, y) = f(a, b) + f_x(a, b)(x - a) + f_y(a, b)(y - b) + o(\|(x, y) - (a, b)\|)$$

$$\bigl((x, y) \to (a, b)\bigr)$$

が成り立つ. この右辺の項 $o(\|(x, y) - (a, b)\|)$ を無視して $f(x, y)$ を x と y の 1 次式で近似することにより, 3 次元空間内の曲面 $z = f(x, y)$ の $(a, b, f(a, b))$ における接平面の方程式

$$z = f(a, b) + f_x(a, b)(x - a) + f_y(a, b)(y - b)$$

が得られる.

この定理 4.3 の逆は一般に成り立たない. すなわち, 偏微分可能であっても全微分可能でないような関数が存在する. しかしながら, 偏導関数の連続性を仮定すれば全微分可能性が従うことが次の定理からわかる. この定理の証明も, 最初は読み飛ばしてかまわない.

定理 4.4　$f = f(x, y)$ が $\mathbf{R}^2$ の開集合 D で C^1 級であれば, f は D で全微分可能である.

[証明]　$(a, b) \in D$ を任意に固定する. D は開集合であるから, 十分小さな $r > 0$ をとれば, (a, b) を中心とする半径 r の円 $B_r(a, b)$ は再び D に含まれる. そこで, $\sqrt{h^2 + k^2} < r$ を満たす任意の実数 h, k に対して, $f(a+h, b+k) - f(a, b)$ を

$$f(a+h, b+k) - f(a, b) = \bigl(f(a+h, b+k) - f(a, b+k)\bigr) + \bigl(f(a, b+k) - f(a, b)\bigr)$$

と書き直そう. これを考慮して, 関数 ϕ, ψ を次式で定義する.

$$\phi(t) := f(a + th, b + k), \qquad \psi(t) := f(a, b + tk)$$

このとき, ϕ, ψ は閉区間 $[0,1]$ で連続, 開区間 $(0,1)$ で微分可能である. ゆえに, 平均値の定理 (定理 3.6) より, 次式を満たす $\theta_1, \theta_2 \in (0,1)$ が存在する.

$$f(a + h, b + k) - f(a, b + k) = \phi(1) - \phi(0) = \phi'(\theta_1) = h f_x(a + \theta_1 h, b + k)$$

$$f(a, b + k) - f(a, b) = \psi(1) - \psi(0) = \psi'(\theta_2) = k f_y(a, b + \theta_2 k)$$

したがって, f_x, f_y の連続性より

$$\frac{|f(a + h, b + k) - f(a, b) - f_x(a, b)h - f_y(a, b)k|}{\sqrt{h^2 + k^2}}$$

$$= \frac{\left| h\big(f_x(a + \theta_1 h, b + k) - f_x(a, b)\big) + k\big(f_y(a, b + \theta_2 k) - f_y(a, b)\big) \right|}{\sqrt{h^2 + k^2}}$$

$$\leq \left| f_x(a + \theta_1 h, b + k) - f_x(a, b) \right| + \left| f_y(a, b + \theta_2 k) - f_y(a, b) \right|$$

$$\to 0 \quad \big((h, k) \to (0, 0)\big)$$

となる. これは f が (a,b) で全微分可能であることを示している. $\qquad\square$

問 4.6 次式で定義される関数 $f = f(x, y)$ は, $(0,0)$ で x および y に関して偏微分可能であるが全微分可能でないことを示せ.

$$f(x, y) = \begin{cases} \dfrac{xy}{x^2 + y^2} & ((x, y) \neq (0, 0)) \\ 0 & ((x, y) = (0, 0)) \end{cases}$$

4.3 合成関数の微分法

定理 4.5 (合成関数の微分法) $f = f(x, y)$ は $\mathbf{R}^2$ の開集合 D で全微分可能, $\phi = \phi(t), \psi = \psi(t)$ は開区間 I で微分可能であり, $(\phi(t), \psi(t)) \in D \ (\forall t \in I)$ を満たすとする. このとき, 合成関数 $F(t) := f(\phi(t), \psi(t))$ もまた I で微分可能であり, 次式が成り立つ.

$$F'(t) = f_x(\phi(t), \psi(t))\phi'(t) + f_y(\phi(t), \psi(t))\psi'(t)$$

[証明] $t_0 \in I$ を任意に固定し, $(x_0, y_0) := \big(\phi(t_0), \psi(t_0)\big) \in D$ とおく. さらに, D 上の関数 $g = g(x, y)$ を, $(x, y) \neq (x_0, x_0)$ のとき

$$g(x,y) = \frac{f(x,y) - f(x_0,y_0) - f_x(x_0,y_0)(x - x_0) - f_y(x_0,y_0)(y - y_0)}{\sqrt{(x - x_0)^2 + (y - y_0)^2}}$$

および $(x,y) = (x_0,x_0)$ のとき $g(x_0,x_0) = 0$ で定める．このとき，f の (x_0,y_0) における全微分可能性より

$$\lim_{(x,y)\to(x_0,y_0)} g(x,y) = 0 = g(x_0,y_0)$$

となり，g は D で連続であることがわかる．また，任意の $(x,y) \in D$ に対して

$$f(x,y) - f(x_0,y_0) = f_x(x_0,y_0)(x - x_0) + f_y(x_0,y_0)(y - y_0)$$
$$+ \sqrt{(x - x_0)^2 + (y - y_0)^2}g(x,y)$$

が成り立つことに注意しよう．この式に $(x,y) = (\phi(t),\psi(t))$ を代入し，両辺を $t - t_0$ で割ると

$$\frac{F(t) - F(t_0)}{t - t_0} = f_x(x_0,y_0)\frac{\phi(t) - \phi(t_0)}{t - t_0} + f_y(x_0,y_0)\frac{\psi(t) - \psi(t_0)}{t - t_0} + G(t) \quad (4.3)$$

となる．ここで，

$$|G(t)| = \left| \frac{\sqrt{(\phi(t) - \phi(t_0))^2 + (\psi(t) - \psi(t_0))^2}\,g(\phi(t),\psi(t))}{t - t_0} \right|$$
$$= \sqrt{\left(\frac{\phi(t) - \phi(t_0)}{t - t_0}\right)^2 + \left(\frac{\psi(t) - \psi(t_0)}{t - t_0}\right)^2}\,|g(\phi(t),\psi(t))|$$
$$\to \sqrt{(\phi'(t_0))^2 + (\psi'(t_0))^2}\,|g(x_0,y_0)| = 0 \quad (t \to t_0)$$

である．したがって，(4.3) において $t \to t_0$ とすれば $F'(t_0) = f_x(x_0,y_0)\phi'(t_0) + f_y(x_0,y_0)\psi'(t_0)$ となり，望みの式が従う． $\qquad\square$

この合成関数の微分法の公式は，$f(x,y)$ および $x = \phi(t), y = \psi(t)$ の合成関数であることに注意して，次の形に書いておくと覚えやすいであろう．

$$\frac{df}{dt} = \frac{\partial f}{\partial x}\frac{dx}{dt} + \frac{\partial f}{\partial y}\frac{dy}{dt}$$

問 4.7 $f = f(x,y)$ は $\mathbf{R}^2$ で C^2 級，$\phi = \phi(t), \psi = \psi(t)$ は $\mathbf{R}$ で C^2 級であるとする．このとき，合成関数 $F(t) := f(\phi(t),\psi(t))$ の 2 階導関数 $F''(t)$ を f, ϕ, ψ およびそれらの（偏）導関数を用いて書き表せ．

定理 4.6（合成関数の微分法） D, Ω は $\mathbf{R}^2$ の開集合，$f = f(x, y)$ は D で全微分可能，$\phi = \phi(u, v), \psi = \psi(u, v)$ は Ω で偏微分可能であり，$(\phi(u, v), \psi(u, v)) \in D \ (\forall (u, v) \in \Omega)$ を満たすとする．このとき，合成関数 $F(u, v) := f(\phi(u, v), \psi(u, v))$ もまた Ω で偏微分可能であり，次式が成り立つ．

$$\begin{cases} F_u(u, v) = f_x(\phi(u, v), \psi(u, v))\phi_u(u, v) + f_y(\phi(u, v), \psi(u, v))\psi_u(u, v) \\ F_v(u, v) = f_x(\phi(u, v), \psi(u, v))\phi_v(u, v) + f_y(\phi(u, v), \psi(u, v))\psi_v(u, v) \end{cases}$$
$$(4.4)$$

[証明] 変数 v（あるいは u）を定数とみなし，$u = t$（あるいは $v = t$）として定理 4.5 を適用すればよい． $\square$

この合成関数の微分法の公式は，$f(x, y)$ および $x = \phi(u, v), y = \psi(u, v)$ の合成関数であることに注意して，次の形に書いておくと覚えやすいであろう．

$$\frac{\partial f}{\partial u} = \frac{\partial f}{\partial x}\frac{\partial x}{\partial u} + \frac{\partial f}{\partial y}\frac{\partial y}{\partial u}, \qquad \frac{\partial f}{\partial v} = \frac{\partial f}{\partial x}\frac{\partial x}{\partial v} + \frac{\partial f}{\partial y}\frac{\partial y}{\partial v} \qquad (4.5)$$

高校では，二つの関数 $y = f(u)$ と $u = g(x)$ の合成関数 $y = f(g(x))$ の微分法を

$$\frac{dy}{dx} = \frac{dy}{du}\frac{du}{dx}$$

という形で覚えたことであろう．du を数だと思って上式の右辺における du を約分すれば左辺が得られる．du はあくまで記号であって数ではないが，数のように扱って正しい公式が成り立つのであるから，非常に便利な記号である．そのことが頭にあるのか，(4.5) の右辺における記号 ∂x および ∂y を数だと思って約分してしまい，$\frac{\partial f}{\partial x}\frac{\partial x}{\partial u} = \frac{\partial f}{\partial u}$ あるいは $\frac{\partial f}{\partial y}\frac{\partial y}{\partial u} = \frac{\partial f}{\partial u}$ と計算してしまう人をたまに見かけるが，これは誤りである．∂x や ∂y はあくまで記号であって数ではなく，一般には

$$\frac{\partial f}{\partial x}\frac{\partial x}{\partial u} \neq \frac{\partial f}{\partial u}, \qquad \frac{\partial f}{\partial y}\frac{\partial y}{\partial u} \neq \frac{\partial f}{\partial u}$$

であることに注意しよう．同様に，高校では関数 $y = f(x)$ の逆関数 $x = f^{-1}(y)$ の微分法を

$$\frac{dx}{dy} = \frac{1}{\frac{dy}{dx}} \qquad (4.6)$$

という形で覚えたことであろう．この類推を偏微分に対して行ってはならない．一般には

$$\frac{\partial x}{\partial u} \neq \frac{1}{\frac{\partial u}{\partial x}}, \qquad \frac{\partial y}{\partial u} \neq \frac{1}{\frac{\partial u}{\partial y}}$$

である．この 2 変数関数に対する合成関数の微分法は鬼門であり，上のような間違いをしてしまう人が少なくない．この部分はしっかりと押さえておこう．

それでは，$\frac{\partial x}{\partial u}$ および $\frac{\partial u}{\partial x}$ の関係はどうなっているのか？という疑問をもつ人もいるであろう．その答えは次のようにして与えられる．(4.5) において $f = u, f = v$ とおこう（厳密にいえば，$F(u, v) = u, F(u, v) = v$ となっている場合を考えるのである）．このとき，四つの等式が得られるが，それを行列の形で書くと

$$\begin{pmatrix} 1 & 0 \\ 0 & 1 \end{pmatrix} = \begin{pmatrix} \frac{\partial u}{\partial x} & \frac{\partial u}{\partial y} \\ \frac{\partial v}{\partial x} & \frac{\partial v}{\partial y} \end{pmatrix} \begin{pmatrix} \frac{\partial x}{\partial u} & \frac{\partial x}{\partial v} \\ \frac{\partial y}{\partial u} & \frac{\partial y}{\partial v} \end{pmatrix} \qquad \therefore \quad \begin{pmatrix} \frac{\partial x}{\partial u} & \frac{\partial x}{\partial v} \\ \frac{\partial y}{\partial u} & \frac{\partial y}{\partial v} \end{pmatrix} = \begin{pmatrix} \frac{\partial u}{\partial x} & \frac{\partial u}{\partial y} \\ \frac{\partial v}{\partial x} & \frac{\partial v}{\partial y} \end{pmatrix}^{-1}$$

となる．これが，1 変数関数に対する公式 (4.6) の 2 変数関数の場合への拡張である．

(4.4) を（簡単のために変数を省略して）行列の形で書くと，次のようになる．

$$\begin{pmatrix} F_u \\ F_v \end{pmatrix} = \begin{pmatrix} \phi_u & \psi_u \\ \phi_v & \psi_v \end{pmatrix} \begin{pmatrix} f_x \\ f_y \end{pmatrix}$$

この式は，xy 座標系および uv 座標系との関係が $x = \phi(u, v), y = \psi(u, v)$ で与えられているとき，関数 f の xy 座標系における偏導関数 f_x, f_y と uv 座標系における偏導関数 F_u, F_v との関係式を与えているとみなすことができる．

例 4.4 （**極座標変換**）　$f = f(x, y)$ を $\mathbf{R}^2$ で全微分可能な関数，(r, θ) を極座標系すなわち $(x, y) = (r \cos \theta, r \sin \theta)$ とし，関数 f を極座標系で表したものを $F(r, \theta) := f(r \cos \theta, r \sin \theta)$ とする．このとき，定理 4.6 より次式が成り立つ．

$$\begin{cases} F_r(r, \theta) = f_x(x, y) \cos \theta + f_y(x, y) \sin \theta \\ F_\theta(r, \theta) = -f_x(x, y) r \sin \theta + f_y(x, y) r \cos \theta \end{cases}$$

これは，直交座標系 (x, y) に関する偏微分と極座標系 (r, θ) に関する偏微分との関係を表している．これを用いれば，直交座標系における偏微分方程式を極座標系における偏微分方程式に書き直すことができる．実際，上式を f_x および f_y について解くと，

$$\begin{cases} f_x(x, y) = \cos \theta \, F_r(r, \theta) - \dfrac{\sin \theta}{r} F_\theta(r, \theta) \\ f_y(x, y) = \sin \theta \, F_r(r, \theta) + \dfrac{\cos \theta}{r} F_\theta(r, \theta) \end{cases}$$

となる．これより，形式的には次のように書ける．

$$\frac{\partial}{\partial x} = \cos\theta \frac{\partial}{\partial r} - \frac{\sin\theta}{r}\frac{\partial}{\partial\theta}, \qquad \frac{\partial}{\partial y} = \sin\theta \frac{\partial}{\partial r} + \frac{\cos\theta}{r}\frac{\partial}{\partial\theta}$$

この関係を用いると，f が $\mathbf{R}^2$ で C^2 級であれば，

$$\frac{\partial^2 f}{\partial x^2} + \frac{\partial^2 f}{\partial y^2} = \frac{\partial^2 F}{\partial r^2} + \frac{1}{r}\frac{\partial F}{\partial r} + \frac{1}{r^2}\frac{\partial^2 F}{\partial\theta^2}$$

が成り立つことがわかり，直交座標系 (x, y) における Laplace 方程式を極座標系 (r, θ) に関する偏微分方程式に書き直せる．

問 4.8 θ を定数，f を $\mathbf{R}^2$ で定義された C^2 級関数とし，$f = f(x, y)$ と $x = u\cos\theta - v\sin\theta$, $y = u\sin\theta + v\cos\theta$ との合成関数を $F(u, v) := f(u\cos\theta - v\sin\theta, u\sin\theta + v\cos\theta)$ $\big(= f(x, y)\big)$ とする．このとき，次式が成り立つことを示せ．
 (1) $(F_u(u, v))^2 + (F_v(u, v))^2 = (f_x(x, y))^2 + (f_y(x, y))^2$
 (2) $F_{uu}(u, v) + F_{vv}(u, v) = f_{xx}(x, y) + f_{yy}(x, y)$

4.4 2 変数関数の Taylor 展開と極値問題

2 変数関数に対する Taylor の定理を述べるために，次の偏微分作用素の記号を導入する．

定義 4.6 $f = f(x, y)$ を $\mathbf{R}^2$ の開集合 D で定義された関数，h, k を実数とする．このとき，

$$\left(h\frac{\partial}{\partial x} + k\frac{\partial}{\partial y}\right)f(x, y) := hf_x(x, y) + kf_y(x, y)$$

$$\left(h\frac{\partial}{\partial x} + k\frac{\partial}{\partial y}\right)^{n+1}f(x, y) := \left(h\frac{\partial}{\partial x} + k\frac{\partial}{\partial y}\right)\left(\left(h\frac{\partial}{\partial x} + k\frac{\partial}{\partial y}\right)^n f(x, y)\right)$$

により帰納的に記号 $\left(h\frac{\partial}{\partial x} + k\frac{\partial}{\partial y}\right)^n$ を定める．ただし，$\left(h\frac{\partial}{\partial x} + k\frac{\partial}{\partial y}\right)^0 f = f$ とする．この記号は関数を関数に写す写像であり偏微分作用素という．

たとえば，$f \in C^\infty(D)$ に対して

$$\left(h\frac{\partial}{\partial x} + k\frac{\partial}{\partial y}\right)^2 f = h^2 f_{xx} + 2hk f_{xy} + k^2 f_{yy}$$

$$\left(h\frac{\partial}{\partial x}+k\frac{\partial}{\partial y}\right)^3 f=h^3 f_{xxx}+3h^2 k f_{xxy}+3hk^2 f_{xyy}+k^3 f_{yyy}$$

となる．一般には，次式が成り立つ．

$$\left(h\frac{\partial}{\partial x}+k\frac{\partial}{\partial y}\right)^n f=\sum_{j=0}^{n}\binom{n}{j}h^j k^{n-j}\frac{\partial^n f}{\partial x^j \partial y^{n-j}}$$

定理 4.7（Taylor の定理）　$f=f(x,y)$ は $\mathbf{R}^2$ の開集合 D で C^n 級．$(a,b)\in D$，h,k は実数で (a,b) および $(a+h,b+k)$ を結ぶ線分 $\{(a+th,b+tk)\,|\,0\le t\le 1\}$ が D に含まれるものとする．このとき，次式を満たす $\theta\in(0,1)$ が存在する．

$$f(a+h,b+k)=\sum_{j=0}^{n-1}\frac{1}{j!}\left(\left(h\frac{\partial}{\partial x}+k\frac{\partial}{\partial y}\right)^j f\right)(a,b)$$
$$+\frac{1}{n!}\left(\left(h\frac{\partial}{\partial x}+k\frac{\partial}{\partial y}\right)^n f\right)(a+\theta h,b+\theta k)$$

［証明］　$\phi(t):=f(a+th,b+tk)$ とおくと，関数 ϕ は閉区間 $[0,1]$ を含む開区間で C^n 級である．したがって，1 変数関数に対する Taylor の定理（定理 3.11）より，

$$\phi(1)=\sum_{j=0}^{n-1}\frac{1}{j!}\phi^{(j)}(0)+\frac{1}{n!}\phi^{(n)}(\theta) \tag{4.7}$$

を満たす $\theta\in(0,1)$ が存在する．ここで，合成関数の微分法（定理 4.5）より，

$$\phi'(t)=f_x(a+th,b+tk)\frac{d}{dt}(a+th)+f_y(a+th,b+tk)\frac{d}{dt}(b+tk)$$
$$=f_x(a+th,b+tk)h+f_y(a+th,b+tk)k$$
$$=\left(\left(h\frac{\partial}{\partial x}+k\frac{\partial}{\partial y}\right)f\right)(a+th,b+tk)$$

となる．さらに，帰納的に次式が示される．

$$\phi^{(j)}(t)=\left(\left(h\frac{\partial}{\partial x}+k\frac{\partial}{\partial y}\right)^j f\right)(a+th,b+tk)$$

これを (4.7) に代入すれば，望みの展開式が従う．　　□

次に，この Taylor の定理を 2 変数関数に対する極値問題に応用しよう．

定義 4.7　D を $\mathbf{R}^2$ の開集合, $(a,b) \in D$, $f = f(x,y)$ を D で定義された 2 変数関数とする.

(1) f が (a,b) において極大（または狭義の極大）になるとは, ある正数 r が存在して, 任意の $(x,y) \in \mathbf{R}^2$ に対して次式が成り立つときをいう.

$$0 < \|(x,y) - (a,b)\| < r \;\Rightarrow\; f(x,y) \leq f(a,b)$$
$$（または f(x,y) < f(a,b)）$$

このとき, $f(a,b)$ を極大値, (a,b) を極大点という.

(2) f が (a,b) において極小（または狭義の極小）になるとは, ある正数 r が存在して, 任意の $(x,y) \in \mathbf{R}^2$ に対して次式が成り立つときをいう.

$$0 < \|(x,y) - (a,b)\| < r \;\Rightarrow\; f(x,y) \geq f(a,b)$$
$$（または f(x,y) > f(a,b)）$$

このとき, $f(a,b)$ を極小値, (a,b) を極小点という.

(3) 極大値と極小値をまとめて極値, 極大点と極小点をまとめて極値点という.

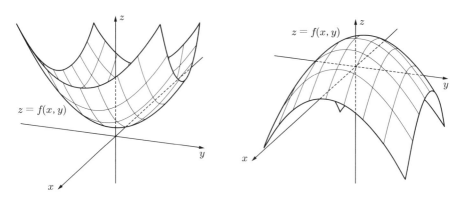

図 4.2　狭義の極小（左図）および狭義の極大（右図）の概念図

1 変数関数 $f = f(x)$ の極値問題では, まず $f'(a) = 0$ となる a を求めることにより極値点の候補を求めた. 次の定理からわかるように, 2 変数関数の極値問題でも同様にして極値点の候補を求める.

定理 4.8　D を $\mathbf{R}^2$ の開集合，$(a,b) \in D$，$f = f(x,y)$ を D で定義された 2 変数関数とする．f が (a,b) で偏微分可能であり，かつ (a,b) で極値をとれば，$f_x(a,b) = f_y(a,b) = 0$ が成り立つ．

［証明］　x の関数 $\phi(x) := f(x,b)$ は $x = a$ で微分可能であり，かつ $x = a$ で極値をとる．したがって，$\phi'(a) = f_x(a,b) = 0$ が成り立つ．同様に，y の関数 $\psi(y) := f(a,y)$ は $y = b$ で微分可能であり，かつ $y = b$ で極値をとる．したがって，$\psi'(b) = f_y(a,b) = 0$ が成り立つ．　　　　　　　　□

　$f_x(a,b) = f_y(a,b) = 0$ が成り立っていても f が (a,b) で極値をとるとは限らないことは，1 変数関数のときと同様である．ただし，2 変数関数の場合には，1 変数関数のときには見られなかった理由により，このようなことが起こりうる．

　たとえば，$f(x,y) = y^2 - x^2$ という関数を考えてみよう．$f_x(x,y) = f_y(x,y) = 0$ を解くと $(x,y) = (0,0)$ となるが，

$$x \text{ の関数 } f(x,0) = -x^2 \text{ は } x = 0 \text{ で極大}$$

$$y \text{ の関数 } f(0,y) = y^2 \text{ は } y = 0 \text{ で極小}$$

となる．したがって，f は $(0,0)$ で極大にも極小にもならない．この例のように，ある方向から見ると極大になっており，別の方向から見ると極小になっているような点を鞍点あるいは峠点という．

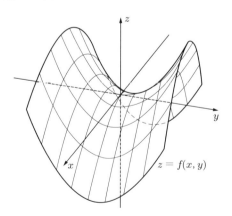

図 4.3　原点 $(0,0)$ が鞍点であるグラフの一例

定義 4.8　D を $\mathbf{R}^2$ の開集合，$(a,b) \in D$，$f = f(x,y)$ を D で定義された 2 変数関数とする．(a,b) が f の停留点あるいは臨界点であるとは，$f_x(a,b) = f_y(a,b) = 0$ が成り立つときをいう．

　上で見てきたように，極値点であれば停留点であるが，その逆は一般には成り立たない．停留点が極大点であるか極小点であるかを判定するためには，1 変数関数のときと同様に，2 階偏導関数の様子を調べればよい．すなわち，次の定理が成り立つ．なお，後の 8.3 節において，線形代数の用語を用いた極値の判定法（定理 8.8）および見通しのよい証明法を紹介する．

定理 4.9（極値の判定）　D を $\mathbf{R}^2$ の開集合，$(a,b) \in D$，$f \in C^2(D)$ は $f_x(a,b) = f_y(a,b) = 0$ を満たすとし，D で定義された関数 $d = d(x,y)$ を次式で定める．

$$d(x,y) := f_{xx}(x,y)f_{yy}(x,y) - \big(f_{xy}(x,y)\big)^2 = \det \begin{pmatrix} f_{xx}(x,y) & f_{xy}(x,y) \\ f_{xy}(x,y) & f_{yy}(x,y) \end{pmatrix}$$

(1) $d(a,b) > 0$ の場合
　(i) $f_{xx}(a,b) > 0$ ならば，f は (a,b) で極小となる．
　(ii) $f_{xx}(a,b) < 0$ ならば，f は (a,b) で極大となる．
(2) $d(a,b) < 0$ の場合，f は (a,b) で極値をとらない（(a,b) は f の鞍点である）．

[証明]　(1) D は開集合であるから，十分小さな $r > 0$ をとれば，(a,b) を中心とする半径 r の円 $B_r(a,b)$ は再び D に含まれる．そこで，$\sqrt{h^2 + k^2} < r$ を満たす任意の実数 h, k に対して，Taylor の定理（定理 4.7）より

$f(a+h, b+k) - f(a,b)$
$= f_x(a,b)h + f_y(a,b)k$
$\quad + \dfrac{1}{2}\big(h^2 f_{xx}(a+\theta h, b+\theta k) + 2hk f_{xy}(a+\theta h, b+\theta k) + k^2 f_{yy}(a+\theta h, b+\theta k)\big)$

となる $\theta \in (0,1)$ が存在する．そこで

$A := f_{xx}(a+\theta h, b+\theta k), \quad B := f_{xy}(a+\theta h, b+\theta k), \quad C := f_{yy}(a+\theta h, b+\theta k)$

とおくと，仮定より次式が成り立つ．

$$f(a+h, b+k) - f(a,b) = \frac{1}{2}(Ah^2 + 2Bhk + Ck^2)$$
$$= \frac{1}{2A}\left((Ah+Bk)^2 + (AC-B^2)k^2\right)$$

ここで，$AC-B^2 = d(a+\theta h, b+\theta k)$ に注意すると，$d(a,b) \neq 0$，$f_{xx}(a,b) \neq 0$ であり，かつ h,k が十分小さければ，$AC-B^2$ の符号は $d(a,b)$ の符号と一致し，A の符号は $f_{xx}(a,b)$ の符号と一致する．このことと上式より (1) の結論が従う．

(2) (1) の計算より，とくに

$$f(a+h, b+k) - f(a,b) = \frac{1}{2}(A_0 h^2 + 2B_0 hk + C_0 k^2) + o(h^2+k^2) \quad ((h,k) \to (0,0))$$

が成り立つ．ただし，$A_0 = f_{xx}(a,b), B_0 = f_{xy}(a,b), C_0 = f_{yy}(a,b)$ である．仮定より $A_0 C_0 - B_0^2 < 0$ であるから，$A_0 > 0$ とすると，直線 $y=b$ 上での関数 f の値

$$f(a+h, b) = f(a,b) + \frac{1}{2}A_0 h^2 + o(h^2)$$

は $h=0$ で（すなわち (a,b) で）極小となり，直線 $A_0(x-a) + B_0(y-b) = 0$ 上での関数 f の値

$$f(a+B_0 h, b - A_0 h) = f(a,b) - \frac{1}{2}A_0(B_0^2 - A_0 C_0)h^2 + o(h^2)$$

は $h=0$ で（すなわち (a,b) で）極大となるので，(a,b) は f の鞍点である．$A_0 \leq 0$ の場合も同様にして示される． □

1 変数関数の場合，定理 3.15 において見たように，f の停留点 a が $f''(a) = 0$ を満たしているとき，極値の判定を行うためにはより高階の微分係数の値を用いる必要があった．2 変数関数の場合も同様で，$d(a,b) = 0$ の場合には f の 2 階偏導関数の値だけでは f が極大になるか極小になるか，それとも極値をとらないかは判定できない．その判定を行うためには，より高階の偏導関数の情報を用いなければならない．

例 4.5　$f(x,y) = x^3 + y^3 - 3xy$ の極大値と極小値を求めてみよう．まず f の停留点を求めていく．

$$f_x(x,y) = 3(x^2 - y), \qquad f_y(x,y) = 3(y^2 - x)$$

より，$f_x(x,y) = f_y(x,y) = 0$ を解くと $(x,y) = (0,0), (1,1)$ となる．これが f の停留点である．次に，定理 4.9 を用いて，これらの点が極値点であるかどうかを判

定する.

$$d(x,y) = \det \begin{pmatrix} f_{xx}(x,y) & f_{xy}(x,y) \\ f_{xy}(x,y) & f_{yy}(x,y) \end{pmatrix} = \det \begin{pmatrix} 6x & -3 \\ -3 & 6y \end{pmatrix} = 9(4xy-1)$$

より,

$$d(1,1) = 27 > 0, \quad f_{xx}(1,1) = 6 > 0 \qquad \therefore \quad f\ は\ (1,1)\ で極小値\ -1\ をとる$$

また,

$$d(0,0) = -9 < 0 \qquad \therefore \quad f\ は\ (0,0)\ で極値をとらない（鞍点となる）$$

となる. 実際, 直線 $y = -x$ 上での f の値 $f(x,-x) = 3x^2$ は $x=0$ で極小となり, 直線 $y = x$ 上での f の値 $f(x,x) = -3x^2\left(1 - \frac{2}{3}x\right)$ は $x=0$ で極大となる.

問 4.9 以下で定められる関数 f の停留点をすべて求めよ. 次に, その中から極値点を選び出し, 極大・極小の判定をせよ.
(1) $f(x,y) = (x^2 - y^2)e^{-x^2-y^2}$
(2) $f(x,y) = x^4 + y^4 - 2x^2 + 4xy - 2y^2$

第 II 部

積分と級数

第 **5** 章　積分

積分とは何か？　高校では

- まず微分の逆演算として不定積分を定義
- それから不定積分を用いて定積分を定義
- 関数 $f(x)$ の定積分は，曲線 $y = f(x)$ と x 軸とに挟まれた部分の（符号付き）面積に等しい

と習ったことであろう．さらに，定積分と区分求積法の関係も学んできたと思う．しかし歴史的に見ると，積分は図形の面積や体積を微小部分の集まりとして計算する求積法に起源をもち，紀元前から存在している．それに対して，微分は Leibniz や Newton（ニュートン）によって 17 世紀に発見された比較的新しい概念である．それらが逆演算であることが発見されて以来，多くの図形に対して面積や体積を求めることが可能になった．19 世紀になると Fourier（フーリエ）級数の収束の研究を通して積分とは何であるかを真剣に考える必要が生じ，Riemann（リーマン）によって初めてその厳密な定義が与えられた．この章では，その Riemann による積分を詳しく解説する．さらに，不定積分の計算法や積分の極限として定義される広義積分も紹介する．

5.1　Riemann 和と Riemann 積分

定義 5.1　f を閉区間 $I = [a, b]$ で定義された関数とする．

(1) 区間 I の**分割** $\Delta : a = x_0 < x_1 < x_2 < \cdots < x_n = b$ に対して，

$$\Delta_j := [x_{j-1}, x_j] \quad (1 \le j \le n)$$

を分割 Δ の**小区間**，

$$|\Delta| := \max\{x_j - x_{j-1} \,|\, 1 \le j \le n\}$$

を分割 Δ の幅という. また, 各点 x_j $(0 \leq j \leq n)$ を分割 Δ の分点という.

(2) $\xi = (\xi_1, \xi_2, \ldots, \xi_n)$ $(\xi_j \in \Delta_j, 1 \leq j \leq n)$ に対して

$$S(f, \Delta, \xi) := \sum_{j=1}^{n} f(\xi_j)(x_j - x_{j-1})$$

とおく. これを f の Riemann 和という. このとき, ξ_j を小区間 Δ_j の代表元という.

(3) f が I で Riemann 可積分あるいは単に可積分であるとは, $|\Delta| \to 0$ のとき f の Riemann 和 $S(f, \Delta, \xi)$ が, 分割 Δ および代表元の集合 ξ に無関係な数 $S(f)$ に収束するときをいう. このとき,

$$S(f) = \int_a^b f(x)dx$$

と書き, これを f の I での Riemann 積分あるいは単に積分という.

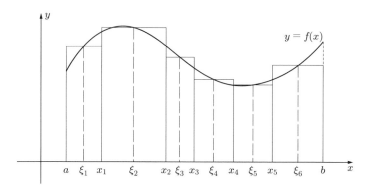

図 5.1 f の Riemann 和の概念図 ($n = 6$ の場合)

区間 I の分割 Δ 全体の集合を $\mathfrak{D}$, 代表元からなる ξ 全体の集合を $\mathfrak{X}_\Delta$ と書くことにしよう. このとき, f が I で可積分であることを論理記号を用いて書くと, 次のようになる.

$$\exists S(f) \in \mathbf{R} \; \forall \varepsilon > 0 \; \exists \delta > 0 \; \forall \Delta \in \mathfrak{D} \; \forall \xi \in \mathfrak{X}_\Delta \; (|\Delta| < \delta \Rightarrow |S(f, \Delta, \xi) - S(f)| < \varepsilon)$$

かなり複雑な命題であるが, 余裕のある人はこれが何を意味しており, 論理記号を用いずに可積分性を定義した文章と何がどう対応しているかを考えてみてほしい.

この定義からわかるように，Riemann 積分は曲線 $y = f(x)$ と x 軸に挟まれた部分を縦に細長く細分し，その個々の細長い部分を長方形で近似することによってその部分の面積を求めている．細長い微小部分を長方形で近似する際，その高さとして代表元 ξ_j における関数 f の値 $f(\xi_j)$ を用いて Riemann 和を計算しており，それによる不定性がある．しかし，分割をどんどん細かくしていけば，その不定性による誤差はどんどん小さくなり，最終的にその誤差は 0 に収束すると期待するのは自然であろう．むしろ，そうならないような性質の悪い関数に対しては，きっとその面積自体も決まらないから積分も定義していないのである．

なお，f が I で可積分であれば，区間 I の分割として n 等分割（すなわち，$x_j = a + \frac{j}{n}(b-a)$）をとり，代表元 ξ として $\xi_j = x_j\ (1 \leq j \leq n)$ をとることにより，高校のときに習った区分求積法

$$\int_a^b f(x)dx = \lim_{n \to \infty} \frac{b-a}{n} \sum_{j=1}^n f\left(a + \frac{j}{n}(b-a)\right)$$

が成り立つことがわかる．

高校のときには「どのような関数に対して積分が定義できるか？」ということはあまり気にしなかったであろう．そもそも高校の授業で現れてくる関数は積分できるものばかりであった．しかし，次の例からわかるように，積分が存在しない関数も存在するのである．

例 5.1   Dirichlet（ディリクレ）の関数とよばれている関数 f を次式で定める．

$$f(x) := \begin{cases} 1 & (x\ \text{は有理数}) \\ 0 & (x\ \text{は無理数}) \end{cases}$$

このとき，任意の閉区間 $I = [a,b]$ および分割 Δ に対して，

$$\xi_1, \xi_2, \ldots, \xi_n\ \text{はすべて有理数} \quad \Rightarrow \quad S(f, \Delta, \xi) = b - a$$

$$\xi_1, \xi_2, \ldots, \xi_n\ \text{はすべて無理数} \quad \Rightarrow \quad S(f, \Delta, \xi) = 0$$

が成り立つ．ところが有理数全体の集合 $\mathbf{Q}$ は実数全体の集合において稠密であるから（付録の定理 A.2 を参照せよ），任意の区間 I の分割 Δ に対して，その分割の幅 $|\Delta|$ がどんなに小さくても，すべての代表元 ξ_j が有理数であるような ξ，およびすべての代表元 ξ_j が無理数であるような ξ をとることができる．それゆえ，$|\Delta| \to 0$

のとき Riemann 和 $S(f, \Delta, \xi)$ は収束しない. したがって, Dirichlet の関数 f は任意の閉区間 I で可積分ではない.

　この例より, 積分ができる関数とできない関数があることがわかった. このことから, どのような関数に対して積分が定義できるのか? 可積分となるための条件は何か? ということが問題になる. 以下でそれを考えていこう.

　f が閉区間 I で可積分ならば, f は I で有界である. 実際, f が非有界ならば, 区間 I の任意の分割 Δ を固定したとき, 対応する Riemann 和の絶対値 $|S(f, \Delta, \xi)|$ をいくらでも大きくなるように代表元 ξ_j を選ぶことができるからである. そこで, 以下では f を閉区間 $I = [a, b]$ で定義された有界な関数とする. そして, その下限および上限をそれぞれ m および M とする.

$$m := \inf_{x \in I} f(x) \; \big(= \inf\{f(x) \,|\, x \in I\}\big), \qquad M := \sup_{x \in I} f(x) \; \big(= \sup\{f(x) \,|\, x \in I\}\big)$$

区間 I の任意の分割 Δ に対して, その各小区間 Δ_j における f の下限および上限をそれぞれ m_j および M_j とする.

$$m_j := \inf_{x \in \Delta_j} f(x), \qquad M_j := \sup_{x \in \Delta_j} f(x)$$

このとき, 明らかに次の不等式が成り立つ.

$$m \le m_j \le f(x) \le M_j \le M \quad (x \in \Delta_j) \tag{5.1}$$

さらに,

$$\underline{S}_\Delta(f) := \sum_{j=1}^{n} m_j(x_j - x_{j-1}), \qquad \overline{S}_\Delta(f) := \sum_{j=1}^{n} M_j(x_j - x_{j-1})$$

とおこう. このとき, 次式が成り立つことは容易に確かめられるであろう.

$$\underline{S}_\Delta(f) = \inf\{S(f, \Delta, \xi) \,|\, \xi \in \mathfrak{X}_\Delta\}, \qquad \overline{S}_\Delta(f) = \sup\{S(f, \Delta, \xi) \,|\, \xi \in \mathfrak{X}_\Delta\} \tag{5.2}$$

(5.1) の辺々に $x_j - x_{j-1} > 0$ を掛け, x に代表元 $\xi_j \in \Delta_j$ を代入し, それから j についての和をとれば, 次式が成り立つ.

$$m(b-a) \le \underline{S}_\Delta(f) \le S(f, \Delta, \xi) \le \overline{S}_\Delta(f) \le M(b-a) \tag{5.3}$$

これは, 集合 $\{\underline{S}_\Delta(f) \,|\, \Delta \in \mathfrak{D}\}$ および $\{\overline{S}_\Delta(f) \,|\, \Delta \in \mathfrak{D}\}$ が有界な実数の集合であ

ることを示している．したがって，実数の連続性公理より，それらの集合の下限お
よび上限

$$\underline{S}(f) := \sup\{\underline{S}_\Delta(f) \mid \Delta \in \mathfrak{D}\}, \qquad \overline{S}(f) := \inf\{\overline{S}_\Delta(f) \mid \Delta \in \mathfrak{D}\}$$

が存在する．

定義 5.2 $\underline{S}_\Delta(f)$ および $\overline{S}_\Delta(f)$ を，それぞれ分割 Δ に関する関数 f の不足和お
よび過剰和という．また，$\underline{S}(f)$ および $\overline{S}(f)$ を，それぞれ関数 f の区間 I にお
ける下積分および上積分という．

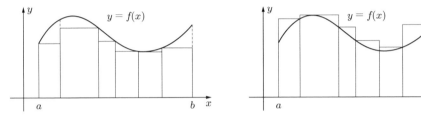

図 5.2 不足和（左図）および過剰和（右図）の概念図

曲線 $y = f(x)$ と x 軸で挟まれた部分を縦に細長く細分し，その細長い部分を長
方形で近似する際，Riemann 和では代表元 ξ_j における関数 f の値 $f(\xi_j)$ をその高
さとして用いていた．その代わりに f の値の下限あるいは上限を用いて近似したも
のが，それぞれ不足和あるいは過剰和である．上図を見れば，それらがふさわしい
呼び方であることが理解できるであろう．

さて，分割をどんどん細かくしていけば，不足和の値は次第に大きくなり，また過
剰和の値は次第に小さくなって，どちらも近似の精度が上がってくるであろう．そ
して，その不足和の上限である下積分および過剰和の下限である上積分は，ともに
その部分の面積に等しくなるに違いないと期待するのは自然であろう．むしろ，そ
れらが一致しないほうが奇妙な状況になっていると思える．実際，次節で紹介する
ように，f が可積分であるための必要十分条件は，上積分と下積分が一致すること
である．この後者の条件は Darboux（ダルブー）の可積分条件とよばれている．

5.2　Darboux の定理

まず，分割の細分という言葉を定義し，不足和と過剰和に関するいくつかの性質を示そう．

定義 5.3　区間 I の二つの分割 Δ および Δ' に対して，Δ' が Δ の細分であるとは，Δ の分点全体の集合が Δ' の分点全体の集合に含まれるときをいう．このとき，$\Delta \preceq \Delta'$ と書くことにする．

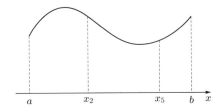 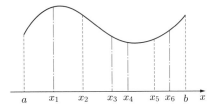

図 5.3　分割 Δ（左図）およびその細分 Δ'（右図）の概念図

補題 5.1　(1) $\Delta \preceq \Delta'$ ならば，$\underline{S}_\Delta(f) \leq \underline{S}_{\Delta'}(f) \leq \overline{S}_{\Delta'}(f) \leq \overline{S}_\Delta(f)$
　　(2) 区間 I の任意の分割 $\Delta_{(1)}, \Delta_{(2)}$ に対して，$\underline{S}_{\Delta_{(1)}}(f) \leq \overline{S}_{\Delta_{(2)}}(f)$
　　(3) $\underline{S}(f) \leq \overline{S}(f)$

[証明]　(1)　分割 Δ' が分割 Δ に一つの分点 $\bar{x}$ を加えることによって得られる場合，すなわち

$$\Delta : a = x_0 < x_1 < \cdots \quad \cdots \quad \cdots \quad \cdots < x_n = b$$
$$\Delta' : a = x_0 < \cdots < x_{k-1} < \bar{x} < x_k < \cdots < x_n = b$$

の場合を示せば，帰納法によって一般の場合も示される．そこで以下では，Δ, Δ' が上の形であると仮定しよう．

$$\Delta_j := [x_{j-1}, x_j] \quad (1 \leq j \leq n), \quad \Delta'_k := [x_{k-1}, \bar{x}], \quad \Delta''_k := [\bar{x}, x_k]$$
$$m_j := \inf_{x \in \Delta_j} f(x) \quad (1 \leq j \leq n), \quad m'_k := \inf_{x \in \Delta'_k} f(x), \quad m''_k := \inf_{x \in \Delta''_k} f(x)$$

とおくと，$m_k \leq m'_k, m''_k$ であり，次式が成り立つ．

$$\underline{S}_\Delta(f) = \sum_{j=1}^n m_j(x_j - x_{j-1})$$

$$\underline{S}_{\Delta'}(f) = \sum_{j \neq k} m_j(x_j - x_{j-1}) + m_k'(\bar{x} - x_{k-1}) + m_k''(x_k - \bar{x})$$

したがって

$$\underline{S}_{\Delta'}(f) - \underline{S}_\Delta(f) = m_k'(\bar{x} - x_{k-1}) + m_k''(x_k - \bar{x}) - m_k(x_k - x_{k-1})$$
$$= (m_k' - m_k)(\bar{x} - x_{k-1}) + (m_k'' - m_k)(x_k - \bar{x}) \geq 0$$

となり，$\underline{S}_\Delta(f) \leq \underline{S}_{\Delta'}(f)$ が従う．同様にして，$\overline{S}_{\Delta'}(f) \leq \overline{S}_\Delta(f)$ も示される．

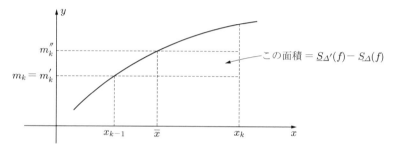

図 5.4 分点 $\bar{x}$ が加わることにより不足和が増加する様子

(2) 任意の分割 $\Delta_{(1)}, \Delta_{(2)}$ に対して，それらの分点を合わせて得られる分割を Δ とすると，$\Delta_{(1)} \preceq \Delta$ および $\Delta_{(2)} \preceq \Delta$ が成り立つ．したがって，(1) の結果より

$$\underline{S}_{\Delta_{(1)}}(f) \leq \underline{S}_\Delta(f) \leq \overline{S}_\Delta(f) \leq \overline{S}_{\Delta_{(2)}}(f) \qquad \therefore \quad \underline{S}_{\Delta_{(1)}}(f) \leq \overline{S}_{\Delta_{(2)}}(f)$$

(3) (2) の結果は，任意の分割 $\Delta_{(2)}$ に対して，$\overline{S}_{\Delta_{(2)}}(f)$ は実数の集合 $\{\underline{S}_{\Delta_{(1)}}(f) \,|\, \Delta_{(1)} \in \mathfrak{D}\}$ の上界であることを示している．したがって，下積分 $\underline{S}(f)$ および上限の定義より

$$\underline{S}(f) = \sup\{\underline{S}_{\Delta_{(1)}}(f) \,|\, \Delta_{(1)} \in \mathfrak{D}\} \leq \overline{S}_{\Delta_{(2)}}(f) \quad (\forall \Delta_{(2)} \in \mathfrak{D})$$

が成り立つが，これは $\underline{S}(f)$ が実数の集合 $\{\overline{S}_{\Delta_{(2)}}(f) \,|\, \Delta_{(2)} \in \mathfrak{D}\}$ の下界であることを示している．したがって，上積分および下限の定義より

$$\underline{S}(f) \leq \inf\{\overline{S}_{\Delta_{(2)}}(f) \,|\, \Delta_{(2)} \in \mathfrak{D}\} = \overline{S}(f)$$

となり，$\underline{S}(f) \leq \overline{S}(f)$ が従う． $\qquad\qquad\qquad\qquad\qquad\qquad\qquad\qquad$ $\square$

補題 5.2　区間 I の分割 Δ に l 個の分点を加えることによって得られる分割を Δ' とすると,

$$\underline{S}_{\Delta'}(f) - \underline{S}_{\Delta}(f) \leq l(M-m)|\Delta|, \qquad \overline{S}_{\Delta}(f) - \overline{S}_{\Delta'}(f) \leq l(M-m)|\Delta|$$

が成り立つ. ここで, $M = \sup_{x \in I} f(x)$ および $m = \inf_{x \in I} f(x)$ である.

[証明]　不足和に対する不等式を証明しよう. $l=1$ の場合, 補題 5.1 (1) の証明における記号を用いると, $m \leq m_k \leq m'_k, m''_k \leq M$ より

$$\begin{aligned}
\underline{S}_{\Delta'}(f) - \underline{S}_{\Delta}(f) &= (m'_k - m_k)(\bar{x} - x_{k-1}) + (m''_k - m_k)(x_k - \bar{x}) \\
&\leq (M-m)\big((\bar{x} - x_{k-1}) + (x_k - \bar{x})\big) \\
&\leq (M-m)|\Delta|
\end{aligned}$$

が成り立つ. 一般の l の場合には, 分割 Δ に 1 個ずつ分点を加えることによって得られる分割の列を $\Delta = \Delta_{(0)} \preceq \Delta_{(1)} \preceq \Delta_{(2)} \preceq \cdots \preceq \Delta_{(l)} = \Delta'$ とすると, $|\Delta_{(j)}| \leq |\Delta|$ $(0 \leq j \leq l)$ であり, $l=1$ の場合の結果より

$$\begin{aligned}
&\underline{S}_{\Delta'}(f) - \underline{S}_{\Delta}(f) \\
&= \big(\underline{S}_{\Delta_{(l)}}(f) - \underline{S}_{\Delta_{(l-1)}}(f)\big) + \big(\underline{S}_{\Delta_{(l-1)}}(f) - \underline{S}_{\Delta_{(l-2)}}(f)\big) \\
&\quad + \cdots + \big(\underline{S}_{\Delta_{(1)}}(f) - \underline{S}_{\Delta_{(0)}}(f)\big) \\
&\leq (M-m)|\Delta_{(l-1)}| + (M-m)|\Delta_{(l-2)}| + \cdots + (M-m)|\Delta_{(0)}| \\
&\leq l(M-m)|\Delta|
\end{aligned}$$

が得られる. 過剰和に対する不等式も同様にして示される.　　　　　　□

　補題 5.1 より, 分割 Δ を細分していくことによって分割の幅 $|\Delta|$ を小さくしていくと, 不足和 $\underline{S}_{\Delta}(f)$ は単調に増加し, 過剰和 $\overline{S}_{\Delta}(f)$ は単調に減少していく. また, 不足和の上限が下積分 $\underline{S}(f)$ であり, 過剰和の下限が上積分 $\overline{S}(f)$ であった. 一方, 定理 1.7 で学んだように, 数列 $\{a_n\}$ が単調増加（または単調減少）であり, かつ上に有界（または下に有界）ならば, その極限値が存在し, かつ

$$\lim_{n \to \infty} a_n = \sup_{n \in \mathbf{N}} a_n \quad \left(\text{または} \lim_{n \to \infty} a_n = \inf_{n \in \mathbf{N}} a_n\right)$$

が成り立つ. これに類似するものとして, 次の Darboux の定理が成り立つ.

定理 5.1（Darboux） $\underline{S}(f) = \lim_{|\Delta| \to 0} \underline{S}_\Delta(f), \quad \overline{S}(f) = \lim_{|\Delta| \to 0} \overline{S}_\Delta(f)$

[証明]　下積分に対する式を証明しよう．下積分の定義および上限の性質（定理 1.1）より，任意の $\varepsilon > 0$ に対して，

$$\underline{S}(f) - \frac{\varepsilon}{2} < \underline{S}_{\Delta_{(0)}}(f)$$

となるような区間 I の（十分細かな）分割 $\Delta_{(0)}$ が存在する．さて，Δ を区間 I の任意の分割としよう．Δ に $\Delta_{(0)}$ の分点を合わせて得られる分割を Δ' とする．このとき，補題 5.2 より

$$\underline{S}_{\Delta'}(f) - \underline{S}_\Delta(f) \leq n_0(M - m)|\Delta|$$

が成り立つ．ただし，n_0 は分割 $\Delta_{(0)}$ の端点を除いた分点の個数である．この不等式を考慮して，

$$\delta := \frac{\varepsilon}{2n_0(M - m) + 1}$$

により正数 δ を定める．このとき，分割 Δ が $|\Delta| < \delta$ を満たしていれば

$$\underline{S}_{\Delta'}(f) - \underline{S}_\Delta(f) \leq n_0(M - m)\delta < \frac{\varepsilon}{2}$$

が成り立つ．さらに $\Delta_{(0)} \preceq \Delta'$ に注意すると，補題 5.1 より $\underline{S}_{\Delta_{(0)}}(f) \leq \underline{S}_{\Delta'}(f)$ が成り立つ．以上のことから，$|\Delta| < \delta$ を満たす任意の分割 Δ に対して，

$$|\underline{S}(f) - \underline{S}_\Delta(f)| = \left(\underline{S}(f) - \underline{S}_{\Delta_{(0)}}(f)\right) + \left(\underline{S}_{\Delta'}(f) - \underline{S}_\Delta(f)\right) - \left(\underline{S}_{\Delta'}(f) - \underline{S}_{\Delta_{(0)}}(f)\right)$$
$$< \frac{\varepsilon}{2} + \frac{\varepsilon}{2} - 0 = \varepsilon$$

となる．これは，$|\Delta| \to 0$ のとき $\underline{S}_\Delta(f) \to \underline{S}(f)$ となることを示している．上積分に対する式も同様にして示される．　□

定理 5.2　次の 3 条件は互いに同値である．

(1) 関数 f は区間 I で可積分である．

(2) $\underline{S}(f) = \overline{S}(f)$　（Darboux の可積分条件）

(3) 任意の正数 ε に対して，区間 I の分割 Δ が存在して $0 \leq \overline{S}_\Delta(f) - \underline{S}_\Delta(f) < \varepsilon$ が成り立つ．

[証明]　(2)⇒(3)：Darboux の定理（定理 5.1）および仮定より，

$$\lim_{|\Delta|\to 0}\big(\overline{S}_\Delta(f)-\underline{S}_\Delta(f)\big)=\overline{S}(f)-\underline{S}(f)=0$$

が成り立つ. 言い換えれば, 任意の正数 ε に対して十分小さな正数 δ をとれば, $|\Delta|<\delta$ を満たす任意の分割 Δ に対して $0\le\overline{S}_\Delta(f)-\underline{S}_\Delta(f)<\varepsilon$ が成り立ち, とくに条件 (3) が成り立つ.

(3)⇒(2)：任意の正数 ε に対して, 仮定より（十分細かな）ある分割 Δ が存在して,

$$0\le\overline{S}_\Delta(f)-\underline{S}_\Delta(f)<\varepsilon$$

が成り立つ. 一方, 補題 5.1 (3) より $\underline{S}_\Delta(f)\le\underline{S}(f)\le\overline{S}(f)\le\overline{S}_\Delta(f)$ であるから,

$$0\le\overline{S}(f)-\underline{S}(f)\le\overline{S}_\Delta(f)-\underline{S}_\Delta(f)<\varepsilon$$

$$\therefore\quad|\overline{S}(f)-\underline{S}(f)|<\varepsilon$$

となる. この最後の不等式が任意の正数 ε に対して成り立つことから, 条件 (2) が従う.

(2)⇒(1)：(5.3) より, 任意の分割 Δ および代表元 ξ に対して

$$\underline{S}_\Delta(f)\le S(f,\Delta,\xi)\le\overline{S}_\Delta(f)$$

が成り立っていることに注意しよう. ここで, Darboux の定理（定理 5.1）および仮定より

$$\lim_{|\Delta|\to 0}\underline{S}_\Delta(f)=\underline{S}(f)=\overline{S}(f)=\lim_{|\Delta|\to 0}\overline{S}_\Delta(f)$$

であるから, はさみうちの定理より, 代表元 ξ の選び方に関係なく

$$\lim_{|\Delta|\to 0}S(f,\Delta,\xi)=\underline{S}(f)=\overline{S}(f)$$

となる. これは f が I で可積分であり, その積分値が $\underline{S}(f)\,\big(=\overline{S}(f)\big)$ であることを示している.

(1)⇒(2)：任意の正数 ε に対して, 仮定より, 十分小さな正数 δ が存在し, $|\Delta|<\delta$ を満たす任意の分割 Δ および任意の代表元 ξ に対して, 次式が成り立つ.

$$\left|S(f,\Delta,\xi)-\int_a^b f(x)dx\right|<\varepsilon\qquad\therefore\quad\int_a^b f(x)dx-\varepsilon<S(f,\Delta,\xi)<\int_a^b f(x)dx+\varepsilon$$

この不等式の辺々の ξ に関する下限をとり, (5.2) に注意すれば

$$\int_a^b f(x)dx-\varepsilon\le\underline{S}_\Delta(f)\le\int_a^b f(x)dx+\varepsilon\qquad\therefore\quad\left|\underline{S}_\Delta(f)-\int_a^b f(x)dx\right|\le\varepsilon$$

となる．これは $\displaystyle\lim_{|\Delta|\to 0}\underline{S}_\Delta(f)=\int_a^b f(x)dx$ となることを示している．同様にして，

$\displaystyle\lim_{|\Delta|\to 0}\overline{S}_\Delta(f)=\int_a^b f(x)dx$ も示される．以上のことと Darboux の定理（定理 5.1）より

$$\underline{S}(f)=\lim_{|\Delta|\to 0}\underline{S}_\Delta(f)=\int_a^b f(x)dx=\lim_{|\Delta|\to 0}\overline{S}_\Delta(f)=\overline{S}(f)$$

となり，(2) が従う． □

5.3 連続関数の可積分性

閉区間 I で連続な関数 f が可積分であることは高校で習ってきた．次に，定理 5.2 を用いてこの事実を証明しよう．そのために，連続性の概念を少し強めた一様連続性について紹介する．

定義 5.4 区間 I で定義された関数 f が I で一様連続であるとは，任意の正数 ε に対してある（十分小さな）正数 δ が存在し，$|x-y|<\delta$ を満たす任意の $x,y\in I$ に対して $|f(x)-f(y)|<\varepsilon$ が成り立つときをいう．

f が I で一様連続であることの定義を論理記号を用いて書くと，次のようになる．

$$\forall\varepsilon>0\ \exists\delta>0\ \forall x,y\in I\ (|x-y|<\delta\Rightarrow|f(x)-f(y)|<\varepsilon) \qquad (5.4)$$

一方，f が I で単に連続であることの定義は，次のようなものであった．

$$\forall x\in I\ \forall\varepsilon>0\ \exists\delta>0\ \forall y\in I\ (|x-y|<\delta\Rightarrow|f(x)-f(y)|<\varepsilon)$$

これらの違いは「$\forall x\in I$」の位置にある（0.2 節において論理記号 $\forall$ および $\exists$ の順番の重要性が説明されていたことを思い起こそう）．単に連続である場合，それは先頭，つまり「$\exists\delta>0$」の前にあるのに対して，一様連続の場合には「$\exists\delta>0$」の後にある．それによって δ が何に依存して決まるのかが変わってくる．単に連続である場合，位置 x と正数 ε を固定するごとに正数 δ が決まり，δ は ε だけでなく位置 x にも依存している．すなわち，位置 x を変えるとそれに応じて δ をさらに小さくしなければならない場合がある．それに対して一様連続である場合，δ は ε だけから決まり，位置 x に関して無関係に（すなわち一様に）とることができる．このよう

に，正数 δ を位置 x に関して一様にとれることから一様連続とよばれるのである．

問 5.1　区間 I で定義された関数 f に対して，ある定数 $L \geq 0$ が存在し，任意の $x, y \in I$ に対して $|f(x) - f(y)| \leq L|x - y|$ が成り立つとき，f は I で Lipschitz（リプシッツ）連続であるという．f が I で Lipschitz 連続ならば，I で一様連続であることを示せ．

単なる連続の定義では，論理記号を使わなくても極限記号を使うことによって定義することができた．一様連続の定義も，論理記号を使わず，極限記号を使うことによって定義することができる．すなわち，次の定理が成り立つ．その証明は問いとして残しておこう．

定理 5.3　区間 I で定義された関数 f が I で一様連続になるための必要十分条件は，次式が成り立つことである．

$$\lim_{\delta \to +0} \sup_{x, y \in I, \ |x-y| < \delta} |f(x) - f(y)| = 0$$

問 5.2　定理 5.3 を証明せよ．

上の説明から明らかなように，一様連続であれば連続である．しかし，次の例からわかるように，その逆は一般には成り立たない．

例 5.2　$f(x) = \frac{1}{x}$ により定まる関数 f は，半開区間 $I = (0, 1]$ で連続であるが一様連続ではない．

実際，一様連続であると仮定してみよう．このとき，$\varepsilon = 1$ に対してある正数 δ が存在して，任意の $x, y \in (0, 1]$ に対して

$$|x - y| < \delta \quad \Rightarrow \quad |f(x) - f(y)| < 1$$

が成り立たなければならない．そこで，区間 $(0, 1]$ に含まれる数列 $\{x_n\}$ を $x_n = 2^{-n}$ $(n \in \mathbf{N})$ で定めよう．このとき，$|x_{n+1} - x_n| = 2^{-(n+1)} \to 0 \ (n \to \infty)$ であるから，十分大きな自然数 n_0 をとれば $|x_{n+1} - x_n| < \delta \ (\forall n \geq n_0)$ となる．それゆえ，

$$|f(x_{n+1}) - f(x_n)| < 1 \quad (\forall n \geq n_0)$$

が成り立たなければならない．ところが，この左辺を具体的に計算してみると

$$|f(x_{n+1}) - f(x_n)| = 2^n \to \infty \quad (n \to \infty)$$

となり，上式に矛盾する．したがって，f は I で一様連続ではない．　　　□

　なぜこの関数 f が区間 $(0,1]$ で一様連続にならないかというと，$f(x) = \frac{1}{x}$ は $x = 0$ の近くで急激に変化しており，$x = 0$ の近くでは x がごくわずかに変化しただけでも，$f(x)$ の値は非常に大きく変化してしまう．したがって，位置 x が 0 に近づけば近づくほど，それに応じて δ の値を小さくとらない限り「$|x - y| < \delta \Rightarrow |f(x) - f(y)| < \varepsilon$」は成り立たないのである．

　この例のように，関数 f が定義されている区間 I の端点が開いており，関数 f の変化がその端点に向かうほど激しくなっているような場合に，f の一様連続性が失われる．逆にいうと，区間 I の端点が閉じている場合にそのような関数の例を思い浮かべようとしても，うまくいかないであろう．実際，次の定理が成り立つ．

定理 5.4　閉区間 $I = [a, b]$ で連続な関数 f は，I で一様連続である．

[証明]　背理法で証明しよう．そのために，f は I で連続であるが一様連続ではないと仮定しよう．このとき，(5.4) の否定が成り立つ．その否定命題を公理 0.1 を用いて変形すると，次のようになる．

$$\neg\left(\forall \varepsilon > 0 \; \exists \delta > 0 \; \forall x, y \in I \; (|x - y| < \delta \Rightarrow |f(x) - f(y)| < \varepsilon)\right)$$
$$\equiv \exists \varepsilon > 0 \; \neg\left(\exists \delta > 0 \; \forall x, y \in I \; (|x - y| < \delta \Rightarrow |f(x) - f(y)| < \varepsilon)\right)$$
$$\equiv \exists \varepsilon > 0 \; \forall \delta > 0 \; \neg\left(\forall x, y \in I \; (|x - y| < \delta \Rightarrow |f(x) - f(y)| < \varepsilon)\right)$$
$$\equiv \exists \varepsilon > 0 \; \forall \delta > 0 \; \exists x, y \in I \; \neg(|x - y| < \delta \Rightarrow |f(x) - f(y)| < \varepsilon)$$
$$\equiv \exists \varepsilon > 0 \; \forall \delta > 0 \; \exists x, y \in I \; (|x - y| < \delta \;\text{かつ}\; |f(x) - f(y)| \geq \varepsilon)$$

この最後の変形において，二つの命題 P, Q に対して「$P \Rightarrow Q$」の否定命題は「P かつ $\neg Q$」であることを用いた．さて，任意の自然数 n に対して，この最後の論理式における $\delta > 0$ として $\delta = \frac{1}{n}$ をとると，それに応じて次式を満たす $x_n, y_n \in I$ が存在することがわかる．

$$|x_n - y_n| < \frac{1}{n} \quad\text{かつ}\quad |f(x_n) - f(y_n)| \geq \varepsilon \tag{5.5}$$

このようにして上式を満たす数列 $\{x_n\}, \{y_n\}$ が定まる．数列 $\{x_n\}$ は有界であるから，Bolzano–Weierstrass の定理（定理 1.10）より収束する部分列 $\{x_{\varphi(n)}\}$ および

その極限値 $x_0 \in \mathbf{R}$ が存在する. さらに $a \le x_{\varphi(n)} \le b$ において $n \to \infty$ とすれば $a \le x_0 \le b$, それゆえ $x_0 \in I$ が成り立つ. また,

$$|y_{\varphi(n)} - x_0| \le |y_{\varphi(n)} - x_{\varphi(n)}| + |x_{\varphi(n)} - x_0| \le \frac{1}{\varphi(n)} + |x_{\varphi(n)} - x_0| \to 0 \quad (n \to \infty)$$

より, $\{y_n\}$ の部分列 $\{y_{\varphi(n)}\}$ もまた $\{x_{\varphi(n)}\}$ と同じ極限値 x_0 に収束する. そこで,

$$|f(x_{\varphi(n)}) - f(y_{\varphi(n)})| \ge \varepsilon$$

において $n \to \infty$ とすると, f の x_0 における連続性により $0 = |f(x_0) - f(x_0)| \ge \varepsilon$ となるが, これは $\varepsilon > 0$ に矛盾する. したがって, f は I で一様連続である. $\qquad\square$

上の証明では, f が I で一様連続ではないと仮定して (5.5) を満たす I 内の数列 $\{x_n\}, \{y_n\}$ を構成した. 論理記号を使わずこのような数列が存在することを説明するのは大変であろう. この証明からも, なぜわざわざ論理記号を使うのかがわかるだろう. さらに, 否定命題を作る際, 公理 0.1 を用いて形式的に $\forall$ と $\exists$ を交換した. 論理記号を使うと, その意味を深く考えなくても, 機械的に記号の交換を行うだけで, いとも簡単に否定命題を作れてしまうのである. これは思考の節約といえよう. ただし, 形式的な操作だけで否定命題を作るのではなく, 時にはその否定命題の意味を考えることも重要である.

問 5.3 以下で定められる関数 f が区間 I で一様連続であるかどうかを判定せよ.
 (1) $f(x) = \sin\frac{1}{x}$, $\quad I = (0, \infty)$
 (2) $f(x) = x\sin\frac{1}{x}$, $\quad I = (0, 1]$
 (3) $f(x) = x^2$, $\quad I = [0, \infty)$

問 5.4 区間 $(0, 1]$ で定義された関数 f は $(0, 1]$ で一様連続であるとする. このとき, 以下の問いに答えよ.
 (1) 数列 $\{a_n\}$ を $a_n = f\left(\frac{1}{n}\right)$ $(n = 1, 2, 3, \ldots)$ と定めるとき, $\{a_n\}$ は Cauchy 列であることを示せ.
 (2) 極限 $\displaystyle\lim_{x \to +0} f(x)$ が存在することを示せ.

以上の準備のもと, 連続関数の可積分性を証明しよう.

定理 5.5 閉区間 $I = [a, b]$ で連続な関数 f は, I で可積分である.

[証明]　仮定および定理 5.4 より, f は I で一様連続である. したがって, 任意の $\varepsilon > 0$ に対して十分小さな $\delta > 0$ が存在し, 任意の $x, y \in I$ に対して

$$|x - y| < \delta \quad \Rightarrow \quad |f(x) - f(y)| < \frac{\varepsilon}{b - a}$$

となる. Δ を $|\Delta| < \delta$ を満たす区間 I の任意の分割としよう. その各小区間 Δ_j $(1 \leq j \leq n)$ は閉区間であり, 関数 f はそこで連続である. したがって, 定理 2.5 より f は各小区間 Δ_j において最大値 M_j および最小値 m_j をとる. すなわち, 次式を満たす $\alpha_j, \beta_j \in \Delta_j$ が存在する.

$$M_j = \sup_{x \in \Delta_j} f(x) = f(\alpha_j), \qquad m_j = \inf_{x \in \Delta_j} f(x) = f(\beta_j)$$

ここで, $|\alpha_j - \beta_j| \leq |\Delta| < \delta$ より $M_j - m_j = |f(\alpha_j) - f(\beta_j)| < \frac{\varepsilon}{b-a}$ であることに注意すると,

$$0 \leq \overline{S}_\Delta(f) - \underline{S}_\Delta(f) = \sum_{j=1}^{n} (M_j - m_j)(x_j - x_{j-1}) < \frac{\varepsilon}{b - a} \sum_{j=1}^{n} (x_j - x_{-1}) = \varepsilon$$

となる. したがって, 定理 5.2 より f は I で可積分である. 　　　□

問 5.5　閉区間 $I = [a, b]$ で単調増加 (あるいは単調減少) な関数 f は I で可積分であることを, 定理 5.2 を用いて証明せよ.

問 5.6　閉区間 $I = [a, b]$ で有界な関数 f が開区間 (a, b) で連続であるとする. このとき, f は I で可積分であることを, 定理 5.2 を用いて証明せよ.

　この問 5.6 における結果を用いると, たとえば

$$f(x) = \begin{cases} \sin \dfrac{1}{x} & (0 < x \leq 1) \\ 0 & (x = 0) \end{cases}$$

で定まる関数 f は閉区間 $[0, 1]$ で可積分であることがわかる. なお, この関数 f の $x = 0$ における値をどのように入れ替えても, $x = 0$ では連続にはならないことに注意しよう.

　次の定理は非常に使いやすいが, その証明は技巧的であるから, 最初は読み飛ばしてかまわない.

定理 5.6 f は閉区間 $I = [a, b]$ で可積分であり, $m \leq f(x) \leq M$ $(\forall x \in I)$ を満たすとする. このとき, 閉区間 $[m, M]$ で定義された任意の連続関数 ϕ に対して, 合成関数 $\phi \circ f$ もまた I で可積分となる.

[証明] ϕ は閉区間 $[m, M]$ で連続であるから, 定理 2.5 より最大値および最小値をとる. とくに, ϕ は有界な関数であり,

$$|\phi(y)| \leq K \quad (\forall y \in [m, M])$$

を満たす正数 K が存在する. また, 定理 5.4 より ϕ は $[m, M]$ で一様連続であるから, 任意の $\varepsilon > 0$ に対して十分小さな $\delta > 0$ が存在し, 任意の $y_1, y_2 \in [m, M]$ に対して

$$|y_1 - y_2| < \delta \quad \Rightarrow \quad |\phi(y_1) - \phi(y_2)| < \frac{\varepsilon}{2(b-a)}$$

となる. 一方, f は I で可積分であるから, 定理 5.2 より, 区間 I のある分割 Δ : $a = x_0 < x_1 < x_2 < \cdots < x_n = b$ が存在して,

$$0 \leq \overline{S}_\Delta(f) - \underline{S}_\Delta(f) < \frac{\varepsilon \delta}{4K}$$

が成り立つ. この分割 Δ に対して,

$$M_j := \sup_{x \in \Delta_j} f(x), \qquad m_j := \inf_{x \in \Delta_j} f(x)$$

$$J_1 := \{j \mid M_j - m_j < \delta\}, \qquad J_2 := \{j \mid M_j - m_j \geq \delta\}$$

と定めよう. $j \in J_1$ の場合, 任意の $x, x' \in \Delta_j$ に対して

$$|f(x) - f(x')| \leq M_j - m_j < \delta \quad \therefore \quad \phi(f(x)) - \phi(f(x')) < \frac{\varepsilon}{2(b-a)}$$

$$\therefore \quad \phi(f(x)) < \frac{\varepsilon}{2(b-a)} + \phi(f(x'))$$

となる. この両辺の $x \in \Delta_j$ に関する上限, $x' \in \Delta_j$ に関する下限をとれば,

$$\widetilde{M}_j \leq \frac{\varepsilon}{2(b-a)} + \widetilde{m}_j \quad \therefore \quad \widetilde{M}_j - \widetilde{m}_j \leq \frac{\varepsilon}{2(b-a)} \quad (\forall j \in J_1)$$

が成り立つ. ただし, $\widetilde{M}_j := \sup_{x \in \Delta_j} \phi(f(x))$ および $\widetilde{m}_j := \inf_{x \in \Delta_j} \phi(f(x))$ である. また, $j \in J_2$ の場合, $\widetilde{M}_j - \widetilde{m}_j \leq 2K$ が成り立っていることに注意する. このとき,

$$\overline{S}_\Delta(\phi \circ f) - \underline{S}_\Delta(\phi \circ f)$$

$$\begin{aligned}
&= \sum_{j \in J_1} (\widetilde{M_j} - \widetilde{m_j})(x_j - x_{j-1}) + \sum_{j \in J_2} (\widetilde{M_j} - \widetilde{m_j})(x_j - x_{j-1}) \\
&\leq \frac{\varepsilon}{2(b-a)} \sum_{j \in J_1} (x_j - x_{j-1}) + 2K \sum_{j \in J_2} (x_j - x_{j-1}) \\
&\leq \frac{\varepsilon}{2} + 2K \sum_{j \in J_2} (x_j - x_{j-1})
\end{aligned}$$

が成り立つ. ここで,

$$\delta \sum_{j \in J_2} (x_j - x_{j-1}) \leq \sum_{j \in J_2} (M_j - m_j)(x_j - x_{j-1}) \leq \overline{S}_\Delta(f) - \underline{S}_\Delta(f) < \frac{\delta \varepsilon}{4K}$$

$$\therefore \quad 2K \sum_{j \in J_2} (x_j - x_{j-1}) \leq \frac{\varepsilon}{2}$$

である. したがって, $0 \leq \overline{S}_\Delta(\phi \circ f) - \underline{S}_\Delta(\phi \circ f) < \varepsilon$ が成り立つ. ゆえに, 定理5.2 より $\phi \circ f$ は I で可積分である. $\qquad \square$

この定理より, 関数 f が閉区間 I で可積分ならば, $(f(x))^2, |f(x)|, e^{f(x)}, \sin(f(x))$ などの関数もまた I で可積分になることがわかる.

5.4　積分の基本性質と微分積分学の基本定理

定理 5.7　f, g を閉区間 $[a,b]$ で可積分な関数とし, α, β を定数とする. このとき, $\alpha f + \beta g$ もまた $[a,b]$ で可積分であり, 次式が成り立つ.

$$\int_a^b \bigl(\alpha f(x) + \beta g(x)\bigr)dx = \alpha \int_a^b f(x)dx + \beta \int_a^b g(x)dx \quad (\text{積分の線形性})$$

さらに, fg もまた $[a,b]$ で可積分である.

[証明]　対応する Riemann 和を考えると,

$$\begin{aligned}
S(\alpha f + \beta g, \Delta, \xi) &= \sum_{j=1}^n \bigl(\alpha f(\xi_j) + \beta g(\xi_j)\bigr)(x_j - x_{j-1}) \\
&= \alpha \sum_{j=1}^n f(\xi_j)(x_j - x_{j-1}) + \beta \sum_{j=1}^n g(\xi_j)(x_j - x_{j-1}) \\
&= \alpha S(f, \Delta, \xi) + \beta S(g, \Delta, \xi)
\end{aligned}$$

$$\to \alpha \int_a^b f(x)dx + \beta \int_a^b g(x)dx \quad (|\Delta| \to 0)$$

となる．したがって，$\alpha f + \beta g$ もまた $[a,b]$ で可積分であり，積分の線形性が成り立つ．また，等式

$$fg = \frac{1}{4}\big((f+g)^2 - (f-g)^2\big)$$

に注意すれば，前半の結果および定理 5.6 より fg の可積分性が従う．　　　□

定理 5.8　f, g は閉区間 $[a,b]$ で可積分な関数であり，$f(x) \le g(x)$ $(\forall x \in [a,b])$ を満たすとする．このとき，次式が成り立つ．

$$\int_a^b f(x)dx \le \int_a^b g(x)dx \qquad \text{（積分の単調性）}$$

上の仮定に加え，ある点 $c \in [a,b]$ で f, g は連続であり，$f(c) < g(c)$ を満たすとする．このとき，次式が成り立つ．

$$\int_a^b f(x)dx < \int_a^b g(x)dx$$

[証明]　Riemann 和に対する不等式

$$S(f,\Delta,\xi) = \sum_{j=1}^n f(\xi_j)(x_j - x_{j-1}) \le \sum_{j=1}^n g(\xi_j)(x_j - x_{j-1}) = S(g,\Delta,\xi)$$

において $|\Delta| \to 0$ とすれば，定理の前半の主張が従う．後半の主張の証明は問いとして残しておこう．　　　□

定理 5.9　f が閉区間 $[a,b]$ で可積分ならば，$|f|$ もまた $[a,b]$ で可積分であり，次式が成り立つ．

$$\left| \int_a^b f(x)dx \right| \le \int_a^b |f(x)|dx$$

[証明]　$|f|$ の可積分性は定理 5.6 から従う．また，$-|f(x)| \le f(x) \le |f(x)|$ $(\forall x \in [a,b])$ に注意して定理 5.8, 5.7 を用いると，

$$-\int_a^b |f(x)|dx \le \int_a^b f(x)dx \le \int_a^b |f(x)|dx$$

となる. これより望みの式が従う. あるいは, Riemann 和に対する不等式

$$|S(f, \Delta, \xi)| = \left| \sum_{j=1}^{n} f(\xi_j)(x_j - x_{j-1}) \right| \leq \sum_{j=1}^{n} |f(\xi_j)|(x_j - x_{j-1}) = S(|f|, \Delta, \xi)$$

において $|\Delta| \to 0$ としてもよい. □

f が $[a, b]$ で可積分であるとき,

$$\int_b^a f(x)dx := -\int_a^b f(x)dx, \qquad \int_a^a f(x)dx := 0$$

と定める. 次の積分の加法性もすでに高校のときに学んできており, 先に紹介した定理と同様にして証明することができる. その証明は問いとして残しておこう.

定理 5.10 f が閉区間 I で可積分ならば, I に含まれる任意の閉区間 J においても f は可積分である. さらに, 任意の $a, b, c \in I$ に対して次式が成り立つ.

$$\int_a^b f(x)dx + \int_b^c f(x)dx = \int_a^c f(x)dx \qquad \text{(積分の加法性)}$$

問 5.7 定理 5.10 を証明せよ.

問 5.8 f が閉区間 $[a, b]$ および $[b, c]$ で可積分ならば, それらをつなげた閉区間 $[a, c]$ でも可積分であり, 積分の加法性が成り立つことを示せ.

問 5.9 定理 5.8 の後半の主張を証明せよ.

定理 5.11 (積分の平均値定理) f が $I = [a, b]$ で可積分ならば, 次式を満たす $\mu \in \mathbf{R}$ が存在する.

$$\int_a^b f(x)dx = \mu(b - a) \quad \text{および} \quad \inf_{x \in I} f(x) \leq \mu \leq \sup_{x \in I} f(x)$$

とくに, f が $[a, b]$ で連続ならば, 次式を満たす $\theta \in (0, 1)$ が存在する.

$$\frac{1}{b - a} \int_a^b f(x)dx = f(a + \theta(b - a))$$

[証明] 仮定より f は I で有界であることに注意し，$M := \sup_{x \in I} f(x)$ および $m := \inf_{x \in I} f(x)$ とおくと，$m \leq f(x) \leq M$ $(\forall x \in I)$ が成り立つ．したがって，積分の単調性（定理 5.8）より

$$m(b-a) \leq \int_a^b f(x)dx \leq M(b-a)$$

となる．それゆえ，

$$\mu := \frac{1}{b-a} \int_a^b f(x)dx$$

とおけば望みの式が従う．

次に，f の連続性を仮定しよう．f が定数関数の場合，定理の主張は明らかなので，f は定数関数でないとする．このとき，定理 2.5 より f は $[a,b]$ で最大値および最小値をとる．したがって，$M = f(c_1)$ および $m = f(c_2)$ となる $c_1, c_2 \in [a,b]$ が存在する．このとき，もちろん，$m \leq f(x) \leq M$ $(\forall x \in I)$ が成り立っている．さらに，中間値の定理（定理 2.6）より，$m < f(c_3) < M$ となる c_3 が c_1 と c_2 の間に存在するので，定理 5.8 より

$$m(b-a) < \int_a^b f(x)dx < M(b-a)$$

すなわち，$f(c_2) < \mu < f(c_1)$ が得られる．再び中間値の定理（定理 2.6）より，$\mu = f(c)$ となる c が c_1 と c_2 の間に存在する．$c \in (a,b)$ であるから，適当な $\theta \in (0,1)$ をとれば $c = a + \theta(b-a)$ と書くことができ，

$$\frac{1}{b-a} \int_a^b f(x)dx = \mu = f(c) = f(a + \theta(b-a))$$

となる． □

定理 5.12（微分積分学の基本定理）

(1) f を $[a,b]$ で連続な関数，$c \in [a,b]$ とし，関数 F を $F(x) := \int_c^x f(y)dy$ で定める．このとき，F は $[a,b]$ で C^1 級であり $F' = f$ となる．すなわち，次式が成り立つ．

$$\frac{d}{dx} \int_c^x f(y)dy = f(x)$$

(2) F を $[a,b]$ で C^1 級の関数とすると，次式が成り立つ．

$$\int_a^b F'(x)dx = F(b) - F(a)$$

[証明]　(1) $x \in [a, b]$ を任意に固定する．このとき，積分の加法性（定理 5.10）および積分の平均値定理（定理 5.11）より，ある $\theta \in (0, 1)$ が存在して次式が成り立つ．

$$\frac{F(x+h) - F(x)}{h} = \frac{1}{h}\left(\int_c^{x+h} f(y)dy - \int_c^x f(y)dy\right)$$

$$= \frac{1}{h}\int_x^{x+h} f(y)dy = f(x + \theta h)$$

したがって，f の x における連続性より

$$\left|\frac{F(x+h) - F(x)}{h} - f(x)\right| = |f(x + \theta h) - f(x)| \to 0 \quad (h \to 0)$$

となり，$F'(x) = f(x)$ が従う．さらに，f は連続であるから F' もまた連続であり，F は C^1 級であることがわかる．

(2) $G(x) := \displaystyle\int_a^x F'(y)dy$ とおくと，(1) の結果より $G'(x) = F'(x)$，それゆえ $(G - F)'(x) = 0$ が成り立つ．したがって，定理 3.7 (3) より $G - F$ は定数関数であることがわかり，とくに $G(b) - F(b) = G(a) - F(a)$ が成り立つ．したがって，

$$\int_a^b F'(x)dx = G(b) = G(a) + F(b) - F(a) = F(b) - F(a)$$

となり望みの式が従う．

あるいは次のように証明してもよい．$\Delta : a = x_0 < x_1 < x_2 < \cdots < x_n = b$ を区間 $[a, b]$ の任意の分割とする．このとき，各小区間 $\Delta_j = [x_{j-1}, x_j]$ において平均値の定理（定理 3.6）を用いると，次式を満たす $\xi_j \in \Delta_j$ が存在することがわかる．

$$F(x_j) - F(x_{j-1}) = F'(\xi_j)(x_j - x_{j-1})$$

この $\xi = (\xi_1, \xi_2, \ldots, \xi_n)$ を代表元として用いて F' の Riemann 和を計算すると，

$$S(F', \Delta, \xi) = \sum_{j=1}^n F'(\xi_j)(x_j - x_{j-1}) = \sum_{j=1}^n \big(F(x_j) - F(x_{j-1})\big)$$

$$= \big(F(x_n) - F(x_{n-1})\big) + \big(F(x_{n-1}) - F(x_{n-2})\big)$$

$$+ \cdots + \big(F(x_1) - F(x_0)\big)$$

$$= F(x_n) - F(x_0) = F(b) - F(a)$$

となる．ここで $|\Delta| \to 0$ とすると

$$\int_a^b F'(x)dx = \lim_{|\Delta| \to 0} S(F', \Delta, \xi) = F(b) - F(a)$$

となり，望みの式が従う． □

定義 5.5 f, F を区間 I で定義された関数とする．F が f の原始関数であるとは，F は I で微分可能であり $F'(x) = f(x)$ $(\forall x \in I)$ が成り立つときをいう．

f を区間 $[a, b]$ における連続関数，$c \in [a, b]$ とすると，微分積分学の基本定理より，$F(x) = \displaystyle\int_c^x f(y)dy$ で定まる関数 F は f の原始関数である．したがって，連続関数に対しては必ず原始関数が存在する．また，$f(x)$ の一つの原始関数 $F(x)$ に定数を加えた $F(x) + C$ も $f(x)$ の原始関数になる．さらに，$f(x)$ の原始関数はこの形に限られる（すなわち，原始関数は定数差を除いて高々一つである）．そこで，これを

$$\int f(x)dx$$

と書き，f の不定積分という．F を連続関数 f の原始関数とすると，微分積分学の基本定理より

$$\int_a^b f(x)dx = \int_a^b F'(x)dx = F(b) - F(a) \qquad （微分積分学の基本公式）$$

が成り立つ．積分の定義に基づいて積分値を計算しようとすれば，区分求積法で面倒な数列の和の計算と極限値の計算をしなければならない．たとえば，$f(x) = x^2$ を区間 $[0, 1]$ で積分するのに，n 等分割を用いた区分求積法で計算すると

$$\int_0^1 x^2 dx = \lim_{n \to \infty} \frac{1}{n} \sum_{j=1}^n \left(\frac{j}{n}\right)^2 = \lim_{n \to \infty} \frac{n(n+1)(2n+1)}{6n^3} = \frac{1}{3}$$

となる．ところが，$f(x) = x^2$ の原始関数の一つが $F(x) = \frac{1}{3}x^3$ であることに注意し，微分積分学の基本公式を用いて計算すれば，次のように非常に簡単に計算できる．

$$\int_0^1 x^2 dx = \left[\frac{1}{3}x^3\right]_0^1 = \frac{1}{3}$$

歴史的に見ると，微分の発見および微分積分学の基本公式の発見により，面積や体積を求める積分計算が著しく簡単にできるようになったのである．なお，上式では

高校のときに習った記号 $[f(x)]_a^b = f(b) - f(a)$ を用いている．この記号はしばし
ば $f(x)\big|_a^b$ と書かれる．すなわち，$f(x)\big|_a^b = f(b) - f(a)$ である．

定理 5.13（置換積分法） f を区間 $[a,b]$ で連続な関数，ϕ を区間 $[\alpha, \beta]$ で C^1
級の関数とし，ϕ と f は合成可能，すなわち $\phi([\alpha,\beta]) \subset [a,b]$ とする．このと
き，次式が成り立つ．

$$\int_{\phi(\alpha)}^{\phi(\beta)} f(x)dx = \int_{\alpha}^{\beta} f(\phi(t))\phi'(t)dt$$

[証明] $F(x) := \displaystyle\int_{\phi(\alpha)}^{x} f(y)dy$ とおくと，微分積分学の基本定理より $F'(x) = f(x)$
となる．したがって，合成関数の微分法（定理 3.3）より

$$\frac{d}{dt}F(\phi(t)) = F'(\phi(t))\phi'(t) = f(\phi(t))\phi'(t)$$

が成り立つ．この両辺を α から β まで積分し，微分積分学の基本定理を用いると

$$\int_{\alpha}^{\beta} f(\phi(t))\phi'(t)dt = \int_{\alpha}^{\beta} \frac{d}{dt}F(\phi(t))dt = F(\phi(\beta)) - F(\phi(\alpha)) = \int_{\phi(\alpha)}^{\phi(\beta)} f(x)dx$$

となり，望みの式が従う． □

定理 5.14（部分積分法） f, g を区間 $[a,b]$ で C^1 級の関数とすると，次式が成
り立つ．

$$\int_a^b f'(x)g(x)dx = \left[f(x)g(x)\right]_a^b - \int_a^b f(x)g'(x)dx \tag{5.6}$$

[証明] 積の微分法より，

$$\left(f(x)g(x)\right)' = f'(x)g(x) + f(x)g'(x)$$

となる．この両辺を a から b まで積分し，微分積分学の基本定理を用いれば，望み
の式が従う． □

例 5.3 **（有限 Taylor 展開）** 3.4 節では，Rolle の定理（定理 3.5）を利用して有限
Taylor 展開（定理 3.12）を導いた．ここでは，部分積分を利用してそれを導こう．
微分積分学の基本定理および部分積分より，

$$f(x) - f(a) = \int_a^x f'(y)dy = \int_a^x \left(-\frac{d}{dy}(x-y) \right) f'(y)dy$$

$$= [-(x-y)f'(y)]_{y=a}^x - \int_a^x \left(-(x-y) \right) f''(y)dy$$

$$= (x-a)f'(a) + \int_a^x (x-y)f''(y)dy$$

となる. ここで,

$$\int_a^x (x-y)f''(y)dy = \int_a^x \left(-\frac{d}{dy}\frac{(x-y)^2}{2} \right) f''(y)dy$$

$$= \left[-\frac{(x-y)^2}{2}f''(y) \right]_{y=a}^x - \int_a^x \left(-\frac{(x-y)^2}{2} \right) f'''(y)dy$$

$$= \frac{(x-a)^2}{2}f''(a) + \int_a^x \frac{(x-y)^2}{2}f'''(y)dy$$

より

$$f(x) = f(a) + (x-a)f'(a) + \frac{(x-a)^2}{2}f''(a) + \int_a^x \frac{(x-y)^2}{2}f'''(y)dy$$

となる. さらに,

$$\int_a^x \frac{(x-y)^2}{2}f'''(y)dy = \int_a^x \left(-\frac{d}{dy}\frac{(x-y)^3}{3!} \right) f'''(y)dy$$

$$= \frac{(x-a)^3}{3!}f'''(a) + \int_a^x \frac{(x-y)^3}{3!}f''''(y)dy$$

より

$$f(x) = f(a) + (x-a)f'(a) + \frac{(x-a)^2}{2}f''(a)$$
$$+ \frac{(x-a)^3}{3!}f'''(a) + \int_a^x \frac{(x-y)^3}{3!}f''''(y)dy$$

となる. 以下この操作を繰り返せば, C^n 級の関数 f に対して有限 Taylor 展開

$$f(x) = \sum_{k=0}^{n-1} \frac{(x-a)^k}{k!}f^{(k)}(a) + R_n(x)$$

が成り立つことがわかる. 今の場合, 剰余項 $R_n(x)$ は次の形になる.

$$R_n(x) = \int_a^x \frac{(x-y)^{n-1}}{(n-1)!}f^{(n)}(y)dy$$

これを Bernoulli（ベルヌーイ）の剰余という. さらに, この積分に対して積分の平

均値定理（定理 5.11）を適用すれば，次式を満たす $\theta \in (0,1)$ が存在することがわかる．

$$R_n(x) = \frac{(1-\theta)^{n-1}(x-a)^n}{(n-1)!} f^{(n)}(a + \theta(x-a))$$

これを Cauchy の剰余という．

問 5.10　非負整数 m, n に対して，$I_{m,n} := \int_0^1 x^m (1-x)^n dx$ とおく．このとき，以下の問いに答えよ．

(1) $I_{m,n} = \frac{n}{m+1} I_{m+1,n-1} \quad (m \geq 0, n \geq 1)$ が成り立つことを示せ．

(2) $I_{m,n}$ を求めよ．

問 5.11　非負整数 n に対して，$J_n := \int_0^{\frac{\pi}{2}} \sin^n x dx$ とおく．このとき，以下の問いに答えよ．

(1) $J_n = \frac{n-1}{n} J_{n-2} \quad (n \geq 2)$ が成り立つことを示せ．

(2) J_n を求めよ．

(3) $J_{2n+1} < J_{2n} < J_{2n-1} \quad (n \geq 1)$ が成り立つことを示し，(2) の結果を用いて Wallis（ウォリス）の公式 $\displaystyle \lim_{n \to \infty} \frac{2^{2n}}{\sqrt{n}} \frac{(n!)^2}{(2n)!} = \sqrt{\pi}$ を証明せよ．

5.5　不定積分の計算法

前節での考察により，連続関数に対しては常に不定積分が存在することはわかった．ところが，皆さんがよく知っているような初等関数の不定積分が，再び初等関数で書けるとは限らない．ここでは，不定積分が初等関数で書けるような例をいくつか紹介しよう．

$f(x), g(x)$ を x の多項式とし，$f(x) \not\equiv 0$ とするとき，$\frac{g(x)}{f(x)}$ という形の関数を有理関数という．まず，実係数有理関数（すなわち，$f(x), g(x)$ が実係数多項式の場合）の不定積分の計算法を紹介しよう．

代数学の基本定理により，任意の多項式 $f(x)$ は複素係数の 1 次式の積に因数分解されることが知られている．すなわち，$f(x)$ を n 次多項式で x^n の係数を $a \ (\neq 0)$ とし，$a_j \ (1 \leq j \leq k)$ を $f(x)$ の相異なる複素数根でそれらの多重度を m_j とすると，次式が成り立つ．

$$f(x) = a \prod_{j=1}^{k} (x-a_j)^{m_j} = a(x-a_1)^{m_1}(x-a_2)^{m_2}\cdots(x-a_k)^{m_k}$$

ここで, $n = m_1 + m_2 + \cdots + m_k$ である. さらに, $f(x)$ が実係数の多項式である場合, もし $f(x)$ が複素数根 $\alpha + i\beta$ をもてば, その共役複素数 $\alpha - i\beta$ もまた $f(x)$ の根になり, $(x-(\alpha+i\beta))(x-(\alpha-i\beta)) = (x-\alpha)^2 + \beta^2$ が成り立つ. したがって, 実係数の多項式 $f(x)$ は実係数の1次式と2次式の積に因数分解される. すなわち, $f(x)$ を実係数 n 次多項式で x^n の係数を $a\,(\neq 0)$ とし, $f(x)$ の相異なる実数根を $a_j\,(1 \leq j \leq k)$ でそれらの多重度を m_j, $f(x)$ の相異なる複素数根を $\alpha_j \pm i\beta_j$ $(1 \leq j \leq l)$ でそれらの多重度を n_j とすると, 次式が成り立つ.

$$f(x) = a\left(\prod_{j=1}^{k}(x-a_j)^{m_j}\right)\left(\prod_{j=1}^{l}((x-\alpha_j)^2+\beta_j^2)^{n_j}\right) \tag{5.7}$$

ここで, $n = m_1 + \cdots + m_k + 2(n_1 + \cdots + n_l)$ である. このとき, 次の定理が成り立つ.

定理 5.15 (部分分数展開)　$f(x)$ を (5.7) の形の実係数多項式とし, $g(x)$ をその次数が $f(x)$ の次数より小さいような実係数多項式とする. このとき, 有理関数 $\frac{g(x)}{f(x)}$ は次の形に展開される.

$$\frac{g(x)}{f(x)} = \sum_{j=1}^{k}\sum_{m=1}^{m_j}\frac{b_{jm}}{(x-a_j)^m} + \sum_{j=1}^{l}\sum_{m=1}^{n_j}\frac{c_{jm}x+d_{jm}}{((x-\alpha_j)^2+\beta_j^2)^m} \tag{5.8}$$

ここで, b_{jm}, c_{jm}, d_{jm} は実定数である.

この定理は代数学の範疇に入るので, その証明は割愛しよう. この定理より, 任意の実係数有理関数は, 多項式と (5.8) の形の部分分数の和になる. 実際, もし分子の次数が分母の次数以上の場合には, あらかじめ分子を分母で割っておけばよい.

例 5.4　$\frac{x^6}{x^4-1}$ を多項式と部分分数の和に展開しよう. まず, 分子を分母で割っておき, 分子の次数を下げよう.

$$\frac{x^6}{x^4-1} = \frac{x^2(x^4-1)+x^2}{x^4-1} = x^2 + \frac{x^2}{x^4-1}$$

ここで, $x^4-1 = (x-1)(x+1)(x^2+1)$ に注意して定理 5.15 を適用すると,

$$\frac{x^2}{x^4 - 1} = \frac{C_1}{x - 1} + \frac{C_2}{x + 1} + \frac{C_3 x + C_4}{x^2 + 1} \quad (C_1, \ldots, C_4 \text{ は定数})$$

という展開式が成り立つことがわかる. そこで, 定数 $C_1, \ldots, C_4$ を決定しよう. 上式の右辺を通分し, 両辺の分子を比較すれば次の恒等式が従う.

$$x^2 = C_1(x + 1)(x^2 + 1) + C_2(x - 1)(x^2 + 1) + (C_3 x + C_4)(x^2 - 1) \quad (5.9)$$

この右辺を展開し, 両辺の係数を比較することにより

$$C_1 + C_2 + C_3 = 0, \qquad C_1 - C_2 + C_4 = 1$$
$$C_1 + C_2 - C_3 = 0, \qquad C_1 - C_2 - C_4 = 0$$

となる. したがって,

$$C_1 = \frac{1}{4}, \quad C_2 = -\frac{1}{4}, \quad C_3 = 0, \quad C_4 = \frac{1}{2}$$

となる. あるいは, (5.9) に $x = 1, -1, i$ を代入すれば, それぞれ $1 = 4C_1, 1 = -4C_2, -1 = -2(C_3 i + C_4)$ となり, これからも係数 $C_1, \ldots, C_4$ が求まる. 以上のことから, 次の展開式が得られる.

$$\frac{x^6}{x^4 - 1} = x^2 + \frac{1}{4}\left(\frac{1}{x - 1} - \frac{1}{x + 1}\right) + \frac{1}{2(x^2 + 1)}$$

これよりとくに, 次の不定積分が計算される.

$$\int \frac{x^6}{x^4 - 1} dx = \frac{1}{3}x^3 + \frac{1}{4}\log\left|\frac{x - 1}{x + 1}\right| + \frac{1}{2}\arctan x + C \quad (C \text{ は積分定数})$$

例 5.5　定理 5.15 を適用すると,

$$\frac{x^2 + 1}{(x - 1)^3} = \frac{C_1}{x - 1} + \frac{C_2}{(x - 1)^2} + \frac{C_3}{(x - 1)^3} \quad (C_1, C_2, C_3 \text{ は定数})$$

という展開式が成り立つことがわかる. 上式の右辺を通分し, 両辺の分子を比較すれば次の恒等式が従う.

$$x^2 + 1 = C_1(x - 1)^2 + C_2(x - 1) + C_3 \quad (5.10)$$

この右辺を展開し, 両辺の係数を比較することにより $C_1 = 1, C_2 = C_3 = 2$ が得られる. あるいは, (5.10) に $x = 1$ を代入すれば $C_3 = 2$ が, (5.10) の両辺を微分したのち $x = 1$ を代入すれば $C_2 = 2$ が, (5.10) の両辺をもう一度微分したのち $x = 1$ を代入すれば $C_1 = 1$ が求まる. したがって, 次の部分分数展開が得られる.

$$\frac{x^2 + 1}{(x-1)^3} = \frac{1}{x-1} + \frac{2}{(x-1)^2} + \frac{2}{(x-1)^3}$$

これよりとくに，次の不定積分が計算される．

$$\int \frac{x^2+1}{(x-1)^3}dx = \log|x-1| - \frac{2}{x-1} - \frac{1}{(x-1)^2} + C \quad (C \text{ は積分定数})$$

上の二つの例に加え，次の部分分数展開を見れば，定理 5.15 の主張が理解されよう．

$$\frac{x^5+1}{(x^2+1)^3} = \frac{C_1 x + C_2}{x^2+1} + \frac{C_3 x + C_4}{(x^2+1)^2} + \frac{C_5 x + C_6}{(x^2+1)^3}$$

$$\frac{x^5+1}{(x+1)^2(x^2+1)^2} = \frac{C_7}{x+1} + \frac{C_8}{(x+1)^2} + \frac{C_9 x + C_{10}}{x^2+1} + \frac{C_{11} x + C_{12}}{(x^2+1)^2}$$

ここで，$C_1, \ldots, C_{12}$ は定数である．

さて，定理 5.15 より不定積分

$$\int \frac{dx}{(x-a)^m} \quad \text{および} \quad \int \frac{x+\gamma}{((x-\alpha)^2+\beta^2)^m}dx$$

が計算できれば，すべての有理関数の不定積分が計算できることになる．前者の不定積分については次のようになる．

$$\int \frac{dx}{(x-a)^m} = \begin{cases} -\dfrac{1}{(m-1)(x-a)^{m-1}} + C & (m \neq 1) \\ \log|x-a| + C & (m = 1) \end{cases}$$

後者の不定積分については次のように分解しよう．

$$\int \frac{x+\gamma}{((x-\alpha)^2+\beta^2)^m}dx$$
$$= \frac{1}{2}\int \frac{2(x-\alpha)}{((x-\alpha)^2+\beta^2)^m}dx + (\alpha+\gamma)\int \frac{dx}{((x-\alpha)^2+\beta^2)^m}$$

この右辺第 1 項目の不定積分については次のようになる．

$$\int \frac{2(x-\alpha)}{((x-\alpha)^2+\beta^2)^m}dx = \begin{cases} -\dfrac{1}{(m-1)((x-\alpha)^2+\beta^2)^{m-1}} + C & (m \neq 1) \\ \log((x-\alpha)^2+\beta^2) + C & (m = 1) \end{cases}$$

右辺第 2 項目の不定積分を計算するために

$$I_m := \int \frac{dx}{((x-\alpha)^2 + \beta^2)^m}$$

とおき，I_m に対する漸化式を導こう．$m \geq 2$ に対しては，

$$I_m = \frac{1}{\beta^2} \int \frac{(x-\alpha)^2 + \beta^2 - (x-\alpha)^2}{((x-\alpha)^2 + \beta^2)^m} dx$$

$$= \frac{1}{\beta^2} \left\{ \int \frac{dx}{((x-\alpha)^2 + \beta^2)^{m-1}} - \frac{1}{2} \int (x-\alpha) \frac{2(x-\alpha)}{((x-\alpha)^2 + \beta^2)^m} dx \right\}$$

$$= \frac{1}{\beta^2} \left\{ I_{m-1} + \frac{1}{2} \int (x-\alpha) \frac{d}{dx} \left(\frac{1}{m-1} \frac{1}{((x-\alpha)^2 + \beta^2)^{m-1}} \right) dx \right\}$$

$$= \frac{1}{\beta^2} \left\{ I_{m-1} + \frac{x-\alpha}{2(m-1)((x-\alpha)^2 + \beta^2)^{m-1}} \right.$$

$$\left. - \frac{1}{2(m-1)} \int \frac{dx}{((x-\alpha)^2 + \beta^2)^{m-1}} \right\}$$

$$= \frac{1}{\beta^2} \left\{ \frac{x-\alpha}{2(m-1)((x-\alpha)^2 + \beta^2)^{m-1}} + \frac{2m-3}{2(m-1)} I_{m-1} \right\}$$

となる．また，I_1 については $x = \alpha + \beta y$ なる置換積分を行うと

$$I_1 = \int \frac{dx}{(x-\alpha)^2 + \beta^2} = \int \frac{\beta dy}{(\beta y)^2 + \beta^2} = \frac{1}{\beta} \int \frac{dy}{y^2 + 1}$$

$$= \frac{1}{\beta} \arctan y + C = \frac{1}{\beta} \arctan \frac{x-\alpha}{\beta} + C$$

となる．この漸化式を解けば，I_m を求めることができる．

以上のことから，有理関数の不定積分が計算できることがわかった．

問 5.12　次式で定められる関数 f の不定積分を計算せよ.
(1) $f(x) = \frac{1}{(x^2+1)^3}$
(2) $f(x) = \frac{1}{x^4-1}$
(3) $f(x) = \frac{3x^3-7}{(x+1)^2(x^2+4)}$

次に三角関数の不定積分の計算法を紹介しよう．具体的には，$R(u,v)$ を u,v に関する有理関数とするとき，$R(\cos x, \sin x)$ の不定積分を考える．このとき，

$$\tan \frac{x}{2} = y \tag{5.11}$$

とおくと，

$$\cos x = 2\cos^2 \frac{x}{2} - 1 = \frac{2}{1 + \tan^2 \frac{x}{2}} - 1 = \frac{2}{1+y^2} - 1 = \frac{1-y^2}{1+y^2}$$

$$\sin x = 2\sin\frac{x}{2}\cos\frac{x}{2} = 2\tan\frac{x}{2}\cos^2\frac{x}{2} = \frac{2\tan\frac{x}{2}}{1+\tan^2\frac{x}{2}} = \frac{2y}{1+y^2}$$

$$\frac{1}{2}\frac{1}{\cos^2\frac{x}{2}}dx = dy \quad \text{より} \quad dx = 2\cos^2\frac{x}{2}dy = \frac{2}{1+\tan^2\frac{x}{2}}dy = \frac{2}{1+y^2}dy$$

となる. したがって,

$$\int R(\cos x, \sin x)dx = \int R\left(\frac{1-y^2}{1+y^2}, \frac{2y}{1+y^2}\right)\frac{2}{1+y^2}dy$$

となる. この右辺は y についての有理関数の不定積分であるから, 先に紹介したようにして計算することができる.

例 5.6 $\displaystyle\int\frac{2-\sin x}{2+\cos x}dx = \frac{4}{\sqrt{3}}\arctan\left(\frac{1}{\sqrt{3}}\tan\frac{x}{2}\right) + \log\left(1+2\cos^2\frac{x}{2}\right) + C$ （C は積分定数）

実際, (5.11) による置換積分を行うと,

$$\int\frac{2-\sin x}{2+\cos x}dx = \int\frac{2-\frac{2y}{1+y^2}}{2+\frac{1-y^2}{1+y^2}}\frac{2}{1+y^2}dy = \int\frac{4(y^2-y+1)}{(y^2+3)(y^2+1)}dy$$

$$= \int\left(\frac{4}{y^2+3} + \frac{2y}{y^2+3} - \frac{2y}{y^2+1}\right)dy$$

$$= \frac{4}{\sqrt{3}}\arctan\frac{y}{\sqrt{3}} + \log\left(\frac{y^2+3}{y^2+1}\right) + C$$

$$= \frac{4}{\sqrt{3}}\arctan\left(\frac{1}{\sqrt{3}}\tan\frac{x}{2}\right) + \log\left(1+2\cos^2\frac{x}{2}\right) + C$$

となる. なお, 置換積分により不定積分を計算する場合, 積分変数 y をもとの変数 x に戻し忘れてしまう人が少なくない. この例では, 下から 2 行目のところで計算を終えてしまうのである. 置換積分を行ったときは, 必ずもとの変数に戻すことを忘れないようにしよう. □

この計算法を紹介すると, 三角関数の不定積分が出てきたとたん, 何も考えずに (5.11) による置換積分を行う人が少なくない. このような置換を行えば, とりあえずは有理関数の不定積分に帰着されるが, その不定積分が簡単に計算できるとは限らないことは次の例からもわかるであろう. やみくもに置換 (5.11) を行うのではなく, 被積分関数の形をよく見て, どのような置換をすると計算が簡単になるかを考えてから置換をするように心掛けよう.

例 5.7 (5.11) による置換積分を行うと,

$$\int \frac{\sin x}{1+\cos^2 x}dx = \int \frac{\frac{2y}{1+y^2}}{1+\left(\frac{1-y^2}{1+y^2}\right)^2}\frac{2}{1+y^2}dy = \int \frac{2y}{1+y^4}dy$$

$$= \int \frac{2y}{\left(\left(y-\frac{1}{\sqrt{2}}\right)^2+\frac{1}{2}\right)\left(\left(y+\frac{1}{\sqrt{2}}\right)^2+\frac{1}{2}\right)}dy$$

$$= \frac{1}{\sqrt{2}}\int \left(\frac{1}{\left(y-\frac{1}{\sqrt{2}}\right)^2+\frac{1}{2}} - \frac{1}{\left(y+\frac{1}{\sqrt{2}}\right)^2+\frac{1}{2}}\right)dy$$

$$= \arctan\left(\sqrt{2}\left(y-\frac{1}{\sqrt{2}}\right)\right) - \arctan\left(\sqrt{2}\left(y+\frac{1}{\sqrt{2}}\right)\right) + C$$

$$= \arctan\left(\sqrt{2}\tan\frac{x}{2}-1\right) - \arctan\left(\sqrt{2}\tan\frac{x}{2}+1\right) + C$$

となる（C は積分定数）．一方，$\cos x = y$ による置換を行うと，$-\sin x dx = dy$ より

$$\int \frac{\sin x}{1+\cos^2 x}dx = -\int \frac{dy}{1+y^2} = -\arctan y + C = -\arctan(\cos x) + C$$

となる．この後者の計算のほうが前者のよりはるかに簡単である．

　これら二つの計算結果は一見すると異なっているように見えるが，実はそれらの関数が定義されているような任意の x に対して

$$\arctan\left(\sqrt{2}\tan\frac{x}{2}-1\right) - \arctan\left(\sqrt{2}\tan\frac{x}{2}+1\right) + \frac{\pi}{4} = -\arctan(\cos x)$$

が成り立ち，定数差の違いしかないことが確かめられる．このように，不定積分の計算結果はその計算方法，置換の仕方により見かけ上まったく違うものになるが，それらは定数差の違いしかない．

　この例でもそうであるが，

$$\int f(\cos x)\sin x dx \quad \text{あるいは} \quad \int f(\sin x)\cos x dx$$

という形の三角関数の不定積分を計算するには，それぞれ $\cos x = y$ あるいは $\sin x = y$ と置換するとよい．このことは，高校のときにすでに習ってきたことであろう．

問 5.13 次式で定められる関数 f の不定積分を計算せよ．

(1) $f(x) = \frac{\sin x}{1+\sin x}$

(2) $f(x) = \frac{1-a\cos x}{1-2a\cos x+a^2}$　$(|a| \neq 1)$

(3) $f(x) = \frac{1}{a+b\cos x}$　$(a, b > 0)$

次に，1次分数関数の n 乗根を含むような無理関数の不定積分の計算法を紹介しよう．具体的には，$R(u,v)$ を u, v に関する有理関数とするとき，$R\left(x, \sqrt[n]{\dfrac{\alpha x+\beta}{\gamma x+\delta}}\right)$ の不定積分を考える．ただし，$\alpha\delta-\beta\gamma\neq 0$ とする（$\alpha\delta-\beta\gamma=0$ の場合，$\sqrt[n]{\dfrac{\alpha x+\beta}{\gamma x+\delta}}$ は定数であり，$R\left(x, \sqrt[n]{\dfrac{\alpha x+\beta}{\gamma x+\delta}}\right)$ は x の有理関数になる）．この場合，

$$\sqrt[n]{\frac{\alpha x+\beta}{\gamma x+\delta}}=y$$

とおくと，

$$x=\frac{\delta y^n-\beta}{\alpha-\gamma y^n}\quad\text{および}\quad dx=\frac{(\alpha\delta-\beta\gamma)ny^{n-1}}{(\alpha-\gamma y^n)^2}dy$$

となる．したがって，

$$\int R\left(x, \sqrt[n]{\frac{\alpha x+\beta}{\gamma x+\delta}}\right)dx=\int R\left(\frac{\delta y^n-\beta}{\alpha-\gamma y^n}, y\right)\frac{(\alpha\delta-\beta\gamma)ny^{n-1}}{(\alpha-\gamma y^n)^2}dy$$

となる．この右辺は y についての有理関数の不定積分であるから，先に紹介したようにして計算することができる．

例 5.8 $\sqrt[6]{x}=y$ とおくと，$x=y^6$ および $dx=6y^5dy$．したがって，

$$\begin{aligned}\int\frac{dx}{\sqrt{x}-\sqrt[3]{x}}&=\int\frac{dx}{\left(\sqrt[6]{x}\right)^3-\left(\sqrt[6]{x}\right)^2}=\int\frac{6y^5}{y^3-y^2}dy=6\int\frac{y^3}{y-1}dy\\&=6\int\left(y^2+y+1+\frac{1}{y-1}\right)dy\\&=2y^3+3y^2+6y+6\log|y-1|+C\\&=2\sqrt{x}+3\sqrt[3]{x}+6\sqrt[6]{x}+6\log|\sqrt[6]{x}-1|+C\end{aligned}$$

となる（C は積分定数）．

例 5.9 $\displaystyle\int\sqrt{\frac{1+x}{1-x}}dx=2\arctan\sqrt{\frac{1+x}{1-x}}-\sqrt{1-x^2}+C$ （C は積分定数）

実際，$y=\sqrt{\dfrac{1+x}{1-x}}$ と置換しよう．このとき，

$$x=\frac{y^2-1}{y^2+1}=1-\frac{2}{y^2+1}\qquad\therefore\quad dx=\frac{4y}{(y^2+1)^2}dy$$

となる．したがって，

$$\int \sqrt{\frac{1+x}{1-x}}\,dx = \int y\frac{4y}{(y^2+1)^2}\,dy = \int y\Big(-\frac{2}{y^2+1}\Big)'\,dy$$

$$= -\frac{2y}{y^2+1} + 2\int \frac{dy}{y^2+1} = -\frac{2y}{y^2+1} + 2\arctan y + C$$

$$= -\sqrt{1-x^2} + 2\arctan\sqrt{\frac{1+x}{1-x}} + C$$

となる．あるいは，少し工夫をして

$$\int \sqrt{\frac{1+x}{1-x}}\,dx = \int \frac{1+x}{\sqrt{1-x^2}}\,dx = \int \frac{dx}{\sqrt{1-x^2}} + \int \frac{x}{\sqrt{1-x^2}}\,dx$$

$$= \int (\arcsin x)'\,dx + \int \big(-\sqrt{1-x^2}\big)'\,dx$$

$$= \arcsin x - \sqrt{1-x^2} + C$$

と計算するほうが賢いであろう．　　　　　　　　　　　　　　　　□

　最後に，2 次関数の平方根を含むような無理関数の計算法を紹介しよう．具体的には，$R(u, v)$ を u, v に関する有理関数とするとき，次の不定積分を考える．

$$\int R\big(x, \sqrt{ax^2+bx+c}\big)\,dx \quad (a \neq 0)$$

　$a > 0$ の場合，

$$y = \sqrt{ax^2+bx+c} + \sqrt{a}\,x$$

とおこう．上式の右辺第 2 項を左辺に移項した後，両辺を 2 乗すると

$$y^2 - 2\sqrt{a}\,yx = bx + c \qquad \therefore \quad x = \frac{y^2-c}{b+2\sqrt{a}\,y}$$

となる．これより，y についての有理関数の不定積分に帰着されることがわかる．

　$a < 0$ の場合，根号の中が非負でなければならないことから，2 次方程式 $ax^2 + bx + c = 0$ が相異なる実数根 $\alpha, \beta \ (\alpha < \beta)$ をもつ場合を考えればよい．このとき，

$$\sqrt{ax^2+bx+c} = \sqrt{(-a)(x-\alpha)(\beta-x)} = \sqrt{-a}(x-\alpha)\sqrt{\frac{\beta-x}{x-\alpha}} \quad (\alpha \leq x \leq \beta)$$

となり，すでに紹介した無理関数の不定積分に帰着され，$y = \sqrt{\frac{\beta-x}{x-\alpha}}$ とおくことにより有理関数の不定積分に帰着される．

例 5.10　$\displaystyle\int \frac{dx}{\sqrt{1+x^2}} = \log\big(\sqrt{1+x^2}+x\big) + C$　（C は積分定数）

実際, $y = \sqrt{1 + x^2} + x$ と置換しよう. このとき, $(y - x)^2 = 1 + x^2$ より $2yx = y^2 - 1$. ゆえに,

$$x = \frac{1}{2}\left(y - \frac{1}{y}\right) \qquad \therefore \quad dx = \frac{1}{2}\left(1 + \frac{1}{y^2}\right)dy = \frac{y^2 + 1}{2y^2}dy$$

となる. また,

$$\sqrt{1 + x^2} = y - x = \frac{1}{2}\left(y + \frac{1}{y}\right) = \frac{y^2 + 1}{2y}$$

である. したがって,

$$\int \frac{dx}{\sqrt{1 + x^2}} = \int \frac{2y}{y^2 + 1}\frac{y^2 + 1}{2y^2}dy = \int \frac{dy}{y}$$

$$= \log|y| + C = \log\left(\sqrt{1 + x^2} + x\right) + C$$

となる. $\qquad \square$

例 5.11 $\quad \displaystyle\int \frac{dx}{(2 + 3x)\sqrt{4 - x^2}} = \frac{1}{4\sqrt{2}}\log\left|\frac{\sqrt{2(2 + x)} - \sqrt{2 - x}}{\sqrt{2(2 + x)} + \sqrt{2 - x}}\right| + C$ (C は積分定数)

実際,

$$\frac{1}{(2 + 3x)\sqrt{4 - x^2}} = \frac{1}{(2 + 3x)(2 + x)}\sqrt{\frac{2 + x}{2 - x}}$$

に注意して $y = \sqrt{\frac{2 + x}{2 - x}}$ と置換すると,

$$x = \frac{2(y^2 - 1)}{y^2 + 1} = 2 - \frac{4}{y^2 + 1} \qquad \therefore \quad dx = \frac{8y}{(y^2 + 1)^2}dy$$

となる. さらに,

$$2 + 3x = \frac{4(2y^2 - 1)}{y^2 + 1}, \qquad x + 2 = \frac{4y^2}{y^2 + 1}$$

である. したがって,

$$\int \frac{dx}{(2 + 3x)\sqrt{4 - x^2}} = \int \frac{y^2 + 1}{4(2y^2 - 1)}\frac{y^2 + 1}{4y^2}y\frac{8y}{(y^2 + 1)^2}dy$$

$$= \int \frac{dy}{2(2y^2 - 1)}$$

$$= \frac{1}{4\sqrt{2}}\int\left(\frac{1}{y - \frac{1}{\sqrt{2}}} - \frac{1}{y + \frac{1}{\sqrt{2}}}\right)dy$$

$$= \frac{1}{4\sqrt{2}} \log \left| \frac{y - \frac{1}{\sqrt{2}}}{y + \frac{1}{\sqrt{2}}} \right| + C$$

$$= \frac{1}{4\sqrt{2}} \log \left| \frac{\sqrt{2(2+x)} - \sqrt{2-x}}{\sqrt{2(2+x)} + \sqrt{2-x}} \right| + C$$

となる. □

問 5.14　次式で定められる関数 f の不定積分を計算せよ. ただし, a は正定数である.
(1) $f(x) = \sqrt{a^2 - x^2}$
(2) $f(x) = \frac{1}{x\sqrt{x^2 + a^2}}$
(3) $f(x) = \frac{x^2}{\sqrt{a^2 - x^2}}$

5.6　広義積分

関数 $f(x) = \frac{1}{\sqrt{x}}$ を区間 $[0,1]$ で積分することを考えてみよう. もちろん, この式では $x = 0$ における関数 f の値 $f(0)$ は定義されないが, $f(0)$ の値はこの式を使わず適当に定めてあるとする. 何も考えず, 高校流の計算法で計算すれば

$$\int_0^1 \frac{1}{\sqrt{x}} dx = [2\sqrt{x}]_0^1 = 2$$

となるであろう. ここで一歩立ち止まり, もう少し深く考えてみよう. この関数 f は区間 $[0,1]$ で非有界であり, それゆえ Riemann 可積分ではない. となると, そもそも上の積分は定義されていないことになり, 上式は意味をもたなくなってしまう. しかしさらにもう一歩踏み込んで考え, 上のような積分に対して合理的な定義を与えたものが次に紹介する広義積分である.

定義 5.6　f を半開区間 $[a,b)$ ($b = \infty$ でもよい) で定義された関数で次の 2 条件を満たすとする.
(1) 任意の $c \in (a,b)$ に対して, f は閉区間 $[a,c]$ で可積分である.
(2) 極限値 $S = \lim_{c \to b-0} \int_a^c f(x) dx$ が存在する.
このとき, f は I で広義積分可能あるいは広義可積分であるという. また, S を f の I での広義積分といい, 通常の積分と同じ記号を用いて $S = \int_a^b f(x) dx$ と書く.

同様にして，$I = (a, b], (a, b)$ の場合にも広義積分が定義される．広義積分および通常の積分に対してまったく同じ積分記号を用いるので少々紛らわしいが，被積分関数の形を見ればどちらの意味で使われているかはわかるであろう．

例 5.12　(1) $f(x) = \frac{1}{\sqrt{x}}$ は半開区間 $(0, 1]$ で連続であり，それゆえ定理 5.5 より $(0, 1]$ に含まれる任意の閉区間で可積分である．また，$\varepsilon \in (0, 1)$ に対して

$$\int_\varepsilon^1 \frac{dx}{\sqrt{x}} = \left[2\sqrt{x} \right]_\varepsilon^1 = 2(1 - \sqrt{\varepsilon}) \to 2 \quad (\varepsilon \to +0)$$

である．したがって，$f(x) = \frac{1}{\sqrt{x}}$ は $(0, 1]$ で広義可積分であり $\displaystyle\int_0^1 \frac{dx}{\sqrt{x}} = 2$ となる．

(2) $f(x) = e^{-x}$ は半開区間 $[0, \infty)$ で連続であり，それゆえ定理 5.5 より $[0, \infty)$ に含まれる任意の閉区間で可積分である．また，$R > 0$ に対して

$$\int_0^R e^{-x} dx = \left[-e^{-x} \right]_0^R = (1 - e^{-R}) \to 1 \quad (R \to +\infty)$$

である．したがって，$f(x) = e^{-x}$ は $[0, \infty)$ で広義可積分であり $\displaystyle\int_0^\infty e^{-x} dx = 1$ となる．

(3) $f(x) = \frac{1}{x}$ は半開区間 $(0, 1]$ で連続であり，それゆえ定理 5.5 より $(0, 1]$ に含まれる任意の閉区間で可積分である．ところが，$\varepsilon \in (0, 1)$ に対して

$$\int_\varepsilon^1 \frac{dx}{x} = [\log x]_\varepsilon^1 = -\log \varepsilon \to +\infty \quad (\varepsilon \to +0)$$

である．したがって，$f(x) = \frac{1}{x}$ は $(0, 1]$ で広義可積分ではなく，広義積分 $\displaystyle\int_0^1 \frac{dx}{x}$ は定義されない．

この例のように，不定積分を使って具体的に広義積分の値を計算できる場合には，極限操作を頭の中だけで行って，紙の上では次のように計算する場合が多い．

(1) $\displaystyle\int_0^1 \frac{dx}{\sqrt{x}} = \left[2\sqrt{x} \right]_0^1 = 2$

(2) $\displaystyle\int_0^\infty e^{-x} dx = \left[-e^{-x} \right]_0^\infty = 1$

しかし，広義積分をしっかり理解していないうちは，面倒でも上の例における計算のように，極限操作を省略せず丁寧に計算すべきである．

例 5.13   (1) $f(x) = \frac{1}{(1-x)^\alpha}$ が半開区間 $[0,1)$ で広義可積分であるための必要十分条件は $\alpha < 1$ である. 実際, $\varepsilon \in (0,1)$ に対して

$$
\int_0^{1-\varepsilon} \frac{dx}{(1-x)^\alpha} =
\begin{cases}
\left[-\dfrac{1}{1-\alpha}(1-x)^{1-\alpha} \right]_0^{1-\varepsilon} = \dfrac{1}{1-\alpha}(1 - \varepsilon^{1-\alpha}) & (\alpha \neq 1) \\[2mm]
\left[-\log(1-x) \right]_0^{1-\varepsilon} = -\log\varepsilon & (\alpha = 1)
\end{cases}
$$

$$
\to
\begin{cases}
\dfrac{1}{1-\alpha} & (\alpha < 1) \\[2mm]
+\infty & (\alpha \geq 1)
\end{cases}
\quad (\varepsilon \to +0)
$$

が成り立つことからわかる.

(2) $f(x) = \frac{1}{x^\beta}$ が半開区間 $[1,\infty)$ で広義可積分であるための必要十分条件は $\beta > 1$ である. 実際, $R > 1$ に対して

$$
\int_1^R \frac{dx}{x^\beta} =
\begin{cases}
\left[\dfrac{1}{1-\beta} x^{1-\beta} \right]_1^R = \dfrac{1}{\beta - 1}(1 - R^{-(\beta-1)}) & (\beta \neq 1) \\[2mm]
\left[\log x \right]_1^R = \log R & (\beta = 1)
\end{cases}
$$

$$
\to
\begin{cases}
\dfrac{1}{\beta - 1} & (\beta > 1) \\[2mm]
+\infty & (\beta \leq 1)
\end{cases}
\quad (R \to +\infty)
$$

が成り立つことからわかる.

　この例より, 関数 f の区間 $I = [a,b)$ における広義可積分性の判定では, b が実数の場合は $x \to b-0$ のときの $f(x)$ の発散の速さが, $b = \infty$ の場合は $x \to +\infty$ のときの $f(x)$ の減衰の速さが重要な指標となることが理解できよう. とくに, $f(x)$ の発散の速さおよび減衰の速さともに 1 次の速さが臨界次数であることがわかる. すなわち, 端点で 1 次よりも遅い次数で発散している場合, また遠方で 1 次よりも速い次数で減衰している場合, f は広義可積分となるのである.

　上の例では被積分関数の不定積分が計算できたので, 広義可積分性を容易に判定することができた. 次に, 不定積分が初等関数で表せないような関数に対して広義可積分性を判定する定理を紹介しよう. そのために, 数列に対する定理 1.8 の連続版とみなすことができる補題を一つ準備しておく. その証明はさほど難しくないので, 方針のみを説明し, 詳細は皆さんに任せることにする.

補題 5.3 F を半開区間 $I = [a, b)$ ($b = \infty$ でもよい) で定義された関数とする. このとき, 極限値 $\displaystyle\lim_{x \to b-0} F(x)$ が存在するための必要十分条件は, 任意の正数 ε に対して (b に十分近い) $c \in I$ が存在して, $c < x_1 < x_2 < b$ を満たす任意の x_1, x_2 に対して $|F(x_1) - F(x_2)| < \varepsilon$ が成り立つことである.

[証明] 必要条件であることは明らかであろう. 十分条件については, まず b に収束する区間 I における数列 $\{x_n\}$ を構成する. たとえば, b が実数の場合は $x_n := \frac{1}{n}a + (1 - \frac{1}{n})b$, $b = \infty$ の場合は $x_n := a + n$ とおけばよい. このとき, 数列 $\{F(x_n)\}$ は Cauchy 列であることが示され, 収束することがわかる. その極限値を α とすれば, $\displaystyle\lim_{x \to b-0} F(x) = \alpha$ となることがわかる. □

定理 5.16 f を半開区間 $I = [a, b)$ ($b = \infty$ でもよい) で定義された連続関数とする. このとき, 次の 2 条件は同値である.

(1) f は I で広義可積分である.

(2) 任意の正数 ε に対して $c \in I$ が存在して, $c < x_1 < x_2 < b$ を満たす任意の x_1, x_2 に対して,

$$\left| \int_{x_1}^{x_2} f(y) dy \right| < \varepsilon$$

が成り立つ.

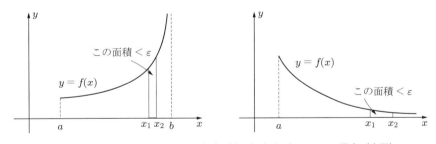

図 5.5 広義可積分性：$b < \infty$ の場合（左図）および $b = \infty$ の場合（右図）

[証明] 仮定および定理 5.5 より, 任意の $x \in I$ に対して f は閉区間 $[a, x]$ で可積分であるから, $F(x) := \displaystyle\int_a^x f(y) dy$ により I 上の関数 F が定まる. このとき, f が I で広義可積分であるための必要十分条件は極限値 $\displaystyle\lim_{x \to b-0} F(x)$ が存在することである. このことと, 補題 5.3 および

$$|F(x_1) - F(x_2)| = \left| \int_a^{x_1} f(y)dy - \int_a^{x_2} f(y)dy \right| = \left| \int_{x_1}^{x_2} f(y)dy \right|$$

に注意すればよい.   □

この定理を用いると, 例 5.13 を一般化したものとして, 次の定理が成り立つ.

定理 5.17 f を半開区間 $I = [a,b)$ で定義された連続関数で, 次の条件を満たすとする.

  (1) $b < \infty$ の場合, ある $\alpha < 1$ が存在して $f(x) = O((b-x)^{-\alpha})$ $(x \to b-0)$ が成り立つ.

  (2) $b = \infty$ の場合, ある $\beta > 1$ が存在して $f(x) = O(x^{-\beta})$ $(x \to +\infty)$ が成り立つ.

このとき, f は I で広義可積分である.

[証明] (1) 仮定より, ある定数 $\alpha < 1$, 十分大きな正数 C, 十分小さな正数 δ が存在し, $b - \delta < x < b$ を満たす任意の x に対して $|f(x)| \le C(b-x)^{-\alpha}$ が成り立つ. したがって, $b - \delta < x_1 < x_2 < b$ とすると

$$\left| \int_{x_1}^{x_2} f(x)dx \right| \le \int_{x_1}^{x_2} |f(x)|dx \le C \int_{x_1}^{x_2} (b-x)^{-\alpha}dx$$
$$= \left[-\frac{C}{1-\alpha}(b-x)^{1-\alpha} \right]_{x_1}^{x_2} \le \frac{C}{1-\alpha}(b-x_1)^{1-\alpha} \to 0 \quad (x_1 \to b-0)$$

となる. それゆえ, 定理 5.16 より f は I で広義可積分である.

  (2) 仮定より, ある定数 $\beta > 1$, 十分大きな正数 C および R が存在し, $x > R$ を満たす任意の x に対して $|f(x)| \le Cx^{-\beta}$ が成り立つ. したがって, $R < x_1 < x_2$ とすると

$$\left| \int_{x_1}^{x_2} f(x)dx \right| \le \int_{x_1}^{x_2} |f(x)|dx \le C \int_{x_1}^{x_2} x^{-\beta}dx$$
$$= \left[-\frac{C}{\beta-1}x^{-(\beta-1)} \right]_{x_1}^{x_2} \le \frac{C}{\beta-1}x_1^{-(\beta-1)} \to 0 \quad (x_1 \to +\infty)$$

となる. それゆえ, 定理 5.16 より f は I で広義可積分である.   □

定理 5.16 および定理 5.17 は右端点が開いている半開区間 $[a,b)$ に対して広義可積分性を判定するものであるが, 左端点が開いている半開区間 $(a,b]$ に対しても同様な定理が成り立つ. さらに開区間 (a,b) に対する広義積分については, その開区

間を二つの区間 $(a, c]$ および $[c, b)$ に分解し，それぞれの区間に対してそれらの定理を適用すればよい．

例 5.14 $f(x) = \log(\sin x)$ とおくと，f は半開区間 $(0, \frac{\pi}{2}]$ 上の連続関数であり，l'Hôpital の定理（定理 3.9）より

$$\lim_{x \to +0} \frac{\log(\sin x)}{x^{-\frac{1}{2}}} = \lim_{x \to +0} \frac{(\log(\sin x))'}{(x^{-\frac{1}{2}})'} = \lim_{x \to +0} \frac{\frac{\cos x}{\sin x}}{-\frac{1}{2}x^{-\frac{3}{2}}} = -2 \lim_{x \to +0} \frac{\sqrt{x}\cos x}{\frac{\sin x}{x}} = 0$$

となる．したがって，$x \to +0$ のとき $f(x) = o(x^{-\frac{1}{2}})$，とくに $f(x) = O(x^{-\frac{1}{2}})$ となる．ゆえに，定理 5.17 より f は半開区間 $(0, \frac{\pi}{2}]$ で広義可積分であり，広義積分

$$S = \int_0^{\frac{\pi}{2}} \log(\sin x)dx$$

が存在する．ここで，一般に

$$\int_0^{\frac{\pi}{2}} g(\sin x)dx = \int_0^{\frac{\pi}{2}} g(\cos x)dx, \qquad \int_0^{\pi} g(\sin x)dx = 2\int_0^{\frac{\pi}{2}} g(\sin x)dx$$

が成り立つことに注意すると，

$$\begin{aligned} 2S &= \int_0^{\frac{\pi}{2}} \log(\sin x)dx + \int_0^{\frac{\pi}{2}} \log(\cos x)dx = \int_0^{\frac{\pi}{2}} \log(\sin x \cos x)dx \\ &= \int_0^{\frac{\pi}{2}} \log\left(\frac{1}{2}\sin 2x\right)dx = \int_0^{\frac{\pi}{2}} \left(\log(\sin 2x) - \log 2\right)dx \\ &= \frac{1}{2}\int_0^{\pi} \log(\sin y)dy - \frac{\pi}{2}\log 2 = S - \frac{\pi}{2}\log 2 \end{aligned}$$

となる．したがって，

$$\int_0^{\frac{\pi}{2}} \log(\sin x)dx = -\frac{\pi}{2}\log 2$$

となる．最後に上式を導く際，広義可積分性より $S \neq \pm\infty$ が保証されていることを使っていることに注意しよう．

問 5.15   次式で定められる関数 f が区間 I で広義可積分であるかどうかを判定せよ．
(1) $f(x) = \frac{1}{\log(x+e)}, \quad I = [0, \infty)$
(2) $f(x) = \frac{1}{\sqrt[3]{x^5+1}}, \quad I = [0, \infty)$
(3) $f(x) = \frac{\log x}{1-x}, \quad I = (0, 1)$

例 5.15 $f(x) = \frac{\sin x}{x}$ は区間 $I = (0, \infty)$ で広義可積分である．

実際，$\displaystyle\lim_{x \to +0} \frac{\sin x}{x} = 1$ に注意して $f(0) = 1$ と定めると f は半開区間 $[0, \infty)$ で連続であるから，$x \to \infty$ での様子だけを調べればよい．$0 < R_1 < R_2 < \infty$ とすると，部分積分より

$$\int_{R_1}^{R_2} \frac{\sin x}{x} dx = \int_{R_1}^{R_2} \frac{1}{x}(-\cos x)' dx = \left[-\frac{\cos x}{x}\right]_{R_1}^{R_2} - \int_{R_1}^{R_2} \frac{\cos x}{x^2} dx$$

となる．したがって，

$$\left|\int_{R_1}^{R_2} \frac{\sin x}{x} dx\right| \leq \frac{1}{R_1} + \frac{1}{R_2} + \int_{R_1}^{R_2} \frac{dx}{x^2} = \frac{2}{R_1} \to 0 \quad (R_1 \to \infty)$$

となる．それゆえ，定理 5.16 より広義可積分性が従う．　□

　この広義積分の値を微分積分の範疇で求めようとするとかなりの工夫を要するが，複素数を変数とするような関数を対象とする複素関数論を用いると，

$$\int_0^\infty \frac{\sin x}{x} dx = \frac{\pi}{2}$$

となることが容易に計算される．

　このことを直感的に説明すると，$y = \frac{\sin x}{x}$ のグラフと x 軸とによって囲まれる部分について，$y \geq 0$ の部分の面積と $y \leq 0$ の部分の面積がともに $+\infty$ であるのだが，$x \to +\infty$ のとき $y = \frac{\sin x}{x}$ は正負の値を振動しながらゆっくりと 0 に減衰しており，その振動のおかげで正の面積の部分と負の面積の部分がうまく打ち消しあって収束しているのである（図 5.6 を参照せよ）．なお，$f(x) = \frac{|\sin x|}{x}$ の場合，対応する極限は $+\infty$ に発散し，I で広義可積分ではないことが確かめられる．

　このように，正負の値を振動することによって初めてその広義積分が収束してい

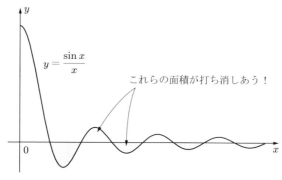

図 5.6　$y = \frac{\sin x}{x}$ のグラフ

るような場合には，上で示したように部分積分を使うと，うまく広義可積分性が証明される．

問 5.16 次式で定められる関数 f が区間 $[0, \infty)$ で広義可積分であるかどうかを判定せよ．

(1) $f(x) = \frac{\cos x}{1+x}$

(2) $f(x) = \frac{x \sin^2 x}{1+x^2}$

(3) $f(x) = \sin(x^2)$

第 **6** 章　重積分

　2 変数関数に対しては不定積分という概念が存在しない．それゆえ，不定積分を
使って定積分を定義するという高校流の定義を 2 変数関数に拡張しようとすると，
どうしたらよいか困るであろう．それに対して，前章で紹介した区分求積による
Riemann 流の定積分の定義は，2 変数関数に対して非常に容易に拡張することがで
きる．この章では，その Riemann 流の定義による重積分，その計算法としての累
次積分，さらには置換積分法にあたる積分変数の変換について解説する．

6.1　重積分の定義と基本性質

　集合論では，二つの集合 X, Y に対してそれぞれの元 $x \in X, y \in Y$ の組 (x, y) 全
体の集合を X と Y の直積といい，$X \times Y$ と書く．この記号を用いると，各辺が x
軸あるいは y 軸に平行な xy 平面上の長方形は，次のように区間の直積で表される．

$$[a, b] \times [c, d] := \{(x, y) \mid a \le x \le b, c \le y \le d\}$$

まずは，長方形の上で定義された関数の積分を定義しよう．

　定義 6.1　f を長方形 $D = [a, b] \times [c, d]$ で定義された関数とする．
　(1) 区間 $[a, b]$ および $[c, d]$ の分割から定まる長方形の分割

$$\Delta : \begin{array}{l} a = x_0 < x_1 < x_2 < \cdots < x_n = b \\ c = y_0 < y_1 < y_2 < \cdots < y_m = d \end{array}$$

　　に対して，

$$\Delta_{ij} := [x_{i-1}, x_i] \times [y_{j-1}, y_j] \quad (1 \le i \le n,\ 1 \le j \le m)$$

　　を分割 Δ の小長方形，

$$|\Delta| := \max\{x_i - x_{i-1},\, y_j - y_{j-1} \,|\, 1 \le i \le n, 1 \le j \le m\}$$

を分割 Δ の幅という.

(2) $\xi = \{\boldsymbol{\xi}_{ij} \,|\, 1 \le i \le n, 1 \le j \le m\}$, $\boldsymbol{\xi}_{ij} = (\alpha_{ij}, \beta_{ij}) \in \Delta_{ij}$ に対して

$$S(f, \Delta, \xi) := \sum_{i=1}^{n} \sum_{j=1}^{m} f(\boldsymbol{\xi}_{ij})(x_i - x_{i-1})(y_j - y_{j-1})$$

とおく. これを f の Riemann 和という. このとき, $\boldsymbol{\xi}_{ij}$ を Δ_{ij} の代表元という.

(3) f が D で Riemann 可積分あるいは単に可積分であるとは, $|\Delta| \to 0$ のとき f の Riemann 和 $S(f, \Delta, \xi)$ が, 分割 Δ および代表元の集合 ξ に無関係な数 $S(f)$ に収束するときをいう. このとき,

$$S(f) = \iint_{D} f(x, y) dx dy$$

と書き, これを f の D での重積分という. いまの場合は 2 変数関数の積分を考えているので, これを 2 重積分ともいう.

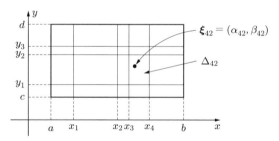

図 6.1　長方形 $D = [a, b] \times [c, d]$ の分割 Δ, 小長方形 Δ_{42}, 代表元 $\boldsymbol{\xi}_{42}$

1 変数関数のときと同様に, f が長方形 D で可積分ならば, f は D で有界である. そこで, 長方形 $D = [a, b] \times [c, d]$ で定義された有界な関数 f に対して, それが可積分となるための条件を与えよう. D の任意の分割 Δ に対して, その小長方形 Δ_{ij} における f の下限および上限をそれぞれ

$$m_{ij} := \inf_{(x,y) \in \Delta_{ij}} f(x, y), \qquad M_{ij} := \sup_{(x,y) \in \Delta_{ij}} f(x, y)$$

とする. そして, 分割 Δ に関する関数 f の不足和 $\underline{S}_{\Delta}(f)$ および過剰和 $\overline{S}_{\Delta}(f)$ を

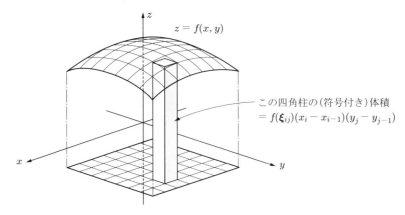

図 6.2　代表元 $\boldsymbol{\xi}_{ij}$ での f の値を高さとして用いた直方体近似

$$\underline{S}_\Delta(f) := \sum_{i=1}^{n} \sum_{j=1}^{m} m_{ij}(x_i - x_{i-1})(y_j - y_{j-1})$$

$$\overline{S}_\Delta(f) := \sum_{i=1}^{n} \sum_{j=1}^{m} M_{ij}(x_i - x_{i-1})(y_j - y_{j-1})$$

により，また関数 f の下積分 $\underline{S}(f)$ および上積分 $\overline{S}(f)$ を

$$\underline{S}(f) := \sup\{\underline{S}_\Delta(f) \mid \Delta \in \mathfrak{D}\}, \qquad \overline{S}(f) := \inf\{\overline{S}_\Delta(f) \mid \Delta \in \mathfrak{D}\}$$

により定める．ただし，$\mathfrak{D}$ は長方形 D の分割 Δ 全体の集合である．このとき，1 変数関数のときとまったく同様にして，次の定理 6.1 および定理 6.2 を証明することができる．

定理 6.1（Darboux）　$\underline{S}(f) = \lim_{|\Delta| \to 0} \underline{S}_\Delta(f), \quad \overline{S}(f) = \lim_{|\Delta| \to 0} \overline{S}_\Delta(f)$

定理 6.2　次の 3 条件は互いに同値である．
(1) 関数 f は長方形 D で可積分である．
(2) $\underline{S}(f) = \overline{S}(f)$　（Darboux の可積分条件）
(3) 任意の正数 ε に対して，長方形 D の分割 Δ が存在して $0 \leq \overline{S}_\Delta(f) - \underline{S}_\Delta(f) < \varepsilon$ が成り立つ．

連続関数の可積分性も，1 変数関数の場合と同じ方針で証明することができる．すなわち，まず長方形 $D = [a,b] \times [c,d]$ で連続な関数は一様連続であることを証明する．その際，Bolzano–Weierstrass の定理を平面上の点列に対して拡張しておかなければならない．その一様連続性と定理 6.2 を用いれば，望みの可積分性が示される．証明の詳細は余力のある人に委ねることにし，ここでは結果のみを定理の形で述べておく．

定理 6.3 長方形 $D = [a,b] \times [c,d]$ で連続な関数 f は D で可積分である．

定理 6.2 を用いれば，1 変数関数のときとまったく同様にして次の定理を証明することができる．

定理 6.4 f, g を長方形 $D = [a,b] \times [c,d]$ で可積分な関数とし，α, β を定数とする．このとき，$\alpha f + \beta g$ および $|f|$ もまた D で可積分であり，次式が成り立つ．

$$\iint_D (\alpha f(x,y) + \beta g(x,y)) dx dy = \alpha \iint_D f(x,y) dx dy + \beta \iint_D g(x,y) dx dy$$

（積分の線形性）

$$\left| \iint_D f(x,y) dx dy \right| \leq \iint_D |f(x,y)| dx dy$$

さらに，$f(x,y) \leq g(x,y)$ $(\forall (x,y) \in D)$ ならば，次式が成り立つ．

$$\iint_D f(x,y) dx dy \leq \iint_D g(x,y) dx dy \qquad \text{（積分の単調性）}$$

1 変数関数の場合には，区間の上の積分を考えれば十分である．それに対して平面上には長方形だけではなく多角形や楕円などさまざまな形の領域があり，応用上そのような一般の集合の上で定義された関数の積分を考える必要がある．そこで，一般の有界集合 D での積分を定義しよう．なお，$\mathbf{R}^2$ の集合 D が有界であるとは，D が原点を中心とする十分大きな半径 R の円 $B_R(0,0)$ に含まれるときをいう．

定義 6.2 f を $\mathbf{R}^2$ の有界集合 D で定義された関数とする．
(1) 長方形 $K = [a,b] \times [c,d]$ を $D \subset K$ を満たすようにとり，関数 f を集合

D の外側に零拡張した関数を f^* とする．すなわち，f^* を次式で定める．

$$f^*(x,y) := \begin{cases} f(x,y) & ((x,y) \in D) \\ 0 & ((x,y) \in K \setminus D) \end{cases}$$

この関数 f^* が（定義 6.1 の意味で）K で可積分であるとき，f は D で可積分であるという．このとき，

$$\iint_D f(x,y)dxdy := \iint_K f^*(x,y)dxdy \qquad (6.1)$$

と書き，これを f の D での重積分あるいは 2 重積分という．

(2) 定数関数 $f(x,y) \equiv 1$ が D で可積分であるとき D は面積をもつといい，D の面積 $\mu(D)$ を次式で定める．

$$\mu(D) := \iint_D 1 dxdy \qquad (6.2)$$

　この定義では集合 D を含む長方形 K を用いて間接的に可積分性と重積分を定義しているが，これらの定義は K の選び方に無関係であることが示される（このようなとき，その定義は well-defined であるという）．

　関数 f の集合 D での重積分は，直感的には 3 次元空間内における曲面 $z = f(x,y)$ と xy 平面とに挟まれる部分の（符号付き）体積である．そう思うと，(6.1) が成り立つのは当然のことであって，それを定義とするのは奇妙に思えるかもしれない．しかし，一般の有界集合での重積分が定義されていない段階で (6.1) を証明することなどできるわけがない．それを逆手にとって，当然成り立つべきだと期待される (6.1) を定義としているのである．

　同様に，面積というものがすでに定義されているならば，(6.2) も自明な式と思えるであろう．しかし，面積とは何か？という問いへの答えはそう簡単ではない．そこで，ここでも自明だと思える (6.2) を面積の定義としているのである．

　次の定理が成り立つことも直感的には自明であろう．その証明は余力のある人に残しておこう．

定理 6.5　D_1, D_2 を $D_1 \cap D_2 = \emptyset$ を満たす $\mathbf{R}^2$ の有界集合とし，f を D_1 および D_2 で可積分な関数とする．このとき，f は $D_1 \cup D_2$ でも可積分であり，次

式が成り立つ.

$$\iint_{D_1 \cup D_2} f(x,y)dxdy = \iint_{D_1} f(x,y)dxdy + \iint_{D_2} f(x,y)dxdy$$

（積分の加法性）

6.2 重積分と累次積分の関係

1変数関数の積分を計算することは，微分積分学の基本公式により，不定積分を計算することに帰着された．しかし，2変数関数に対しては不定積分という概念が存在しないので，不定積分を使って重積分を計算することはできない．その代わりに，1変数関数としての積分を2回繰り返すことによって重積分の値を計算することができる．そのような繰り返しの積分は，累次積分あるいは逐次積分とよばれている.

定理 6.6（累次積分） f を長方形 $D = [a,b] \times [c,d]$ で可積分な関数とする.

(1) 任意の $x \in [a,b]$ を固定するごとに $f(x,y)$ が y の関数として閉区間 $[c,d]$ で可積分であれば，$\int_c^d f(x,y)dy$ は x の関数として閉区間 $[a,b]$ で可積分であり，次式が成り立つ.

$$\iint_D f(x,y)dxdy = \int_a^b \left(\int_c^d f(x,y)dy \right) dx =: \int_a^b dx \int_c^d f(x,y)dy \tag{6.3}$$

(2) 任意の $y \in [c,d]$ を固定するごとに $f(x,y)$ が x の関数として閉区間 $[a,b]$ で可積分であれば，$\int_a^b f(x,y)dx$ は y の関数として閉区間 $[c,d]$ で可積分であり，次式が成り立つ.

$$\iint_D f(x,y)dxdy = \int_c^d \left(\int_a^b f(x,y)dx \right) dy =: \int_c^d dy \int_a^b f(x,y)dx \tag{6.4}$$

(3) f が D で連続であれば，(6.3) および (6.4) が成り立つ.

(6.3) および (6.4) は，以下のようにして直感的に理解される．Riemann 和 $S(f, \Delta, \xi)$ における和を，最初に j それから i についての和に，あるいは最初に i それから j についての和に書き直そう.

$$S(f, \Delta, \xi) = \sum_{i=1}^{n} \left(\sum_{j=1}^{m} f(\boldsymbol{\xi}_{ij})(y_j - y_{j-1}) \right)(x_i - x_{i-1})$$

$$= \sum_{j=1}^{m} \left(\sum_{i=1}^{n} f(\boldsymbol{\xi}_{ij})(x_i - x_{i-1}) \right)(y_j - y_{j-1})$$

ここで，i および j についての和は，それぞれ x および y に関する Riemann 和の形になっていることに注目しよう．そこで $|\Delta| \to 0$ とすれば，i および j についての和の部分がそれぞれ x および y に関する積分に収束し，(6.3) および (6.4) が導かれるのである．

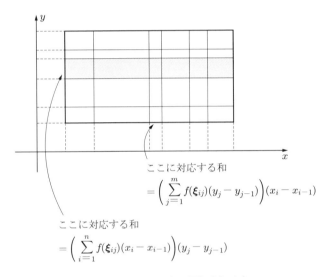

図 6.3 Riemann 和の足し合わせ方

[定理 6.6 の証明] (1) を示そう．$F(x) := \displaystyle\int_c^d f(x,y)dy$ により，閉区間 $[a,b]$ で定義された関数 F が定まる．この関数 F が閉区間 $[a,b]$ で可積分であり，その積分が f の D での重積分に一致することを示せばよい．$\Delta_1 : a = x_0 < x_1 < x_2 < \cdots < x_n = b$ を区間 $[a,b]$ の任意の分割とし，$\alpha = (\alpha_1, \alpha_2, \ldots, \alpha_n)$ を代表元の集合とする．このとき，対応する F の Riemann 和は

$$S(F, \Delta_1, \alpha) = \sum_{i=1}^{n} F(\alpha_i)(x_i - x_{i-1}) \tag{6.5}$$

となる．次に，区間 $[c,d]$ を（Δ_1 の分割数と合わせて）n 等分割して長方形 $D =$

$[a, b] \times [c, d]$ の分割

$$\Delta : \begin{array}{l} a = x_0 < x_1 < x_2 < \cdots < x_n = b \\ c = y_0 < y_1 < y_2 < \cdots < y_n = d \end{array}$$

を定め, $m_{ij} := \inf_{(x,y) \in \Delta_{ij}} f(x, y)$ および $M_{ij} := \sup_{(x,y) \in \Delta_{ij}} f(x, y)$ とおく. ここで,

$$F(\alpha_i) = \int_c^d f(\alpha_i, y) dy = \sum_{j=1}^n \int_{y_{j-1}}^{y_j} f(\alpha_i, y) dy$$

であることに注意しよう. $y_{j-1} \leq y \leq y_j$ のとき, $(\alpha_i, y) \in \Delta_{ij}$ であるから $m_{ij} \leq f(\alpha_i, y) \leq M_{ij}$ が成り立つ. この辺々を y について区間 $[y_{j-1}, y_j]$ で積分してから j についての和をとれば,

$$\sum_{j=1}^n m_{ij}(y_j - y_{j-1}) \leq \sum_{j=1}^n \int_{y_{j-1}}^{y_j} f(\alpha_i, y) dy = F(\alpha_i) \leq \sum_{j=1}^n M_{ij}(y_j - y_{j-1})$$

となる. さらに, この辺々に $x_i - x_{i-1}$ を掛けてから i についての和をとれば, 式 (6.5) より

$$\underline{S}_\Delta(f) \leq S(F, \Delta_1, \alpha) \leq \overline{S}_\Delta(f)$$

となる. ここで, 分割 Δ の定め方より $|\Delta_1| \to 0$ のとき $|\Delta| \to 0$ であり, 仮定より f は D で可積分であるから, 定理 6.1 および定理 6.2 より,

$$\underline{S}_\Delta(f), \overline{S}_\Delta(f) \to \iint_D f(x, y) dx dy \quad (|\Delta_1| \to 0)$$

となる. したがって, はさみうちの定理より $|\Delta_1| \to 0$ のとき $S(F, \Delta_1, \alpha)$ は $\iint_D f(x, y) dx dy$ に収束する. それゆえ, F は $[a, b]$ で可積分であり,

$$\int_a^b \left(\int_c^d f(x, y) dy \right) dx = \int_a^b F(x) dx = \iint_D f(x, y) dx dy$$

となることが従う. まったく同様にして (2) も示される. (3) については, f が D で連続であれば (1) および (2) における仮定が満たされることに注意すればよい. $\square$

例 6.1　$f(x, y) = (x + y)^2$ は長方形 $D = [0, 1] \times [0, 1]$ で連続であるから,

$$\iint_{[0,1] \times [0,1]} (x + y)^2 dx dy = \int_0^1 \left(\int_0^1 (x + y)^2 dx \right) dy = \int_0^1 \left[\frac{1}{3}(x + y)^3 \right]_{x=0}^1 dy$$

$$= \frac{1}{3}\int_0^1 \big((1+y)^3 - y^3\big)dy = \frac{1}{3}\Big[\frac{1}{4}\big((1+y)^4 - y^4\big)\Big]_0^1$$
$$= \frac{7}{6}$$

となる.

f を長方形 $D = [a,b] \times [c,d]$ で定義された連続関数とすると，定理 6.6 (3) より次式が成り立つ.

$$\int_a^b \Big(\int_c^d f(x,y)dy\Big)dx = \int_c^d \Big(\int_a^b f(x,y)dx\Big)dy \quad \Big(= \iint_D f(x,y)dxdy\Big)$$

これは累次積分の順序交換に関する公式である．このように f が連続関数であれば，何も気にすることなく積分の順序を交換してもかまわない．しかし f が D で可積分でないような場合には，たとえ二つの累次積分がともに計算できたとしても，それらの値が一致するとは限らないことに注意しよう．よく引き合いに出されるのが次の例である．

例 6.2 $\frac{\partial}{\partial y}\frac{y}{x^2+y^2} = \frac{x^2-y^2}{(x^2+y^2)^2}$ より，

$$\int_0^1 \frac{x^2-y^2}{(x^2+y^2)^2}dy = \Big[\frac{y}{x^2+y^2}\Big]_{y=0}^1 = \frac{1}{x^2+1}$$
$$\therefore \int_0^1\Big(\int_0^1 \frac{x^2-y^2}{(x^2+y^2)^2}dy\Big)dx = \int_0^1 \frac{dx}{x^2+1} = [\arctan x]_0^1 = \frac{\pi}{4}$$

となる．また，被積分関数の x と y に関する対称性に注目すれば（あるいはまったく同様に計算することにより），

$$\int_0^1\Big(\int_0^1 \frac{x^2-y^2}{(x^2+y^2)^2}dx\Big)dy = -\frac{\pi}{4}$$

となることがわかる．したがって，

$$\int_0^1\Big(\int_0^1 \frac{x^2-y^2}{(x^2+y^2)^2}dy\Big)dx \neq \int_0^1\Big(\int_0^1 \frac{x^2-y^2}{(x^2+y^2)^2}dx\Big)dy$$

であり，この累次積分に対しては積分の順序を交換できない．なお，関数 $f(x,y) = \frac{x^2-y^2}{(x^2+y^2)^2}$ は $[0,1]\times[0,1]$ で可積分でなく，それゆえ重積分 $\iint_{[0,1]\times[0,1]} \frac{x^2-y^2}{(x^2+y^2)^2}dxdy$ は定義されていない.

次に，積分範囲 D が連続曲線 $y = \phi_1(x)$ および $y = \phi_2(x)$ で挟まれた部分，あ

るいは連続曲線 $x = \psi_1(y)$ および $x = \psi_2(y)$ で挟まれた部分であるときの累次積分
を紹介しよう．実際には，そのような形の重積分を計算する場合が多い．その前に
補題を一つ紹介しておく．その証明は少々技巧的であるから割愛する．

補題 6.1　D を $\mathbf{R}^2$ の集合で，$D = \{(x, y) \,|\, a \leq x \leq b, \phi_1(x) \leq y \leq \phi_2(x)\}$
あるいは $D = \{(x, y) \,|\, c \leq y \leq d, \psi_1(y) \leq x \leq \psi_2(y)\}$ という形をしていると
する．ここで，ϕ_1, ϕ_2 は閉区間 $[a, b]$ で定義された連続関数で $\phi_1(x) \leq \phi_2(x)$
$(\forall x \in [a, b])$ を満たし，ψ_1, ψ_2 は閉区間 $[c, d]$ で定義された連続関数で $\psi_1(y) \leq$
$\psi_2(y)$ $(\forall y \in [c, d])$ を満たすとする．このとき，D で連続な関数 f は D で可積
分である．とくに，集合 D は面積をもつ．

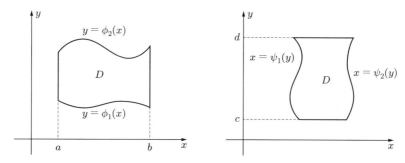

図 6.4　集合 D が二つの連続曲線で挟まれている場合

定理 6.7　(1) ϕ_1, ϕ_2 を閉区間 $[a, b]$ で定義された連続関数で $\phi_1(x) \leq \phi_2(x)$
$(\forall x \in [a, b])$ を満たすとし，$D := \{(x, y) \,|\, a \leq x \leq b, \phi_1(x) \leq y \leq$
$\phi_2(x)\}$ とおく．このとき，D で定義された連続関数 f に対して次式が成
り立つ．

$$\iint_D f(x, y)dxdy = \int_a^b \left(\int_{\phi_1(x)}^{\phi_2(x)} f(x, y)dy \right) dx$$
$$=: \int_a^b dx \int_{\phi_1(x)}^{\phi_2(x)} f(x, y)dy \qquad (6.6)$$

とくに，D の面積 $\mu(D)$ は次式で与えられる．

$$\mu(D) = \int_a^b \big(\phi_2(x) - \phi_1(x)\big)dx$$

(2) ψ_1, ψ_2 を閉区間 $[c,d]$ で定義された連続関数で $\psi_1(y) \leq \psi_2(y)$ ($\forall y \in [c,d]$) を満たすとし，$D := \{(x,y) \mid c \leq y \leq d,\, \psi_1(y) \leq x \leq \psi_2(y)\}$ とおく．このとき，D で定義された連続関数 f に対して次式が成り立つ．

$$\iint_D f(x,y)dxdy = \int_c^d \left(\int_{\psi_1(y)}^{\psi_2(y)} f(x,y)dx \right) dy$$

$$=: \int_c^d dy \int_{\psi_1(y)}^{\psi_2(y)} f(x,y)dx \qquad (6.7)$$

とくに，D の面積 $\mu(D)$ は次式で与えられる．

$$\mu(D) = \int_c^d \big(\psi_2(y) - \psi_1(y) \big) dy$$

[証明]　(1) を示そう．補題 6.1 より f は D で可積分である．したがって，$D \subset K$ を満たすような長方形 $K = [a,b] \times [c,d]$ をとり，

$$f^*(x,y) := \begin{cases} f(x,y) & ((x,y) \in D) \\ 0 & ((x,y) \in K \setminus D) \end{cases}$$

とおくと，定義より f^* は K で可積分であり，

$$\iint_D f(x,y)dxdy = \iint_K f^*(x,y)dxdy$$

が成り立つ．ここで，任意の $x \in [a,b]$ を固定するごとに $f^*(x,y)$ は y の関数として区間 $[c, \phi_1(x)]$, $[\phi_1(x), \phi_2(x)]$, $[\phi_2(x), d]$ それぞれにおいて可積分である．実際，y の関数 $f^*(x,y)$ は区間 $[c, \phi_1(x))$ および $(\phi_2(x), d]$ では恒等的に 0 であるから区間 $[c, \phi_1(x)]$ および $[\phi_2(x), d]$ で可積分であり，区間 $[\phi_1(x), \phi_2(x)]$ では連続関数であるから定理 5.4 よりその可積分性が従う．ゆえに，それらを合わせた区間 $[c,d]$ でも可積分であり，

$$\int_c^d f^*(x,y)dy = \int_c^{\phi_1(x)} f^*(x,y)dy + \int_{\phi_1(x)}^{\phi_2(x)} f^*(x,y)dy + \int_{\phi_2(x)}^d f^*(x,y)dy$$

$$= \int_{\phi_1(x)}^{\phi_2(x)} f(x,y)dy$$

となる．したがって，定理 6.6 (1) より

$$\iint_K f^*(x,y)dxdy = \int_a^b \left(\int_c^d f^*(x,y)dy \right)dx = \int_a^b \left(\int_{\phi_1(x)}^{\phi_2(x)} f(x,y)dy \right)dx$$

となり，(6.6) が従う．まったく同様にして (2) も示される． □

例 6.3 関数 $f(x,y) = x^2 + y^2$ の $D = \{(x,y) \,|\, x, y \geq 0, x + y \leq 1\}$ での重積分を計算しよう．

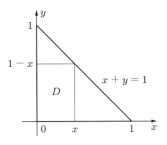

図 6.5 積分範囲 D の概形

$D = \{(x,y) \,|\, 0 \leq x \leq 1, 0 \leq y \leq 1-x\}$ と書き直せることに注意して定理 6.7 (1) を適用すれば，

$$\begin{aligned}
\iint_D (x^2 + y^2)dxdy &= \int_0^1 \left(\int_0^{1-x} (x^2 + y^2)dy \right)dx \\
&= \int_0^1 \left(x^2(1-x) + \frac{1}{3}(1-x)^3 \right)dx \\
&= \left[\frac{1}{3}x^3 - \frac{1}{4}x^4 - \frac{1}{12}(1-x)^4 \right]_0^1 = \frac{1}{6}
\end{aligned}$$

となる．重積分を累次積分に書き直す際には，この例のように，まず積分範囲を図示して，定理 6.7 における関数 ϕ_1, ϕ_2 あるいは ψ_1, ψ_2 を間違いなく求めることがコツである．

関数 f が具体的に与えられたとしても，y に関する不定積分が初等関数として求まらず，それゆえ (6.6) の右辺を計算できない場合がある．しかしそのような場合でも，(6.7) の右辺における x に関する積分を先に計算しておくと，その後の y に関する積分も計算できてしまうことがある．重積分を累次積分に書き直す際，x に関して先に積分するか，あるいは y に関して先に積分するかの選択は，被積分関数の形をよく見てどちらのほうが計算が簡単になるかを見定めてから行うようにしよう．

問 6.1   次式で定められる関数 f の D での重積分を計算せよ.

(1) $f(x,y) = x + y$, D は直線 $y = x$ および曲線 $y = x^2$ で囲まれる図形

(2) $f(x,y) = \frac{y\sin x}{x}$, D は $(x,y) = (0,0),(\pi,0),(\pi,\pi)$ を頂点とする三角形（内部も含む）

(3) $f(x,y) = x^y$, D は直線 $x = 0, 1$, $y = 1, 2$ で囲まれる図形

$\mathbf{R}^2$ の集合 D が連続関数 ϕ_1, ϕ_2 を用いて $D = \{(x,y)\,|\,a \le x \le b, \phi_1(x) \le y \le \phi_2(x)\}$ と書けると同時に，連続関数 ψ_1, ψ_2 を用いて $D = \{(x,y)\,|\,c \le y \le d, \psi_1(y) \le x \le \psi_2(y)\}$ とも書けるとき，定理 6.7 より D で定義された任意の連続関数 f に対して次式が成り立つ.

$$\int_a^b \left(\int_{\phi_1(x)}^{\phi_2(x)} f(x,y)dy \right) dx = \int_c^d \left(\int_{\psi_1(y)}^{\psi_2(y)} f(x,y)dx \right) dy \quad \left(= \iint_D f(x,y)dxdy \right)$$

これは積分の順序交換に関する公式である．D が長方形の場合，積分の順序交換を行うときに積分範囲をそれほど気にする必要はなかったが，そうでない場合には上のように積分範囲ががらりと変わってしまう．積分の順序交換を行うとき，この積分範囲を間違えてしまう人が少なくないので十分に注意しよう.

例 6.4 f を $\mathbf{R}^2$ で定義された連続関数とし，$a < b$ とする．このとき，累次積分 $\int_a^b \left(\int_a^x f(x,y)dy \right) dx$ の積分順序を交換しよう．この累次積分を重積分に書き直したときの積分範囲 D は

$$D = \{(x,y)\,|\,a \le x \le b, a \le y \le x\} = \{(x,y)\,|\,a \le y \le b, y \le x \le b\}$$

であるから，定理 6.7 より次式が得られる.

$$\int_a^b \left(\int_a^x f(x,y)dy \right) dx = \iint_D f(x,y)dxdy = \int_a^b \left(\int_y^b f(x,y)dx \right) dy$$

左辺の y に関する積分範囲が $[a,x]$ であるのに対し，右辺の x に関する積分範囲が $[y,b]$ であることに注意しよう．これら二つの累次積分の計算過程の概念図を描くと，図 6.6 のようになる.

さらに，上の積分の順序交換における被積分関数として x に無関係な関数 $f = f(y)$ をとると，

$$\int_a^b \left(\int_a^x f(y)dy \right) dx = \int_a^b \left(\int_y^b f(y)dx \right) dy = \int_a^b (b-y)f(y)dy$$

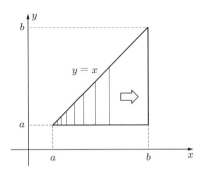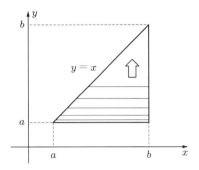

図 6.6　y で積分してから x で積分する概念図（左図）および x で積分してから y で積分する概念図（右図）

となる．この式自体は部分積分法を用いて導くことができるが，このように 2 変数関数の積分法を用いても得られる．

例 6.5　f を $\mathbf{R}^2$ で定義された連続関数とし，$a > 0$ とする．このとき，累次積分

$$I = \int_0^{2a} \left(\int_{\frac{x^2}{4a}}^{3a-x} f(x,y)dy \right) dx$$

の積分順序を交換しよう．この累次積分を重積分に書き直したときの積分範囲は，

$$D_1 = \{(x,y) \,|\, 0 \le y \le a, 0 \le x \le 2\sqrt{ay}\}$$
$$D_2 = \{(x,y) \,|\, a \le y \le 3a, 0 \le x \le 3a - y\}$$

を用いて $D = D_1 \cup D_2$ と書ける．

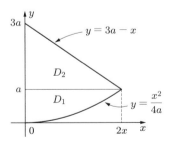

図 6.7　積分範囲 D の概形

したがって，

$$I = \iint_D f(x,y)dxdy = \iint_{D_1} f(x,y)dxdy + \iint_{D_2} f(x,y)dxdy$$

$$= \int_0^a \left(\int_0^{2\sqrt{ay}} f(x,y)dx \right)dy + \int_a^{3a} \left(\int_0^{3a-y} f(x,y)dx \right)dy$$

となる．このように積分範囲が複雑な場合には，累次積分の積分順序を交換すると複数の累次積分の和になるときがある．なお，やや強引ではあるが，積分順序を交換しても次のように一つの積分で書くことも可能である．

$$I = \int_0^{3a} \left(\int_0^{\min\{2\sqrt{ay}, 3a-y\}} f(x,y)dx \right)dy$$

問 6.2　次の累次積分の積分順序を交換せよ．ただし，a は正定数，f は連続関数である．

(1) $\displaystyle\int_0^1 \left(\int_{x^3}^{x^2} f(x,y)dy \right)dx$

(2) $\displaystyle\int_0^a \left(\int_x^{2x} f(x,y)dy \right)dx$

(3) $\displaystyle\int_0^a \left(\int_{-\sqrt{a^2-y^2}}^{a-y} f(x,y)dx \right)dy$

6.3　積分変数の変換と Jacobian

1変数関数の積分に対しては，置換積分法 $\displaystyle\int_{\phi(\alpha)}^{\phi(\beta)} f(x)dx = \int_\alpha^\beta f(\phi(t))\phi'(t)dt$ があった．これが非常に有用な計算法であることは説明するまでもないであろう．この節では，このような積分変数の変換を重積分に対して拡張する．1変数関数の場合 $x = \phi(t)$ と置換したとき $dx = \phi'(t)dt$ という式を用いたが，重積分のときにこの式に対応する式は何であろうか？　結果からいうと，それは次の Jacobian（ヤコビアン）を使って書き表せる．

定義 6.3（Jacobian）　$\phi = \phi(u,v), \psi = \psi(u,v)$ を $\mathbf{R}^2$ の開集合 D で定義された関数で，u および v に関して偏微分可能であるとする．このとき，D で定義された関数

$$\frac{\partial(\phi,\psi)}{\partial(u,v)} := \det \begin{pmatrix} \frac{\partial\phi}{\partial u} & \frac{\partial\phi}{\partial v} \\ \frac{\partial\psi}{\partial u} & \frac{\partial\psi}{\partial v} \end{pmatrix} = \frac{\partial\phi}{\partial u}\frac{\partial\psi}{\partial v} - \frac{\partial\phi}{\partial v}\frac{\partial\psi}{\partial u}$$

を (ϕ,ψ) の関数行列式あるいは Jacobian という．これは $\frac{D(\phi,\psi)}{D(u,v)}$ あるいは $J(u,v)$ とも書かれる．

これらの関数 ϕ, ψ を用いて，uv 平面上の集合 D から xy 平面への写像 $x = \phi(u, v), y = \psi(u, v)$ を考えているとき，この Jacobian は $\frac{\partial(x, y)}{\partial(u, v)}$ とも書かれる．

例 6.6　a, b, c, d を定数とする．1 次変換 $\phi(u, v) = au + bv, \psi(u, v) = cu + dv$ の Jacobian は，

$$\frac{\partial(\phi, \psi)}{\partial(u, v)} = \det \begin{pmatrix} a & b \\ c & d \end{pmatrix} = ad - bc$$

となる．uv 平面上の正方形はこの 1 次変換 $x = \phi(u, v), y = \psi(u, v)$ により xy 平面上の平行四辺形に写され，(ϕ, ψ) の Jacobian はその uv 平面上の正方形の面積と xy 平面上の平行四辺形の面積の比を表している．

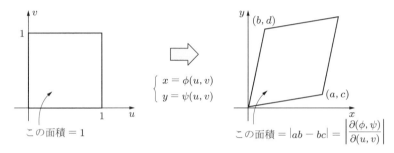

図 6.8　1 次変換に対する Jacobian の幾何学的意味

次に，ϕ, ψ が一般の C^1 級関数の場合，(ϕ, ψ) の Jacobian が何を表しているのかを見ていこう．そのために，uv 平面上の点 $\mathrm{A}(u_0, v_0), \mathrm{B}(u_0 + \Delta u, v_0), \mathrm{C}(u_0 + \Delta u, v_0 + \Delta v), \mathrm{D}(u_0, v_0 + \Delta v)$ を頂点とし一辺の長さが $\Delta u, \Delta v$ である微小な長方形 ABCD を考え，それが写像 $x = \phi(u, v), y = \psi(u, v)$ により xy 平面上のどのような集合に写されるかを考えよう．

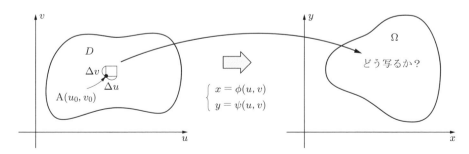

図 6.9　一般の写像による領域の対応

この写像による点 A, B, C, D の像を，それぞれ A′, B′, C′, D′ としよう．

$$\text{A}'\big(\phi(u_0, v_0), \psi(u_0, v_0)\big), \quad \text{B}'\big(\phi(u_0 + \Delta u, v_0), \psi(u_0 + \Delta u, v_0)\big), \quad \text{etc.}$$

ここで Taylor の定理（定理 3.13）より，$\Delta u \to 0$ のとき

$$\phi(u_0 + \Delta u, v_0) = \phi(u_0, v_0) + \phi_u(u_0, v_0)\Delta u + o(\Delta u)$$

$$\psi(u_0 + \Delta u, v_0) = \psi(u_0, v_0) + \psi_u(u_0, v_0)\Delta u + o(\Delta u)$$

であるから，

$$\overrightarrow{\text{A}'\text{B}'} = \big(\phi_u(u_0, v_0)\Delta u, \psi_u(u_0, v_0)\Delta u\big) + o(\Delta u) \quad (\Delta u \to 0)$$

となる．同様にして，$(\Delta u, \Delta v) \to (0, 0)$ のとき

$$\overrightarrow{\text{D}'\text{C}'} = \big(\phi_u(u_0, v_0)\Delta u, \psi_u(u_0, v_0)\Delta u\big) + o\big(\sqrt{(\Delta u)^2 + (\Delta v)^2}\big)$$

$$\overrightarrow{\text{A}'\text{D}'} = \big(\phi_v(u_0, v_0)\Delta v, \psi_v(u_0, v_0)\Delta v\big) + o(\Delta v)$$

$$\overrightarrow{\text{B}'\text{C}'} = \big(\phi_v(u_0, v_0)\Delta v, \psi_v(u_0, v_0)\Delta v\big) + o\big(\sqrt{(\Delta u)^2 + (\Delta v)^2}\big)$$

となる．したがって，$o\big(\sqrt{(\Delta u)^2 + (\Delta v)^2}\big)$ 程度の誤差を無視すれば，その写像による長方形 ABCD の像は，二つのベクトル $\big(\phi_u(u_0, v_0)\Delta u, \psi_u(u_0, v_0)\Delta u\big)$ および $\big(\phi_v(u_0, v_0)\Delta v, \psi_v(u_0, v_0)\Delta v\big)$ が形成する平行四辺形で近似されることがわかる．

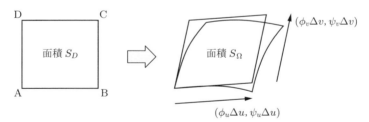

図 6.10　一般の写像による微小長方形の像と平行四辺形によるその近似

そこで，uv 平面上の長方形 ABCD の面積を S_D，xy 平面上におけるその像の面積を S_Ω とすると，

$$S_\Omega \simeq \left| \det \begin{pmatrix} \phi_u\Delta u & \phi_v\Delta v \\ \psi_u\Delta u & \psi_v\Delta v \end{pmatrix} \right| = \left| \frac{\partial(\phi, \psi)}{\partial(u, v)}\Delta u\Delta v \right| = \left| \frac{\partial(\phi, \psi)}{\partial(u, v)} \right| S_D$$

となる．実際，ϕ, ψ に対する適当な仮定のもと

$$\lim_{(\Delta u, \Delta v) \to (0,0)} \frac{S_\Omega}{S_D} = \left| \frac{\partial(\phi, \psi)}{\partial(u, v)} \right|$$

が成り立つことが示される.すなわち,(ϕ, ψ) の Jacobian は写像 $x = \phi(u,v), y = \psi(u,v)$ によって写される微小部分の面積比を表している.これより,

$$dxdy = \left| \frac{\partial(\phi, \psi)}{\partial(u, v)} \right| dudv$$

と書くことの妥当性が理解されよう.

　重積分に対する変数変換の公式を厳密に述べるために,いくつかの言葉を定義しておく.

定義 6.4　D を $\mathbf{R}^2$ の集合とし,$(a, b) \in \mathbf{R}^2$ とする.

(1) (a, b) が D の触点であるとは,ある D 内の点列 $\{(x_n, y_n)\}$ が存在して $\|(x_n, y_n) - (a, b)\| \to 0 \ (n \to \infty)$ が成り立つときをいう.D の触点全体の集合を $\overline{D}$ と書き,D の閉包という.

(2) D が閉領域であるとは,ある $\mathbf{R}^2$ の領域(連結な開集合)D_0 が存在して $D = \overline{D_0}$ が成り立つときをいう.

(3) 閉領域 D で定義された関数 f が D で C^n 級であるとは,f は D を含む領域 D_1 にその定義域を拡張することができ,かつ f は D_1 で C^n 級であるときをいう.

　集合 D の閉包とは,直感的には D にその境界を加えた集合のことである.たとえば,$\mathbf{R}^2$ の開円板 $B_r(a, b) = \{(x, y) \in \mathbf{R}^2 \,|\, \|(x, y) - (a, b)\| < r\}$ の閉包は $\overline{B_r(a, b)} = \{(x, y) \in \mathbf{R}^2 \,|\, \|(x, y) - (a, b)\| \le r\}$ である.

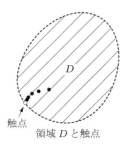
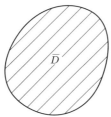
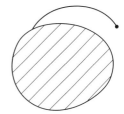

領域 D と触点　　　　領域 D と閉包(閉領域)　　　連結な閉集合であるが閉領域でない

図 6.11　触点と閉包(閉領域)の概念図

以上の準備のもと，重積分に対する変数変換の公式を述べよう．その証明は少々面倒であるから，ここでは割愛することにする．

定理 6.8（重積分の変数変換公式）　D, Ω を $\mathbf{R}^2$ の有界な閉領域で面積をもつとし，ϕ, ψ を D で C^1 級の関数とする．また，$x = \phi(u,v), y = \psi(u,v)$ は D から Ω への全単射な写像で，その Jacobian は D の各点で $\frac{\partial(\phi, \psi)}{\partial(u,v)} \neq 0$ を満たすとする．このとき，Ω で定義された任意の連続関数 f に対して次式が成り立つ．

$$\iint_{\Omega} f(x,y)dxdy = \iint_{D} f(\phi(u,v), \psi(u,v)) \left| \frac{\partial(\phi, \psi)}{\partial(u,v)} \right| dudv$$

　例 6.7　**（平面極座標）**　$0 < a < b < \infty$ とし，$\Omega_{a,b} = \{(x,y) \,|\, x, y \geq 0, a^2 \leq x^2 + y^2 \leq b^2\}$ とする．被積分関数の形にもよるが，このような集合上での重積分を計算する際は，平面極座標系 (r, θ) を用いると積分範囲が簡単になる．

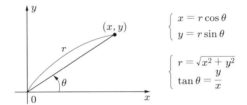

$$\begin{cases} x = r\cos\theta \\ y = r\sin\theta \end{cases}$$

$$\begin{cases} r = \sqrt{x^2 + y^2} \\ \tan\theta = \dfrac{y}{x} \end{cases}$$

図 6.12　直交座標系 (x, y) と極座標系 (r, θ) の関係

このときの Jacobian は

$$\frac{\partial(x,y)}{\partial(r,\theta)} = \det \begin{pmatrix} \cos\theta & -r\sin\theta \\ \sin\theta & r\cos\theta \end{pmatrix} = r(\cos^2\theta + \sin^2\theta) = r \neq 0$$

であり，(r, θ) が動く範囲は $[a, b] \times [0, \frac{\pi}{2}]$ である．

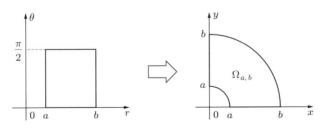

図 6.13　極座標変換による積分範囲の変換

したがって，定理 6.8 より任意の連続関数 f に対して

$$\iint_{\Omega_{a,b}} f(x,y)dxdy = \int_a^b \left(\int_0^{\frac{\pi}{2}} f(r\cos\theta, r\sin\theta)d\theta \right) rdr$$

が成り立つ．さらに，この式で $a \to +0$ の極限をとれば

$$\iint_{\Omega_{0,b}} f(x,y)dxdy = \int_0^b \left(\int_0^{\frac{\pi}{2}} f(r\cos\theta, r\sin\theta)d\theta \right) rdr$$

となる．この積分変数の極座標系への変換の際，Jacobian r を掛け忘れてしまう人が少なくない．気をつけるようにしよう．

例 6.8　$\displaystyle\int_0^\infty e^{-x^2}dx = \frac{\sqrt{\pi}}{2}$ となることを示そう．e^{-x^2} の原始関数は初等関数では求まらないので工夫する必要がある．正数 R に対して $I_R := \displaystyle\int_0^R e^{-x^2}dx$ とおくと，

$$I_R^2 = \left(\int_0^R e^{-x^2}dx \right) \left(\int_0^R e^{-y^2}dy \right) = \int_0^R \left(\int_0^R e^{-(x^2+y^2)}dx \right)dy$$
$$= \iint_{D(R)} e^{-(x^2+y^2)}dxdy$$

となる．ただし，$D(R) = [0,R] \times [0,R]$ である．ここで，$\Omega(R) := \{(x,y) \mid x,y \geq 0, x^2+y^2 \leq R^2\}$ とおくと，$\Omega(R) \subset D(R) \subset \Omega(\sqrt{2}R)$ なる包含関係が成り立つ．

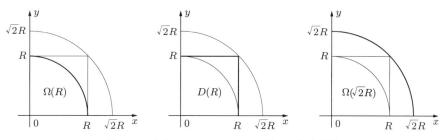

図 6.14　集合 $\Omega(R)$, $D(R)$, $\Omega(\sqrt{2}R)$ の包含関係

したがって，

$$\iint_{\Omega(R)} e^{-(x^2+y^2)}dxdy \leq \iint_{D(R)} e^{-(x^2+y^2)}dxdy \leq \iint_{\Omega(\sqrt{2}R)} e^{-(x^2+y^2)}dxdy \tag{6.8}$$

となる．ここで，積分変数を極座標系に変換すると，例 6.7 より

$$\iint_{\Omega(R)} e^{-(x^2+y^2)}dxdy = \int_0^R \left(\int_0^{\frac{\pi}{2}} e^{-r^2} d\theta \right) rdr = \frac{\pi}{2}\left[-\frac{1}{2}e^{-r^2}\right]_0^R$$
$$= \frac{\pi}{4}(1 - e^{-R^2})$$

となる．それゆえ，(6.8) より

$$\frac{\sqrt{\pi}}{2}(1 - e^{-R^2})^{\frac{1}{2}} \le I_R \le \frac{\sqrt{\pi}}{2}(1 - e^{-2R^2})^{\frac{1}{2}}$$

が従う．ここで $R \to \infty$ とすれば，はさみうちの定理より

$$\int_0^\infty e^{-x^2} dx = \lim_{R\to\infty} I_R = \frac{\sqrt{\pi}}{2}$$

が得られる．　　　　　　　　　　　　　　　　　　　　　　　　　　　□

問 6.3　以下で定められる関数 f の Ω での重積分を計算せよ．ただし，a, p, q は正定数である．

(1) $f(x,y) = xy,\ \Omega = \{(x,y)\,|\,x, y \ge 0, x^2 + y^2 \le a^2\}$

(2) $f(x,y) = px^2 + qy^2,\ \Omega = \{(x,y)\,|\,x^2 + y^2 \le a^2\}$

(3) $f(x,y) = (x^2 + y^2)^{\frac{1}{2}},\ \Omega = \{(x,y)\,|\,x^2 + y^2 \le 2ax\}$

第 7 章　級数と関数列の極限

　この章では，まず級数の収束について復習し，絶対収束および条件収束について
解説する．次いで，必ずしも収束しない数列に対する上極限および下極限を定義し，
それらを用いた級数の収束判定法を紹介する．また，べき級数とその収束半径，さ
らには関数列の収束について解説する．実数列に対する収束とは異なり，関数列に
対してはいくつもの収束の概念がある．ここでは，最も基本的な各点収束と一様収
束について詳しく解説し，それらの収束に関連して項別微分および項別積分に関す
る定理を紹介する．

7.1　級数の収束判定法

定義 7.1　数列 $\{a_n\}$ から作られる形式

$$\sum_{n=1}^{\infty} a_n := a_1 + a_2 + a_3 + \cdots$$

を級数あるいは無限級数といい，$s_n := a_1 + a_2 + \cdots + a_n$ をその級数の第 n
部分和という．数列 $\{s_n\}$ が A に収束するとき，その級数は A に収束するとい
い $\sum_{n=1}^{\infty} a_n = A$ と書く．$\sum_{n=1}^{\infty} a_n$ はしばしば $\sum a_n$ と略記される．また，正数列
$\{a_n\}$ に対する級数 $\sum a_n$ を正項級数という．

定理 7.1　級数 $\sum a_n$ が収束するための必要十分条件は，任意の正数 ε に対し
てある自然数 n_0 が存在し，$n > m \geq n_0$ を満たす任意の自然数 n, m に対して

$$|a_{m+1} + a_{m+2} + \cdots + a_n| < \varepsilon$$

が成り立つことである．

[証明]   級数 $\sum a_n$ が収束するとは, その第 n 部分和からなる数列 $\{s_n\}$ が収束することであり, 定理 1.8 よりそれは $\{s_n\}$ が Cauchy 列であることと必要十分である. すなわち, 任意の正数 ε に対してある自然数 n_0 が存在し, $n > m \geq n_0$ を満たす任意の自然数 n, m に対して $|s_n - s_m| < \varepsilon$ が成り立つことと必要十分である. ここで,

$$s_n - s_m = (a_1 + \cdots + a_m + a_{m+1} + \cdots + a_n) - (a_1 + \cdots + a_m)$$
$$= a_{m+1} + a_{m+2} + \cdots + a_n$$

に注意すれば望みの結果が従う.   □

定理 7.2   級数 $\sum a_n$ が収束すれば, 数列 $\{a_n\}$ は 0 に収束する.

[証明]   定理 7.1 において, とくに $n = m+1$ とすると, 任意の正数 ε に対してある自然数 n_0 が存在し, $n > n_0$ を満たす任意の自然数 n に対して $|a_n| < \varepsilon$ となる. これは数列 $\{a_n\}$ が 0 に収束することにほかならない.   □

この定理 7.2 の逆は成り立たないことに注意しよう. たとえば, $a_n = \frac{1}{n}$ により定まる数列 $\{a_n\}$ は 0 に収束するが, 対応する級数 $\sum \frac{1}{n}$ は $+\infty$ に発散する. 問 1.16 を参照せよ.

次に, 級数に対して絶対収束および条件収束という収束を定義し, その性質を見ていく.

定義 7.2   (1) $\sum |a_n|$ が収束するとき, $\sum a_n$ は絶対収束するという.

(2) $\sum a_n$ は収束するが絶対収束しないとき, $\sum a_n$ は条件収束するという.

定理 7.3   絶対収束する級数は収束する.

[証明]   級数 $\sum a_n$ は絶対収束するとしよう. このとき級数 $\sum |a_n|$ は収束するので定理 7.1 より, 任意の正数 ε に対してある自然数 n_0 が存在し, $n > m \geq n_0$ を満たす任意の自然数 n, m に対して $||a_{m+1}| + |a_{m+2}| + \cdots + |a_n|| < \varepsilon$ となり, とくに

$$|a_{m+1} + a_{m+2} + \cdots + a_n| \leq |a_{m+1}| + |a_{m+2}| + \cdots + |a_n| < \varepsilon$$

が成り立つ. したがって, 再び定理 7.1 より, 級数 $\sum a_n$ は収束することが従う.   □

次の定理が成り立つことも定理 7.1 から容易に示される. その証明は問いとして残しておこう.

定理 7.4 級数 $\sum a_n, \sum b_n$ は次の 2 条件を満たすとする.
(1) ある自然数 n_0 が存在して, $|a_n| \leq b_n \ (\forall n \geq n_0)$ となる.
(2) $\sum b_n$ は収束する.
このとき, $\sum a_n$ は絶対収束する.

| **問 7.1** 定理 7.4 を証明せよ.

有限個の数の和については, 足し合わせる順番をどのように入れ換えてもその値が変わることはなかった. ところが, 無限個の数の和である級数については, 足し合わせる順番を入れ換えるとその値が変わってしまうことがあるので注意しなければならない. より具体的には次の定理が成り立つ. その証明は割愛することにする.

定理 7.5 絶対収束する級数はその項の順番をどのように入れ換えても絶対収束し, かつその値は不変である. それに対して, 条件収束する級数はその項の順番を適当に入れ換えることによって任意の値に収束させることができる.

例 7.1 足し合わせる順番を変えてしまうとその級数の値が変わってしまうような, 有名な条件収束級数の例を一つ挙げておこう. $f(x) = \log(1+x)$ の Maclaurin 展開を計算することにより,

$$\log 2 = \sum_{n=1}^{\infty} \frac{(-1)^{n-1}}{n} = 1 - \frac{1}{2} + \frac{1}{3} - \frac{1}{4} + \frac{1}{5} - \frac{1}{6} + \frac{1}{7} - \frac{1}{8} + \frac{1}{9} - \frac{1}{10} + \frac{1}{11} - \frac{1}{12} + \cdots$$

$$(7.1)$$

が得られる. これが絶対収束せず, それゆえ条件収束級数であることは問 1.16 の結果からわかる. この右辺の級数に 1 項おきに 0 を足したのち (このようにしても級数の値は変わらない), 両辺を 2 で割れば

$$\frac{1}{2}\log 2 = 0 + \frac{1}{2} + 0 - \frac{1}{4} + 0 + \frac{1}{6} + 0 - \frac{1}{8} + 0 + \frac{1}{10} + 0 - \frac{1}{12} + 0 + \cdots$$

が得られる. これら 2 式を足し合わせれば

$$\frac{3}{2}\log 2 = 1 + 0 + \frac{1}{3} - \frac{1}{2} + \frac{1}{5} + 0 + \frac{1}{7} - \frac{1}{4} + \frac{1}{9} + 0 + \frac{1}{11} - \frac{1}{6} + \frac{1}{13} + 0 + \cdots$$

$$= 1 + \frac{1}{3} - \frac{1}{2} + \frac{1}{5} + \frac{1}{7} - \frac{1}{4} + \frac{1}{9} + \frac{1}{11} - \frac{1}{6} + \frac{1}{13} + \cdots$$

となるが，この右辺の級数は「(7.1) の右辺の級数で正の 2 項を加えたのち負の 1
項を加える」というようにして足し合わせの順番を変えたものにほかならない．と
ころが，その級数の値は変わってしまっている．正の項を足し合わせる比率が高く
なっているため，その級数の値が大きくなっていることにも注意しよう．

　任意の数列は必ずしも収束するとは限らないが，有界な数列は Bolzano–Weierstrass
の定理（定理 1.10）より収束する部分列をもつ．また，上に有界でない数列は $+\infty$
に発散する部分列をもち，下に有界でない数列は $-\infty$ に発散する部分列をもつ．こ
のように，$\pm\infty$ を値として許容するのであれば，任意の数列は収束する部分列をも
つことがわかる．その部分列の極限値は一般には複数あり，部分列のとり方により
変わってくるが，そのような極限値の中で最も大きいものと小さいものは，以下で
見ていくように利用価値の高い値である．そこで，それらの値を厳密に定義してい
こう．

定義 7.3　数列 $\{a_n\}$ に対して，

$$r_n := \sup\{a_n, a_{n+1}, a_{n+2}, \ldots\}, \qquad l_n := \inf\{a_n, a_{n+1}, a_{n+2}, \ldots\}$$

により，数列 $\{r_n\}$ および $\{l_n\}$ を定める．このとき，$\{r_n\}$ は単調減少であり
$\{l_n\}$ は単調増加であるから，$\pm\infty$ を値として許容すれば，その極限値

$$r = \lim_{n\to\infty} r_n = \lim_{n\to\infty} \sup\{a_n, a_{n+1}, a_{n+2}, \ldots\}$$
$$l = \lim_{n\to\infty} l_n = \lim_{n\to\infty} \inf\{a_n, a_{n+1}, a_{n+2}, \ldots\}$$

が存在する．このとき，r, l をそれぞれ $\{a_n\}$ の上極限，下極限といい

$$r = \limsup_{n\to\infty} a_n, \qquad l = \liminf_{n\to\infty} a_n$$

と書く．これらは，$r = \overline{\lim}\, a_n$, $l = \underline{\lim}\, a_n$ とも書かれる．

　この定義からわかるように，$\{a_n\}$ が有界であればその上極限は実数になるが，上
に有界でない場合は任意の自然数 n に対して $r_n = +\infty$ となる．その場合に $\{r_n\}$ を
数列とよぶのは正しくないが，この場合の $\{a_n\}$ の上極限は $+\infty$ と定めたと理解し

てほしい. 下極限についても同様である. 直感的には, 部分列をとることによって得られる極限値の中で最も大きい値が上極限であり, 最も小さい値が下極限である.

図 7.1 上極限 $\overline{\lim} a_n$ および下極限 $\underline{\lim} a_n$ の概念図. 縦線は数列の各項 a_n を表す.

問 7.2 以下で定められる数列 $\{a_n\}$ に対して, 上極限 $\overline{\lim} a_n$ および下極限 $\underline{\lim} a_n$ を求めよ.

(1) $a_n = (-1)^n + \frac{1}{n}$ (2) $a_n = 1 + n^{(-1)^n}$

(3) $a_n = \sin \frac{n\pi}{3}$ (4) $a_n = \sin\left(\frac{n\pi}{3} + \frac{\pi}{n}\right)$

定理 7.6 $\{a_n\}$ を数列, α を実数とする.

(1) $\overline{\lim} a_n = \alpha$ となるための必要十分条件は, 次の 2 条件が成り立つことである.

 (i) 任意の正数 ε に対して, ある自然数 n_0 が存在し $a_n < \alpha + \varepsilon$ ($\forall n \geq n_0$).

 (ii) 任意の正数 ε に対して, $\{n \in \mathbf{N} \,|\, a_n > \alpha - \varepsilon\}$ は無限集合.

(2) $\underline{\lim} a_n = \alpha$ となるための必要十分条件は, 次の 2 条件が成り立つことである.

 (i) 任意の正数 ε に対して, ある自然数 n_0 が存在し $a_n > \alpha - \varepsilon$ ($\forall n \geq n_0$).

 (ii) 任意の正数 ε に対して, $\{n \in \mathbf{N} \,|\, a_n < \alpha + \varepsilon\}$ は無限集合.

[証明] (1) を示そう. まず $\overline{\lim} a_n = \alpha$ とする. このとき, 定義 7.3 における記号を用いると, 数列 $\{r_n\}$ は α に収束する. したがって, 任意の正数 ε に対してある自然数 n_0 が存在し, $n \geq n_0$ を満たす任意の自然数 n に対して $|r_n - \alpha| < \varepsilon$ が成り立つ. それゆえ

$$a_n \leq r_n = \alpha + (r_n - \alpha) < \alpha + \varepsilon \quad (\forall n \geq n_0)$$

となり, (i) が従う. また, 正数 ε に対して $\{n \in \mathbf{N} \,|\, a_n > \alpha - \varepsilon\}$ が有限集合であるとすると, ある自然数 n_1 が存在して $a_n \leq \alpha - \varepsilon$ ($\forall n \geq n_1$) が成り立つ. これより

$$r_n = \sup\{a_n, a_{n+1}, a_{n+2}, \ldots\} \leq \alpha - \varepsilon \quad (\forall n \geq n_1)$$

となるが, ここで $n \to \infty$ とすれば $\alpha = \lim r_n \leq \alpha - \varepsilon$ となる. これは ε が正数であることに矛盾する. したがって, (ii) が成り立たなければならない.

次に，(i) および (ii) を仮定して $\overline{\lim}\, a_n = \alpha$ が成り立つことを示そう．任意の正数 ε に対して，(i) より，ある自然数 n_0 が存在し $a_n < \alpha + \varepsilon\ (\forall n \geq n_0)$ が成り立つ．したがって，$r_n = \sup_{m \geq n} a_m \leq \alpha + \varepsilon\ (\forall n \geq n_0)$ となるが，ここで $n \to \infty$ とすれば $\overline{\lim}\, a_n \leq \alpha + \varepsilon$ となる．ところが ε は任意の正数であったから，

$$\overline{\lim}\, a_n \leq \alpha \tag{7.2}$$

となる．一方，任意の正数 ε および任意の自然数 n に対して，(ii) より $a_{n_1} > \alpha - \varepsilon$ および $n_1 \geq n$ を満たす自然数 n_1 が存在する．数列 $\{r_n\}$ は単調減少であるから，これより $r_n \geq r_{n_1} \geq a_{n_1} > \alpha - \varepsilon$ となる．ここで $n \to \infty$ とすれば $\overline{\lim}\, a_n \geq \alpha - \varepsilon$ となる．ところが ε は任意の正数であったから，

$$\overline{\lim}\, a_n \geq \alpha \tag{7.3}$$

となる．(7.2) および (7.3) より $\overline{\lim}\, a_n = \alpha$ が得られる．

(2) もまったく同様な考察によって示される．　　　　　　　　　　□

定理 7.7　数列 $\{a_n\}$ および実数 α に対して，次の 2 条件は同値である．

(1) $\displaystyle\lim_{n \to \infty} a_n = \alpha$

(2) $\overline{\lim}\, a_n = \underline{\lim}\, a_n = \alpha$

[証明]　(1)$\Rightarrow$(2)：定理 7.6 より明らかであろう．

(2)$\Rightarrow$(1)：$l_n = \inf\{a_n, a_{n+1}, a_{n+2}, \ldots\} \leq a_n \leq \sup\{a_n, a_{n+1}, a_{n+2}, \ldots\} = r_n$ において $n \to \infty$ とすれば，仮定およびはさみうちの定理より，望みの等式が従う．　　　　　　　　　　□

問 7.3　任意の正数列 $\{a_n\}$ に対して，次式が成り立つことを示せ．

$$\underline{\lim}\, \frac{a_{n+1}}{a_n} \leq \underline{\lim}\, \sqrt[n]{a_n} \leq \overline{\lim}\, \sqrt[n]{a_n} \leq \overline{\lim}\, \frac{a_{n+1}}{a_n} \tag{7.4}$$

以上の準備のもと，正項級数に対する二つの収束判定法，すなわち d'Alembert（ダランベール）の判定法と Cauchy の判定法を紹介しよう．

定理 7.8（d'Alembert の収束判定法）　$\sum a_n$ を正項級数とする．

(1) $\overline{\lim}\, \dfrac{a_{n+1}}{a_n} < 1$ ならば，$\sum a_n$ は収束する．

(2) $\varliminf \dfrac{a_{n+1}}{a_n} > 1$ ならば, $\sum a_n$ は収束しない（$+\infty$ に発散する）.

[証明] (1) まず, $\varlimsup \frac{a_{n+1}}{a_n} < \theta < 1$ を満たす θ を任意にとり固定する. このとき, 定理 7.6 (1) の (i) より, （$\varepsilon = \theta - \varlimsup \frac{a_{n+1}}{a_n}$ に対して）ある自然数 n_0 が存在し $\frac{a_{n+1}}{a_n} < \theta$ $(\forall n \geq n_0)$, すなわち

$$a_{n+1} < \theta a_n \quad (\forall n \geq n_0)$$

が成り立つ. この不等式を帰納的に用いれば $a_n \leq \theta^{n-n_0} a_{n_0}$ $(\forall n \geq n_0)$ となり, さらに $0 < \theta < 1$ より $\sum \theta^{n-n_0} a_{n_0}$ は収束する. したがって, 定理 7.4 より $\sum a_n$ は収束する.

(2) まず, $\varliminf \frac{a_{n+1}}{a_n} > \eta > 1$ を満たす η を任意にとり固定する. このとき, 定理 7.6 (2) の (i) より, （$\varepsilon = \varliminf \frac{a_{n+1}}{a_n} - \eta$ に対して）ある自然数 n_0 が存在し $\frac{a_{n+1}}{a_n} > \eta$ $(\forall n \geq n_0)$, すなわち

$$a_{n+1} > \eta a_n \quad (\forall n \geq n_0)$$

が成り立つ. この不等式を帰納的に用いれば $a_n \geq \eta^{n-n_0} a_{n_0}$ $(\forall n \geq n_0)$ となり, $\eta > 1$ より数列 $\{a_n\}$ は $+\infty$ に発散する. したがって, 定理 7.2 より $\sum a_n$ は収束しない. □

この定理は大ざっぱにいうと, 等比級数の収束・発散のように, 隣り合う項の比が 1 より小さくなっている場合には収束し, その比が 1 より大きい場合には発散することを述べている.

なお, $\lim \frac{a_{n+1}}{a_n} = 1$ の場合は一般に判定できない, すなわち, 収束する場合と収束しない場合があるので注意しよう. たとえば, $a_n = \frac{1}{n^2}$ および $a_n = \frac{1}{n}$ により定まる二つの数列はともに $\lim \frac{a_{n+1}}{a_n} = 1$ を満たす. ところが, 対応する級数については, $\sum \frac{1}{n^2}$ は収束するが $\sum \frac{1}{n}$ は $+\infty$ に発散する（問 1.16 を参照せよ）.

定理 7.9（Cauchy の収束判定法） $\sum a_n$ を正項級数とする.
(1) $\varlimsup \sqrt[n]{a_n} < 1$ ならば, $\sum a_n$ は収束する.
(2) $\varlimsup \sqrt[n]{a_n} > 1$ ならば, $\sum a_n$ は収束しない（$+\infty$ に発散する）.

[証明] (1) まず, $\varlimsup \sqrt[n]{a_n} < \theta < 1$ を満たす θ を任意にとり固定する. このとき, 定理 7.6 (1) の (i) より, （$\varepsilon = \theta - \varlimsup \sqrt[n]{a_n}$ に対して）ある自然数 n_0 が存在し

$\sqrt[n]{a_n} < \theta \ (\forall n \geq n_0)$, すなわち

$$a_n < \theta^n \quad (\forall n \geq n_0)$$

が成り立つ. ここで, $0 < \theta < 1$ より $\sum \theta^n$ は収束するので, 定理 7.4 より $\sum a_n$ は収束する.

(2) まず, $\overline{\lim} \sqrt[n]{a_n} > \eta > 1$ を満たす η を任意にとり固定する. このとき, 定理 7.6 (1) の (ii) より, ($\varepsilon = \overline{\lim} \sqrt[n]{a_n} - \eta$ に対して) $\{n \in \mathbf{N} \mid \sqrt[n]{a_n} > \eta\}$ は無限集合になる. したがって, $\{a_n\}$ の適当な部分列 $\{a_{\varphi(n)}\}$ を選べば,

$$\sqrt[\varphi(n)]{a_{\varphi(n)}} > \eta \quad (\forall n \in \mathbf{N})$$

が成り立つ. したがって, $a_{\varphi(n)} > \eta^{\varphi(n)} \to +\infty \ (n \to \infty)$ となり, とくに $\{a_n\}$ は収束しない. したがって, 定理 7.2 より $\sum a_n$ は収束しない. □

この判定法でも $\overline{\lim} \sqrt[n]{a_n} = 1$ の場合は一般に判定できない, すなわち, 収束する場合と収束しない場合があるので注意しよう. 上で紹介した二つの収束判定法は, その証明からもわかるように, どちらも等比級数と比較することによってその収束性を判定している.

(7.4) より, d'Alembert の判定法（定理 7.8）でその収束・発散を判定できるような正項級数 $\sum a_n$ に対しては, Cauchy の判定法（定理 7.9）でもその収束・発散を判定できることがわかる. しかし, その逆は一般には成立しない. たとえば, $0 < \alpha < \beta < 1$ に対して

$$a_n := \begin{cases} \alpha^{2m-1} & (n = 2m - 1) \\ \beta^{2m} & (n = 2m) \end{cases}$$

により定まる正項級数 $\sum a_n$ を考えよう. $n = 2m - 1$ のとき $\frac{a_{n+1}}{a_n} = \alpha \left(\frac{\beta}{\alpha}\right)^{2m} \to +\infty \ (m \to \infty)$, $n = 2m$ のとき $\frac{a_{n+1}}{a_n} = \alpha \left(\frac{\alpha}{\beta}\right)^{2m} \to 0 \ (m \to \infty)$ であるから

$$\underline{\lim} \frac{a_{n+1}}{a_n} = 0 \quad \text{および} \quad \overline{\lim} \frac{a_{n+1}}{a_n} = +\infty$$

となる. したがって, d'Alembert の判定法でこの正項級数 $\sum a_n$ の収束・発散を判定することはできない. 一方, $n = 2m - 1$ のとき $\sqrt[n]{a_n} = \alpha$, $n = 2m$ のとき $\sqrt[n]{a_n} = \beta$ であるから

$$\overline{\lim} \sqrt[n]{a_n} = \beta < 1$$

となり，Cauchy の判定法より正項級数 $\sum a_n$ は収束することがわかる．このことから，Cauchy の判定法のほうが d'Alembert の判定法より優れているとみなすこともできる．しかし，実際の応用ではまず隣り合う項の比 $\frac{a_{n+1}}{a_n}$ の極限を計算してみて，それで判定できない場合には，$\sqrt[n]{a_n}$ の極限を計算するほうが計算の手間がかからない場合が多い．

> **問 7.4**　以下の級数が収束するかどうかを判定せよ．
> (1) $\sum \frac{(n!)^2}{(2n)!}$
> (2) $\sum \left(\frac{n}{n+1}\right)^{n^2}$
> (3) $\sum (\sqrt{1+n^2} - n)$

7.2　べき級数と収束半径

定義 7.4　複素数 a, z および複素数列 $\{a_n\}$ から作られる級数

$$\sum_{n=0}^{\infty} a_n(z-a)^n = a_0 + a_1(z-a) + a_2(z-a)^2 + \cdots \tag{7.5}$$

を，a を中心とするべき級数あるいは整級数という．

定理 7.10　a を中心とするべき級数 (7.5) に対して，次の (1), (2) が成り立つ．

(1) ある $z = z_0 \in \mathbf{C} \setminus \{a\}$ において (7.5) が収束すれば，$|z - a| < |z_0 - a|$ を満たす任意の複素数 z に対して (7.5) は絶対収束する．

(2) ある $z = z_1 \in \mathbf{C}$ において (7.5) が収束しないならば，$|z - a| > |z_1 - a|$ を満たす任意の複素数 z に対して (7.5) は収束しない．

[証明]　(1) 仮定より $\sum a_n(z_0 - a)^n$ は収束するから，定理 7.2 より数列 $\{a_n(z_0 - a)^n\}$ は 0 に収束する．したがって，ある自然数 n_0 が存在して $|a_n(z_0 - a)^n| < 1$ $(\forall n \geq n_0)$ が成り立つ．それゆえ，$|z - a| < |z_0 - a|$ および $n > m \geq n_0$ であれば

$$\sum_{k=m+1}^{n} |a_k(z-a)^k| = \sum_{k=m+1}^{n} |a_k(z_0-a)^k| \frac{|z-a|^k}{|z_0-a|^k} \leq \sum_{k=m+1}^{n} \left|\frac{z-a}{z_0-a}\right|^k$$

$$\leq \frac{\left|\frac{z-a}{z_0-a}\right|^{m+1}}{1 - \left|\frac{z-a}{z_0-a}\right|} \to 0 \quad (m \to \infty)$$

となる．したがって，定理 7.1 より，$|z - a| < |z_0 - a|$ を満たす任意の複素数 z に対して (7.5) は絶対収束する．

(2) もし $|z - a| > |z_1 - a|$ を満たすある複素数 z に対して (7.5) が収束したとすると，(1) の結果より (7.5) は $z = z_1$ において絶対収束しなければならないが，これは仮定に矛盾する．したがって，$|z - a| > |z_1 - a|$ を満たす任意の複素数 z に対して (7.5) は収束しない． □

定理 7.11　a を中心とするべき級数 (7.5) に対して，以下の性質 (1), (2) を満たす $R \in [0, \infty]$ がただ一つ存在する（$R = \infty$ の場合もある）．

(1) $|z - a| < R$ を満たす任意の複素数 z に対して (7.5) は収束する．

(2) $|z - a| > R$ を満たす任意の複素数 z に対して (7.5) は収束しない．

[証明]　べき級数 (7.5) が収束するような複素数 z 全体の集合を S とし，$A := \{|z - a| \mid z \in S\}$ とおく．明らかに $a \in S$ であるから，$0 \in A$ である．すなわち，集合 A は空でない $[0, \infty)$ の部分集合である．したがって，実数の連続性公理より，上限 $R := \sup A \in [0, \infty]$ が存在する．このとき，$|z - a| < R = \sup A$ ならば定理 1.1 (1) の (ii) より，$|z - a| < |z_0 - a|$ を満たす $z_0 \in S$ が存在する．このとき，$z = z_0$ において (7.5) が収束するので，定理 7.10 (1) よりこのような z に対して (7.5) は絶対収束する．次に，$|z - a| > R = \sup A$ とすると $z \notin S$ であるから，このような z に対しては (7.5) は収束しない．すなわち，$R = \sup A$ は (1) および (2) の性質をもつ（R の存在）．最後に，このような R がただ一つしか存在しないこと（R の一意性）は明らかであろう． □

定義 7.5　定理 7.11 における R をべき級数 (7.5) の収束半径という．

この収束半径は，次の Cauchy–Hadamard（コーシー – アダマール）の公式によって求められる．

定理 7.12（Cauchy–Hadamard の公式）　a を中心とするべき級数 (7.5) の収束半径 R は，

$$R = \frac{1}{\varlimsup \sqrt[n]{|a_n|}}$$

で与えられる．ただし，$\frac{1}{0} = \infty$ および $\frac{1}{\infty} = 0$ とする．

[証明] $\overline{\lim} \sqrt[n]{|a_n(z-a)^n|} = |z-a|\,\overline{\lim} \sqrt[n]{|a_n|}$ に注意すると，Cauchy の収束判定法（定理 7.9）より，

$$|z-a| < \frac{1}{\overline{\lim} \sqrt[n]{|a_n|}} \quad \Rightarrow \quad (7.5) \text{ は絶対収束する}$$

$$|z-a| > \frac{1}{\overline{\lim} \sqrt[n]{|a_n|}} \quad \Rightarrow \quad (7.5) \text{ は絶対収束しない}$$

ことがわかる．このことと定理 7.10 より，$|z-a| > \frac{1}{\overline{\lim} \sqrt[n]{|a_n|}}$ ならば (7.5) は収束しないことが従う．実際，もし (7.5) が収束するならば，定理 7.10 (1) より $|z-a| > |z_1-a| > \frac{1}{\overline{\lim} \sqrt[n]{|a_n|}}$ を満たす任意の z_1 に対して (7.5) は絶対収束することになるが，これは上で示したことに矛盾する．以上のことと収束半径の定義より $R = \frac{1}{\overline{\lim} \sqrt[n]{|a_n|}}$ となる． $\square$

この Cauchy–Hadamard の公式と (7.4) および定理 7.7 に注意すると，もし極限 $r = \lim\left|\frac{a_{n+1}}{a_n}\right|$ が存在すれば，べき級数 (7.5) の収束半径は $\frac{1}{r}$ で与えられることがわかる．収束半径を計算する際は，まずこの極限を計算してみるのがよい．

例 7.2 (1) 指数関数 e^x の Maclaurin 展開は $e^x = \sum \frac{1}{n!}x^n$ $(x \in \mathbf{R})$ で与えられた（例 3.9 を参照せよ）．対応する（複素数を変数とする）べき級数の収束半径を計算しよう．$a_n = \frac{1}{n!}$ とおくと，

$$\left|\frac{a_{n+1}}{a_n}\right| = \left|\frac{n!}{(n+1)!}\right| = \frac{1}{n+1} \to 0 \quad (n \to \infty)$$

となる．したがって，べき級数 $\sum \frac{1}{n!}z^n\,(=e^z)$ の収束半径は ∞ であり，すべての複素数 z に対して収束する．なお，複素数 z を変数とする指数関数 e^z はこのべき級数によって定義される．このとき，

$$e^{i\theta} = \sum_{n=0}^{\infty} \frac{(i\theta)^n}{n!} = \sum_{m=0}^{\infty} \frac{(i\theta)^{2m}}{(2m)!} + \sum_{m=0}^{\infty} \frac{(i\theta)^{2m+1}}{(2m+1)!}$$

$$= \sum_{m=0}^{\infty} \frac{(-1)^m}{(2m)!}\theta^{2m} + i\sum_{m=0}^{\infty} \frac{(-1)^m}{(2m+1)!}\theta^{2m+1}$$

$$= \cos\theta + i\sin\theta$$

となり，Euler（オイラー）の公式が導かれる．

(2) 対数関数 $\log(1+x)$ の Maclaurin 展開は $\log(1+x) = \sum \frac{(-1)^{n+1}}{n}x^n$ $(|x| < 1)$ で与えられた（問 3.14 を参照せよ）．$a_n = \frac{(-1)^{n+1}}{n}$ とおくと，

$$\left| \frac{a_{n+1}}{a_n} \right| = \frac{n}{n+1} \to 1 \quad (n \to \infty)$$

となるので，べき級数 $\sum \frac{(-1)^{n+1}}{n} z^n \left(= \log(1+z) \right)$ の収束半径は 1 であり，$|z| < 1$ を満たすすべての複素数 z に対して収束する．

問 7.5　以下のべき級数の収束半径を求めよ．ただし，a は正定数である．
(1) $\sum \frac{na^n}{n+2} z^n$
(2) $\sum a^{n^2} z^n$
(3) $\sum z^{n^2}$

7.3　関数列・関数項級数の収束

　この節では，区間 I で定義された関数列 $\{f_n\}$ およびその関数列から作られる関数項級数 $\sum f_n$ の収束に関して解説していく．各関数 f_n は n に無関係な共通の定義域 I をもつと仮定していることに注意しよう．

定義 7.6（関数列の収束）　$f, f_n \ (n = 1, 2, 3, \ldots)$ を区間 I で定義された関数とする．

(1) 関数列 $\{f_n\}$ が f に各点収束するとは，任意の $x \in I$ を固定するごとに数列 $\{f_n(x)\}$ が $f(x)$ に収束するとき，すなわち，任意の $x \in I$ および任意の $\varepsilon > 0$ に対してある自然数 n_0 が存在し，$n \geq n_0$ を満たす任意の自然数 n に対して $|f_n(x) - f(x)| < \varepsilon$ が成り立つときをいう．このとき，

$$\lim_{n \to \infty} f_n = f \ \text{（各点）} \quad \text{あるいは} \quad f_n \to f \ \text{（各点）}$$

と書く．

(2) 関数列 $\{f_n\}$ が f に一様収束するとは，任意の $\varepsilon > 0$ に対してある自然数 n_0 が存在し，$n \geq n_0$ を満たす任意の自然数 n および任意の $x \in I$ に対して $|f_n(x) - f(x)| < \varepsilon$ が成り立つときをいう．このとき，

$$\lim_{n \to \infty} f_n = f \ \text{（一様）} \quad \text{あるいは} \quad f_n \to f \ \text{（一様）}$$

と書く．

関数列 $\{f_n\}$ が f に各点収束することの定義を論理記号を用いて書くと，次のよ

うになる.

$$\forall x \in I \,\forall \varepsilon > 0 \,\exists n_0 \in \mathbf{N} \,\forall n \in \mathbf{N} \,\left(n \geq n_0 \Rightarrow |f_n(x) - f(x)| < \varepsilon\right)$$

また，関数列 $\{f_n\}$ が f に一様収束することの定義を論理記号を用いて書くと，次のようになる.

$$\forall \varepsilon > 0 \,\exists n_0 \in \mathbf{N} \,\forall n \in \mathbf{N} \,\forall x \in I \,\left(n \geq n_0 \Rightarrow |f_n(x) - f(x)| < \varepsilon\right)$$

これらの違いは「$\forall x \in I$」の位置にあることに注意しよう. 各点収束の場合，n_0 は一般には ε だけでなく x にも依存しており，x を変えるとそれに応じて n_0 を大きくとらなければならない. それに対して一様収束の場合には，n_0 は ε だけから決まり，x に関して無関係に（すなわち一様に）とることができる. 数列 $f_n(x)$ が位置 x に関して一様な（無関係な）速さで $f(x)$ に収束することから一様収束とよばれるのである. このことから，一様収束すれば各点収束することがわかるが，その逆は一般には成り立たないことに注意しよう. 数列に対しては収束という概念はただ一つであったが，関数列に対しては少なくとも二つの（実は非常にたくさんの）収束の概念がある.

一様収束することの必要十分条件を次の形で書いておくと，各点収束との違いが明確になるであろう. その証明は問いとして残しておく.

定理 7.13　区間 I で定義された関数列 $\{f_n\}$ が f に一様収束するための必要十分条件は，次式が成り立つことである.

$$\lim_{n \to \infty} \sup_{x \in I} |f_n(x) - f(x)| = 0$$

なお，I が閉区間であり，各関数 f_n および f が I で連続である場合，定理 2.5 より $|f_n(x) - f(x)|$ で定まる関数は I で最大値をとる. したがって，そのような場合，上式は次式と同値になる.

$$\lim_{n \to \infty} \max_{x \in I} |f_n(x) - f(x)| = 0$$

問 7.6　定理 7.13 を証明せよ.

一様収束性をよりよく理解するためには，各点収束するが一様収束しないような

関数列の例を見るのがよいであろう.

例 7.3　$f_n(x) = x^n$ により, 閉区間 $I = [0,1]$ で定義された関数列 $\{f_n\}$ を定めると

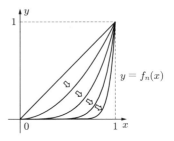

$$\lim_{n \to \infty} f_n(x) = f(x) := \begin{cases} 0 & (0 \le x < 1) \\ 1 & (x = 1) \end{cases}$$

図 7.2　$y = f_n(x)$ のグラフ

となる. したがって, 関数列 $\{f_n\}$ は上式で定義される関数 f に各点収束する. ところが,

$$\sup_{0 \le x \le 1} |f_n(x) - f(x)| = 1 \quad (\forall n \in \mathbf{N})$$

であるから, $\{f_n\}$ は f に一様収束はしない. この例では, x が $x < 1$ を満たしながら 1 に近づけば近づくほど, 数列 $\{f_n(x)\}$ の 0 に収束する速度が遅くなっており, そこで一様収束性が崩れているのである.

　この例では連続な関数列 $\{f_n\}$ の極限関数 f が $x = 1$ において不連続になっており, そのことが原因で一様収束性が崩れているとみなすこともできる. そうすると, 連続な関数列 $\{f_n\}$ の極限関数 f もまた連続になっていれば一様収束しているに違いないと期待する人がいるかもしれないが, 次の例からわかるようにそれは誤りである.

例 7.4　次のように区間 $I = [0,1]$ で定義された連続関数列 $\{f_n\}$ を定める.

$$f_n(x) := \begin{cases} 2n^2 x & \left(0 \le x < \frac{1}{2n}\right) \\ 2n(1 - nx) & \left(\frac{1}{2n} \le x < \frac{1}{n}\right) \\ 0 & \left(\frac{1}{n} \le x \le 1\right) \end{cases}$$

このとき, 関数列 $\{f_n\}$ は 0 に各点収束するが,

$$\max_{0 \le x \le 1} |f_n(x)| = n \quad (\forall n \in \mathbf{N})$$

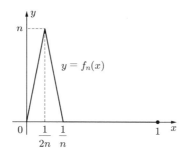

図 7.3 $y = f_n(x)$ のグラフ

であるから一様収束はしない.

> **問 7.7**　以下で定義される関数列 $\{f_n\}$ が区間 I で各点収束することを示し, その極限関
> 数 f を求めよ. さらに, その関数列 $\{f_n\}$ が f に一様収束するかどうかを判定せよ.
>   (1) $f_n(x) = xe^{-nx}$,　$I = [0, \infty)$
>   (2) $f_n(x) = n^2 xe^{-nx}$,　$I = [0, \infty)$
>   (3) $f_n(x) = nx(1-x)^n$,　$I = [0, 1]$

　定理 7.14　区間 I で定義された連続な関数列 $\{f_n\}$ が f に一様収束すれば, そ
の極限関数 f もまた I で連続である.

[証明]　$x_0 \in I$ を任意にとり固定しよう. 任意の正数 ε に対して, $\{f_n\}$ が f に一
様収束することから, ある自然数 n_0 が存在して, $n \geq n_0$ を満たす任意の自然数 n
および任意の $x \in I$ に対して $|f_n(x) - f(x)| < \frac{\varepsilon}{3}$ が成り立つ. とくに,

$$|f_{n_0}(x) - f(x)| < \frac{\varepsilon}{3} \quad (x \in I)$$

となる. また, f_{n_0} は区間 I で連続であることから, 先の正数 ε に対してある正数
δ が存在し, $|x - x_0| < \delta$ を満たす任意の $x \in I$ に対して

$$|f_{n_0}(x) - f_{n_0}(x_0)| < \frac{\varepsilon}{3}$$

が成り立つ. したがって, $|x - x_0| < \delta$ を満たす任意の $x \in I$ に対して

$$
\begin{aligned}
|f(x) - f(x_0)| &= \left|\left(f(x) - f_{n_0}(x)\right) + \left(f_{n_0}(x) - f_{n_0}(x_0)\right) + \left(f_{n_0}(x_0) - f(x_0)\right)\right| \\
&\leq \left|f(x) - f_{n_0}(x)\right| + \left|f_{n_0}(x) - f_{n_0}(x_0)\right| + \left|f_{n_0}(x_0) - f(x_0)\right| \\
&< \frac{\varepsilon}{3} + \frac{\varepsilon}{3} + \frac{\varepsilon}{3} = \varepsilon
\end{aligned}
$$

となるが，これは関数 f が x_0 で連続であることを示している．ところが $x_0 \in I$ は任意であったから，f は I で連続である． ☐

この関数列の一様収束性は，以下の定理で見ていくように，極限と積分の順序交換，あるいは極限と微分の順序交換を保証するための十分条件にも用いられる．

定理 7.15　閉区間 $[a, b]$ で定義された連続な関数列 $\{f_n\}$ が f に一様収束すれば，次式が成り立つ．

$$\lim_{n \to \infty} \int_a^b f_n(x)dx = \int_a^b f(x)dx \quad \left(= \int_a^b \lim_{n \to \infty} f_n(x)dx \right) \qquad (7.6)$$

[証明]　仮定および定理 7.13 より，

$$\left| \int_a^b f_n(x)dx - \int_a^b f(x)dx \right| \le \int_a^b |f_n(x) - f(x)|dx$$

$$\le (b - a) \max_{a \le x \le b} |f_n(x) - f(x)|$$

$$\to 0 \quad (n \to \infty)$$

となることに注意すればよい． ☐

例 7.5　極限と積分の順序交換 (7.6) が成り立たないような例を挙げることにより，定理 7.15 における仮定（すなわち，$\{f_n\}$ が f に一様収束すること）の重要性を理解してもらおう．$\{f_n\}$ を例 7.4 における関数列とする．$\{f_n\}$ は 0 に各点収束していたが一様収束はしていなかった．また，明らかに $\displaystyle\int_0^1 f_n(x)dx = \frac{1}{2}$ $(\forall n \in \mathbf{N})$ が成り立つ．したがって，

$$\lim_{n \to \infty} \int_0^1 f_n(x)dx = \frac{1}{2} \ne 0 = \int_0^1 \lim_{n \to \infty} f_n(x)dx$$

となり，例 7.4 における関数列 $\{f_n\}$ に対しては極限と積分の順序は交換できない．

問 7.8　$\{f_n\}$ を $f_n(x) = \frac{n}{n+x}$ により定まる閉区間 $I = [0, 1]$ で定義された関数列とする．
  (1) $\{f_n\}$ はある関数 f に一様収束することを示し，その極限関数 f を求めよ．
  (2) $\displaystyle\lim_{n \to \infty} \int_0^1 f_n(x)dx$ および $\displaystyle\int_0^1 \lim_{n \to \infty} f_n(x)dx$ を計算し，それらが一致することを確かめよ．

定理 7.16 閉区間 $[a,b]$ で定義された C^1 級の関数列 $\{f_n\}$ が f に各点収束し，かつその導関数からなる関数列 $\{f_n'\}$ が g に一様収束すれば，極限関数 f もまた C^1 級であり $f' = g$，すなわち

$$\left(\lim_{n\to\infty} f_n\right)' = \lim_{n\to\infty} f_n' \tag{7.7}$$

が成り立つ．

[証明] 各関数 f_n は $[a,b]$ で C^1 級であるから，微分積分学の基本定理（定理 5.12 (2)）より，任意の $x \in [a,b]$ に対して

$$f_n(x) - f_n(a) = \int_a^x f_n'(y)dy$$

となる．仮定より $\{f_n\}$ は f に各点収束，$\{f_n'\}$ は g に一様収束しているので，上式において $n \to \infty$ とすれば，定理 7.15 より

$$f(x) - f(a) = \int_a^x g(y)dy \quad (x \in [a,b])$$

となる．定理 7.14 より極限関数 g は $[a,b]$ で連続であるから，再び微分積分学の基本定理（定理 5.12 (1)）より，この右辺の関数は $[a,b]$ で C^1 級である．それゆえ左辺の関数 f もまた $[a,b]$ で C^1 級であり，$f' = g$ が成り立つ． □

例 7.6 ここでも，極限と微分の順序交換 (7.7) が成り立たない例を挙げることにより，定理 7.16 の仮定の重要性を理解してもらおう．$f_n(x) = \frac{1}{n+1}x^{n+1}$ により定まる閉区間 $[0,1]$ で定義された関数列 $\{f_n\}$ を考えよう．

$$\max_{0\le x\le 1} |f_n(x)| = \frac{1}{n+1} \to 0 \quad (n\to\infty)$$

より，$\{f_n\}$ は 0 に一様収束する．一方，$f_n'(x) = x^n$ より，$f_n'(1) = 1 \ (\forall n \in \mathbf{N})$ である．したがって，

$$\lim_{n\to\infty} f_n'(1) = 1 \neq 0 = \left(\lim_{n\to\infty} f_n\right)'(1)$$

となり，極限の微分の順序は交換できない．いまの場合，$\{f_n'\}$ は各点収束しているが一様収束していないことに注意しよう．

次に，関数列から作られる関数項級数の各点収束と一様収束を定義し，その性質を見ていく．

定義 7.7（関数項級数の収束） f_n $(n = 1, 2, 3, \ldots)$ を区間 I で定義された関数とする．このとき，関数列 $\{f_n\}$ から作られる形式

$$\sum_{n=1}^{\infty} f_n = f_1 + f_2 + f_3 + \cdots$$

を関数項級数といい，$s_n := f_1 + f_2 + \cdots + f_n$ を（すなわち，$s_n(x) = f_1(x) + f_2(x) + \cdots + f_n(x)$, $x \in I$ により定まる関数 s_n を）その第 n 部分和という．数列から作られる級数のときと同様，その関数項級数はしばしば $\sum f_n$ と略記される．第 n 部分和からなる関数列 $\{s_n\}$ が関数 F に各点収束（または一様収束）するとき，関数項級数 $\sum f_n$ は F に各点収束（または一様収束）するという．

積分の線形性（定理 5.7）および微分の線形性（定理 3.2）に注意し，第 n 部分和からなる関数列 $\{s_n\}$ に対して定理 7.15 および定理 7.16 を適用すれば，次の定理が得られる．

定理 7.17　閉区間 $[a, b]$ で定義された連続な関数列 $\{f_n\}$ に対して，関数項級数 $\sum f_n$ が一様収束すれば次式が成り立つ．

$$\sum_{n=1}^{\infty} \int_a^b f_n(x)dx = \int_a^b \sum_{n=1}^{\infty} f_n(x)dx \qquad \text{（項別積分）}$$

定理 7.18　閉区間 $[a, b]$ で定義された C^1 級の関数列 $\{f_n\}$ に対して，関数項級数 $\sum f_n$ が各点収束し，かつその導関数からなる関数項級数 $\sum f_n'$ が一様収束すれば，$\sum f_n$ もまた C^1 級であり，次式が成り立つ．

$$\left(\sum_{n=1}^{\infty} f_n\right)' = \sum_{n=1}^{\infty} f_n' \qquad \text{（項別微分）}$$

問 7.9　定理 7.17 および定理 7.18 を証明せよ．

関数項級数の一様収束に関して，定理 7.1 と同様にして次の定理が証明される．

定理 7.19 区間 I で定義された関数項級数 $\sum f_n$ が一様収束するための必要十分条件は，任意の正数 ε に対してある自然数 n_0 が存在し，$n > m \geq n_0$ を満たす任意の自然数 n, m および任意の $x \in I$ に対して

$$|f_{m+1}(x) + f_{m+2}(x) + \cdots + f_n(x)| < \varepsilon$$

が成り立つことである．

与えられた関数項級数が一様収束するかどうかの判定法として，次の定理がとても便利である．

定理 7.20（Weierstrass の M 判定法） 区間 I で定義された関数列 $\{f_n\}$ に対して，次の 2 条件を満たす数列 $\{M_n\}$ が存在するとする．
  (1) $|f_n(x)| \leq M_n$ ($\forall x \in I$, $\forall n \in \mathbf{N}$)
  (2) $\sum M_n$ は収束する
このとき，関数項級数 $\sum f_n$ は一様収束かつ絶対収束する．

[証明] 任意の正数 ε に対して，仮定 (2) および定理 7.1 より，ある自然数 n_0 が存在し，$n > m \geq n_0$ を満たす任意の自然数 n, m に対して

$$M_{m+1} + M_{m+2} + \cdots + M_n < \varepsilon$$

が成り立つ．したがって，$n > m \geq n_0$ を満たす任意の自然数 n, m および任意の $x \in I$ に対して，仮定 (1) より

$$|f_{m+1}(x) + f_{m+2}(x) + \cdots + f_n(x)| \leq |f_{m+1}(x)| + |f_{m+2}(x)| + \cdots + |f_n(x)|$$
$$\leq M_{m+1} + M_{m+2} + \cdots + M_n$$
$$< \varepsilon$$

となる．それゆえ，定理 7.19 より関数項級数 $\sum f_n$ は一様収束かつ絶対収束する． $\square$

問 7.10 以下の関数項級数が区間 I において一様収束するかどうかを判定せよ．
  (1) $\sum \frac{nx^2}{n^3 + x^3}$, $I = [0, 1]$
  (2) $\sum nx^6 e^{-nx^2}$, $I = \mathbf{R}$
  (3) $\sum \frac{1}{1 + n^2 x^2}$, $I = (0, 1]$

この Weierstrass の M 判定法（定理 7.20）の一つの応用例として，次の定理を証明することができる．その証明はさほど難しくはないが割愛する．

定理 7.21　a を中心とするべき級数 $\sum a_n(z-a)^n$ の収束半径を R とする．このとき，開区間 $(a-R, a+R)$ で定義された関数

$$f(x) = \sum_{n=0}^{\infty} a_n(x-a)^n$$

は C^∞ 級であり，かつ何回でも項別微分および項別積分が可能である．

例 7.7　等比数列の和の公式より

$$\frac{1}{1-x} = \sum_{n=0}^{\infty} x^n \quad (|x| < 1) \tag{7.8}$$

が成り立つ．この右辺の級数の収束半径は 1 であることおよび定理 7.21 に注意すると，以下の形式的な計算が正しいことが保証される．(7.8) の両辺を微分すると，

$$\frac{1}{(1-x)^2} = \left(\frac{1}{1-x}\right)' = \sum_{n=0}^{\infty}(x^n)' = \sum_{n=1}^{\infty} nx^{n-1} \quad (|x| < 1)$$

となる．さらに微分を続けると，任意の自然数 k に対して

$$\frac{1}{(1-x)^{k+1}} = \sum_{n=k}^{\infty} \binom{n}{k} x^{n-k} = \sum_{n=0}^{\infty} \binom{n+k}{k} x^n \quad (|x| < 1)$$

が成り立つことがわかる．また，(7.8) の x を $-y$ に置き換え，その両辺を y に関して 0 から x まで積分すると，

$$\log(1+x) = \int_0^x \frac{dy}{1+y} = \sum_{n=0}^{\infty} \int_0^x (-y)^n dy = \sum_{n=0}^{\infty} \frac{(-1)^n}{n+1} x^{n+1}$$
$$= \sum_{n=1}^{\infty} \frac{(-1)^{n+1}}{n} x^n \quad (|x| < 1)$$

となる．さらに，(7.8) の x を $-y^2$ に置き換え，その両辺を y に関して 0 から x まで積分すると，

$$\arctan x = \int_0^x \frac{dy}{1+y^2} = \sum_{n=0}^{\infty} \int_0^x (-y^2)^n dy = \sum_{n=0}^{\infty} \frac{(-1)^n}{2n+1} x^{2n+1} \quad (|x| < 1)$$

が得られる．

第 III 部

n 変数関数の微分積分と陰関数定理

第 8 章　n 次元 Euclid 空間と n 変数関数

この章では，まず内積空間，とくに位相ベクトル空間としての n 次元 Euclid 空間 $\mathbf{R}^n$ を紹介する．次いで，抽象的な距離空間およびその完備性を定義し，n 次元 Euclid 空間の完備性を証明する．さらに，4.4 節で習った 2 変数関数に対する Taylor の定理を n 変数関数に対して拡張し，その応用として再び極値問題を考える．ただし，ここでは線形代数で習う実対称行列の直交行列による対角化を既知として，見通しのよい議論を紹介する．

8.1　n 次元 Euclid 空間

自然数 $n \in \mathbf{N}$ に対して，n 個の実数の組 $\boldsymbol{x} = (x_1, \ldots, x_n)$ 全体の集合を $\mathbf{R}^n$ と書く．すなわち，

$$\mathbf{R}^n := \{\boldsymbol{x} = (x_1, \ldots, x_n) \,|\, x_1, \ldots, x_n \in \mathbf{R}\}$$

とする．各 $\boldsymbol{x} = (x_1, \ldots, x_n), \boldsymbol{y} = (y_1, \ldots, y_n) \in \mathbf{R}^n$ および $c \in \mathbf{R}$ に対して，和 $\boldsymbol{x} + \boldsymbol{y}$ およびスカラー倍 $c\boldsymbol{x}$ が次式によって定義される．

$$\boldsymbol{x} + \boldsymbol{y} := (x_1 + y_1, \ldots, x_n + y_n)$$
$$c\boldsymbol{x} := (cx_1, \ldots, cx_n)$$

このとき，集合 $\mathbf{R}^n$ はベクトル空間（線形空間）になる．すなわち，集合 $\mathbf{R}^n$ は上記の和とスカラー倍に関してベクトル空間の公理（付録 A.2 を参照）を満たす．通常，$\mathbf{R}^n$ と書くときは，単に集合としてではなく，この $\mathbf{R}$ 上のベクトル空間のことを指し，n 次元数ベクトル空間とよぶ．

次に，各 $\boldsymbol{x} = (x_1, \ldots, x_n), \boldsymbol{y} = (y_1, \ldots, y_n) \in \mathbf{R}^n$ に対して，内積 $\boldsymbol{x} \cdot \boldsymbol{y}$ を次式で定める．

$$\boldsymbol{x} \cdot \boldsymbol{y} := x_1 y_1 + \cdots + x_n y_n$$

このとき，この内積が次の性質を満たすことは容易に確かめられる．

(I1) $\boldsymbol{x}\cdot\boldsymbol{x}\geq 0$ および「$\boldsymbol{x}\cdot\boldsymbol{x}=0 \Leftrightarrow \boldsymbol{x}=\boldsymbol{0}$」

(I2) $\boldsymbol{x}\cdot\boldsymbol{y}=\boldsymbol{y}\cdot\boldsymbol{x}$

(I3) $(\boldsymbol{x}+\boldsymbol{y})\cdot\boldsymbol{z}=\boldsymbol{x}\cdot\boldsymbol{z}+\boldsymbol{y}\cdot\boldsymbol{z}$

(I4) $(c\boldsymbol{x})\cdot\boldsymbol{y}=c(\boldsymbol{x}\cdot\boldsymbol{y})$

一般に，数ベクトル空間とは限らない $\mathbf{R}$ 上のベクトル空間 V が与えられており，各 $\boldsymbol{x},\boldsymbol{y}\in V$ に対して実数 $\boldsymbol{x}\cdot\boldsymbol{y}$ が定まっていて，それが上記の性質 (I1)–(I4) を満たすとき，$\boldsymbol{x}\cdot\boldsymbol{y}$ を $\boldsymbol{x}$ と $\boldsymbol{y}$ の内積とよび，内積を備えたベクトル空間のことを内積空間とよぶ．

内積が与えられると，各数ベクトル $\boldsymbol{x}\in\mathbf{R}^n$ に対して，$\boldsymbol{x}$ の大きさを表すノルムとよばれる量 $\|\boldsymbol{x}\|$ が次式で定められる．

$$\|\boldsymbol{x}\|:=\sqrt{\boldsymbol{x}\cdot\boldsymbol{x}}=\sqrt{x_1^2+\cdots+x_n^2} \tag{8.1}$$

この量は Euclid ノルムともよばれている．さらに，ノルムが与えられると，数ベクトル空間 $\mathbf{R}^n$ を点集合と見たとき，各 $\boldsymbol{x},\boldsymbol{y}\in\mathbf{R}^n$ に対して，$\boldsymbol{x}$ と $\boldsymbol{y}$ との距離が

$$\|\boldsymbol{x}-\boldsymbol{y}\|=\sqrt{(x_1-y_1)^2+\cdots+(x_n-y_n)^2}$$

で定められる．これらノルムと距離については，後でもう少し詳しく紹介する．数ベクトル空間 $\mathbf{R}^n$ に上記の内積の構造を入れたものを（したがって，その内積から上記のように距離が定まり，その距離により位相が入る空間を）n 次元 Euclid 空間という．Euclid 空間は，ベクトル空間と位相空間の構造を兼ね備えた位相ベクトル空間とよばれるものの最も簡単な例である．この距離を用いて，$\mathbf{R}^n$ における $\boldsymbol{a}\in\mathbf{R}^n$ を中心とする半径 $r>0$ の開球 $B_r(\boldsymbol{a})$ が次式で定められる．

$$B_r(\boldsymbol{a}):=\{\boldsymbol{x}\in\mathbf{R}^n\,|\,\|\boldsymbol{x}-\boldsymbol{a}\|<r\}$$

次に，内積およびノルムに関する基本的な性質を二つ紹介する．

定理 8.1（Cauchy–Schwarz の不等式） $|\boldsymbol{x}\cdot\boldsymbol{y}|\leq\|\boldsymbol{x}\|\|\boldsymbol{y}\|$ $(\boldsymbol{x},\boldsymbol{y}\in\mathbf{R}^n)$

[証明] $\boldsymbol{x}=\boldsymbol{0}$ のときは，両辺とも 0 になるので明らかに成り立つ．そこで，$\boldsymbol{x}\neq\boldsymbol{0}$ と仮定する．このとき，$\|\boldsymbol{x}\|>0$ であることに注意しよう．1 変数関数 $\phi(t)$ を $\phi(t):=\|t\boldsymbol{x}-\boldsymbol{y}\|^2$ により定める．このとき，

$$\phi(t) = \sum_{j=1}^{n} (tx_j - y_j)^2$$

$$= \sum_{j=1}^{n} (t^2 x_j^2 - 2tx_j y_j + y_j^2)$$

$$= t^2 \sum_{j=1}^{n} x_j^2 - 2t \sum_{j=1}^{n} x_j y_j + \sum_{j=1}^{n} y_j^2$$

$$= \|\boldsymbol{x}\|^2 t^2 - 2(\boldsymbol{x} \cdot \boldsymbol{y})t + \|\boldsymbol{y}\|^2$$

となる．すなわち，$\phi(t)$ は非負の 2 次関数である．したがって，2 次方程式 $\phi(t) = 0$ の判別式は 0 以下でなければならない．すなわち，

$$\frac{\text{判別式}}{4} = (\boldsymbol{x} \cdot \boldsymbol{y})^2 - \|\boldsymbol{x}\|^2 \|\boldsymbol{y}\|^2 \leq 0 \qquad \therefore \quad (\boldsymbol{x} \cdot \boldsymbol{y})^2 \leq \|\boldsymbol{x}\|^2 \|\boldsymbol{y}\|^2$$

となる．この最後の不等式の両辺の平方根をとれば，望みの不等式が従う．　　□

定理 8.2 $\|\boldsymbol{x} + \boldsymbol{y}\| \leq \|\boldsymbol{x}\| + \|\boldsymbol{y}\|$ $(\boldsymbol{x}, \boldsymbol{y} \in \mathbf{R}^n)$

[証明] Cauchy–Schwarz の不等式を用いると，

$$\|\boldsymbol{x} + \boldsymbol{y}\|^2 = \sum_{j=1}^{n} (x_j + y_j)^2 = \|\boldsymbol{x}\|^2 + 2\boldsymbol{x} \cdot \boldsymbol{y} + \|\boldsymbol{y}\|^2$$

$$\leq \|\boldsymbol{x}\|^2 + 2|\boldsymbol{x} \cdot \boldsymbol{y}| + \|\boldsymbol{y}\|^2$$

$$\leq \|\boldsymbol{x}\|^2 + 2\|\boldsymbol{x}\|\|\boldsymbol{y}\| + \|\boldsymbol{y}\|^2$$

$$= (\|\boldsymbol{x}\| + \|\boldsymbol{y}\|)^2$$

となり，平方根をとれば望みの不等式が従う．　　□

これより，$\boldsymbol{x}$ のノルム $\|\boldsymbol{x}\|$ は次の性質をもつことがわかる．

(N1) $\|\boldsymbol{x}\| \geq 0$ および「$\|\boldsymbol{x}\| = 0 \Leftrightarrow \boldsymbol{x} = \boldsymbol{0}$」
(N2) $\|c\boldsymbol{x}\| = |c|\|\boldsymbol{x}\|$
(N3) $\|\boldsymbol{x} + \boldsymbol{y}\| \leq \|\boldsymbol{x}\| + \|\boldsymbol{y}\|$

一般に，数ベクトル空間とは限らない $\mathbf{R}$ 上のベクトル空間 V が与えられており，各 $\boldsymbol{x} \in V$ に対して実数 $\|\boldsymbol{x}\|$ が定まっていて，それが上記の性質 (N1)–(N3) を満たすとき，$\|\boldsymbol{x}\|$ を $\boldsymbol{x}$ のノルムとよび，ノルムを備えたベクトル空間のことをノルム空間と

よぶ．定理 8.1 および定理 8.2 の証明を反省してみると，内積空間 V が与えられその内積からノルムを $\|\boldsymbol{x}\| := \sqrt{\boldsymbol{x} \cdot \boldsymbol{x}}$ で定めると，このノルムは上記の (N1)–(N3) の性質をもつことが確かめられる．この意味で，内積空間はノルム空間になっている．

問 8.1 V を内積空間とし，その内積から定まるノルムを $\|\cdot\|$ とする．$\boldsymbol{a}, \boldsymbol{b} \in V$ に対して，$\boldsymbol{a} \cdot \boldsymbol{b} = 0$ ならば $\|\boldsymbol{a}+\boldsymbol{b}\|^2 = \|\boldsymbol{a}\|^2 + \|\boldsymbol{b}\|^2$ が成り立つことを示せ．

問 8.2 $\boldsymbol{x} \in \mathbf{R}^n$ に対して，$\|\boldsymbol{x}\|_\infty := \max\{|x_1|, \ldots, |x_n|\}$ および $\|\boldsymbol{x}\|_1 := |x_1| + \cdots + |x_n|$ とおく．このとき，$\|\cdot\|_\infty$ および $\|\cdot\|_1$ はベクトル空間 $\mathbf{R}^n$ 上のノルムになることを示せ．

各 $\boldsymbol{x}, \boldsymbol{y} \in \mathbf{R}^n$ に対して，ノルムを用いて $\boldsymbol{x}$ と $\boldsymbol{y}$ との距離を $d(\boldsymbol{x}, \boldsymbol{y}) := \|\boldsymbol{x} - \boldsymbol{y}\|$ で定める．このとき，ノルムに関する上記の性質 (N1)–(N3) を用いると次の性質が従う．

(D1) $d(\boldsymbol{x}, \boldsymbol{y}) \geq 0$ および「$d(\boldsymbol{x}, \boldsymbol{y}) = 0 \Leftrightarrow \boldsymbol{x} = \boldsymbol{y}$」

(D2) $d(\boldsymbol{x}, \boldsymbol{y}) = d(\boldsymbol{y}, \boldsymbol{x})$

(D3) $d(\boldsymbol{x}, \boldsymbol{y}) \leq d(\boldsymbol{x}, \boldsymbol{z}) + d(\boldsymbol{z}, \boldsymbol{y})$

実際，(D1) はノルムの性質 (N1) から明らかであろう．また，$\boldsymbol{x} - \boldsymbol{y} = (-1)(\boldsymbol{y} - \boldsymbol{x})$ に注意してノルムの性質 (N2) を用いると，

$$d(\boldsymbol{x}, \boldsymbol{y}) = \|\boldsymbol{x} - \boldsymbol{y}\| = \|(-1)(\boldsymbol{y} - \boldsymbol{x})\| = |-1| \|\boldsymbol{y} - \boldsymbol{x}\| = \|\boldsymbol{y} - \boldsymbol{x}\| = d(\boldsymbol{y}, \boldsymbol{x})$$

となり，(D2) が成り立つことがわかる．最後に，$\boldsymbol{x} - \boldsymbol{y} = (\boldsymbol{x} - \boldsymbol{z}) + (\boldsymbol{z} - \boldsymbol{y})$ に注意してノルムの性質 (N3) を用いると，

$$d(\boldsymbol{x}, \boldsymbol{y}) = \|(\boldsymbol{x} - \boldsymbol{z}) + (\boldsymbol{z} - \boldsymbol{y})\| \leq \|\boldsymbol{x} - \boldsymbol{z}\| + \|\boldsymbol{z} - \boldsymbol{y}\| = d(\boldsymbol{x}, \boldsymbol{z}) + d(\boldsymbol{z}, \boldsymbol{y})$$

となり，(D3) が成り立つことがわかる．この証明では，ノルムの性質 (N1)–(N3) を用いているだけで，Euclid ノルム $\|\cdot\|$ の具体的な定義式 (8.1) をまったく使っていないことに注意しよう．

上記の距離 $d(\cdot, \cdot)$ に関する性質 (D1)–(D3) は，我々が素朴に距離とよんでいるものが備えている本質的な性質であろう．そのことから，もっと抽象的な対象に対して距離というものを定義するのであれば，次の定義が自然であることが理解されよう．

定義 8.1　X を集合とし，各要素 $f, g \in X$ に対して実数 $d(f, g)$ が定まっており，任意の $f, g, h \in X$ に対して

(1) $d(f, g) \geq 0$ および「$d(f, g) = 0 \Leftrightarrow f = g$」　　　　　（正値性）

(2) $d(f, g) = d(g, f)$　　　　　　　　　　　　　　　　　（対称性）

(3) $d(f, g) \leq d(f, h) + d(h, g)$　　　　　　　　　　　（三角不等式）

が成り立つとき，$d(f, g)$ を f と g との距離，d を集合 X 上の距離という．距離 d を備えた集合 X を距離空間といい，(X, d) と書く．

　上の議論から明らかなように，ノルム $\|\cdot\|$ を備えたノルム空間 V が与えられたとき，$d(\boldsymbol{x}, \boldsymbol{y}) := \|\boldsymbol{x} - \boldsymbol{y}\|$ と定めると，d は V 上の距離になる．この意味で，ノルム空間は距離空間になっている．しかし，この逆は成り立たないことに注意しよう．なぜならば，距離空間 X はベクトル空間である必要はなく，集合 X 上には必ずしも和やスカラー倍といった演算が定義されていなくてもよいからである．

　ここで，なぜこのような抽象的な距離空間などという仰々しいものを定義したのであろう？と疑問にもつ人も少なくないと思う．皆さんが素朴にイメージしている空間内の距離というものは Euclid 空間における Euclid の距離であると思うが，解析学の勉強を進めていくと，関数の集合というものを考えて，関数をその集合内の点とみなし，関数と関数の距離というものを導入していくことになる．この後，この教科書で扱う抽象的な距離空間の具体例は，たとえば，連続関数全体からなるベクトル空間やその部分集合である．

　次に，距離空間 (X, d) における点列 $\{f_m\}$，すなわち，各自然数 $m \in \mathbf{N}$ に対して集合 X の要素 f_m が与えられているとき，この点列に対して収束という概念を定義しよう．その前に，実数列に関する基本事項を思い出しておこう．数列 $\{a_m\}$ が Cauchy 列であるとは，

$$|a_m - a_l| \to 0 \quad (m, l \to \infty)$$

が成り立つときをいう．実数の連続性公理より，数列 $\{a_m\}$ が収束列であることと Cauchy 列であることは同値であった．

定義 8.2　(X, d) を距離空間，$\{f_m\}$ を X における点列，$f \in X$ とする．

(1) 点列 $\{f_m\}$ が f に収束するとは，実数列 $\{d(f_m, f)\}$ が 0 に収束すると

き，すなわち，$d(f_m, f) \to 0 \ (m \to \infty)$ が成り立つときをいう．このとき，次のように書く．

$$\lim_{m \to \infty} f_m = f \quad \text{in} \quad X$$

(2) 点列 $\{f_m\}$ が Cauchy 列であるとは，$d(f_m, f_l) \to 0 \ (m, l \to \infty)$ が成り立つときをいう．

(3) 距離空間 (X, d) が完備であるとは，X 内の任意の点列 $\{f_m\}$ に対して，$\{f_m\}$ が収束列であることと Cauchy 列であることが同値であるときをいう．

　任意の距離空間において，収束列が Cauchy 列であることは明らかであろう．したがって，この完備性は任意の Cauchy 列が収束列であることを主張している．この完備という性質は，解析学において非常に重要な概念であり，これがなくなってしまうと解析学が立ち行かなくなってしまうといっても過言ではない．この完備性が成り立つことを示そうと思うと，最終的には実数の連続性公理に遡ることになる．次の定理の証明からもその一端が見えるであろう．

定理 8.3　n 次元 Euclid 空間 $\mathbf{R}^n$ は完備である．

[証明]　まず，Euclid 空間において，$\boldsymbol{x}$ と $\boldsymbol{y}$ との距離は $\|\boldsymbol{x} - \boldsymbol{y}\|$ で与えられていたことを思い出そう．また，任意の $\boldsymbol{x} = (x_1, \dots, x_n) \in \mathbf{R}^n$ に対して，

$$|x_j| \le \|\boldsymbol{x}\| \le |x_1| + \cdots + |x_n| \quad (1 \le j \le n)$$

が成り立つことにも注意しよう．さて，$\{\boldsymbol{x}^{(m)}\}$ を Euclid 空間 $\mathbf{R}^n$ における Cauchy 列とし，$\boldsymbol{x}^{(m)} = (x_1^{(m)}, \dots, x_n^{(m)})$ とする．このとき，各 $j \ (1 \le j \le n)$ に対して

$$|x_j^{(m)} - x_j^{(l)}| \le \|\boldsymbol{x}^{(m)} - \boldsymbol{x}^{(l)}\| \to 0 \quad (m, l \to \infty)$$

となり，実数列 $\{x_j^{(m)}\}_{m=1}^{\infty}$ は Cauchy 列であることがわかる．したがって，実数の完備性（定理 1.8）より実数列 $\{x_j^{(m)}\}_{m=1}^{\infty}$ は収束する．その極限値を α_j とおこう．すなわち，

$$\alpha_j := \lim_{m \to \infty} x_j^{(m)} \quad (1 \le j \le n)$$

とおく．さらに，$\boldsymbol{\alpha} := (\alpha_1, \dots, \alpha_n) \in \mathbf{R}^n$ と定めると

$$\|\boldsymbol{x}^{(m)} - \boldsymbol{\alpha}\| \leq |x_1^{(m)} - \alpha_1| + \cdots + |x_n^{(m)} - \alpha_n| \to 0 \quad (m \to \infty)$$

となり，点列 $\{\boldsymbol{x}^{(m)}\}$ は $\boldsymbol{\alpha}$ に収束することがわかる．したがって，Euclid 空間 $\mathbf{R}^n$ は完備である． $\square$

8.2 n 変数関数の Taylor 展開

定義 4.1 では，平面上の集合，すなわち $\mathbf{R}^2$ の部分集合に対して開集合，閉集合，連結，領域，近傍という言葉を定義した．それらの定義を Euclid 空間 $\mathbf{R}^n$ の部分集合に対して拡張することは容易であろう．また，$\mathbf{R}^n$ の開集合 Ω で定義された n 変数関数 $f = f(\boldsymbol{x})$ $(\boldsymbol{x} = (x_1, \ldots, x_n) \in \Omega)$ に対する極限，連続性，偏微分，全微分，C^m 級などの定義や，定理 4.1–4.4 で述べられている性質が適当な修正のもと n 変数関数 $f = f(\boldsymbol{x})$ に対して成り立つことも明らかであろう．それゆえ，それらを再度ここに書き下すことは割愛する．新たな記号として，ナブラとよばれている記号 $\nabla = \left(\frac{\partial}{\partial x_1}, \ldots, \frac{\partial}{\partial x_n}\right)$ を次式で定める．

$$\nabla f(\boldsymbol{x}) := \left(\frac{\partial f}{\partial x_1}(\boldsymbol{x}), \ldots, \frac{\partial f}{\partial x_n}(\boldsymbol{x})\right)$$

合成関数の微分法（定理 4.5 および定理 4.6）は以下の形で一般化される．なお，その証明は定理 4.5 および定理 4.6 の証明とほとんど同じなので割愛する．

定理 8.4（合成関数の微分法） $\boldsymbol{f}(x) = \left(f_1(x), \ldots, f_m(x)\right)$ は開区間 I で微分可能，$g(\boldsymbol{y}) = g(y_1, \ldots, y_m)$ は $\mathbf{R}^m$ の開集合 D で全微分可能であり，$\boldsymbol{f}(x) \in D$ $(\forall x \in I)$ を満たすとする．このとき，合成関数 $(g \circ \boldsymbol{f})(x) = g(\boldsymbol{f}(x)) = g(f_1(x), \ldots, f_m(x))$ もまた I で微分可能であり，次式が成り立つ．

$$\frac{d}{dx}g(\boldsymbol{f}(x)) = \frac{\partial g}{\partial y_1}(\boldsymbol{f}(x))f_1'(x) + \cdots + \frac{\partial g}{\partial y_m}(\boldsymbol{f}(x))f_m'(x)$$

この合成関数の微分法の公式は，$z = g(\boldsymbol{y})$ と $\boldsymbol{y} = \boldsymbol{f}(x)$ の合成関数であると見て，次の形に書いておくと覚えやすいであろう．

$$\frac{dg}{dx} = \frac{\partial g}{\partial y_1}\frac{dy_1}{dx} + \cdots + \frac{\partial g}{\partial y_m}\frac{dy_m}{dx}$$

定理 8.5（合成関数の微分法）　$f(x) = \big(f_1(x), \ldots, f_m(x)\big)$ は $\mathbf{R}^n$ の開集合 Ω で偏微分可能，$g(y) = g(y_1, \ldots, y_m)$ は $\mathbf{R}^m$ の開集合 D で全微分可能であり，$f(x) \in D \ (\forall x \in \Omega)$ を満たすとする．このとき，合成関数 $(g \circ f)(x) = g(f(x)) = g(f_1(x), \ldots, f_m(x))$ もまた Ω で偏微分可能であり，各 $j \ (1 \le j \le n)$ に対して次式が成り立つ．

$$\frac{\partial}{\partial x_j} g(f(x)) = \frac{\partial g}{\partial y_1}(f(x)) \frac{\partial f_1}{\partial x_j}(x) + \cdots + \frac{\partial g}{\partial y_m}(f(x)) \frac{\partial f_m}{\partial x_j}(x)$$

この合成関数の微分法の公式は，$z = g(y)$ と $y = f(x)$ の合成関数であると見て，次の形に書いておくと覚えやすいであろう．

$$\frac{\partial g}{\partial x_j} = \frac{\partial g}{\partial y_1} \frac{\partial y_1}{\partial x_j} + \cdots + \frac{\partial g}{\partial y_m} \frac{\partial y_m}{\partial x_j} \quad (1 \le j \le n)$$

問 8.3　$r \in \mathbf{R}$，$\Omega = \mathbf{R}^n$ あるいは $\Omega = \mathbf{R}^n \setminus \{0\}$ とする．Ω 上で定義された関数 f が r 次の斉次関数（同次関数）であるとは，任意の $x \in \Omega$ および任意の $\lambda > 0$ に対して $f(\lambda x) = \lambda^r f(x)$ が成り立つときをいう．

(1) f が r 次の斉次関数であり，かつ Ω で C^1 級であれば，$\frac{\partial f}{\partial x_j}$ は $r-1$ 次の斉次関数であることを示せ．

(2) （Euler の定理）f が Ω で C^1 級であれば，f が r 次の斉次関数であることと任意の $x \in \Omega$ に対して $x \cdot \nabla f(x) = rf(x)$ が成り立つこととは同値であることを示せ．

次に，滑らかな関数を多項式で近似できることを保証する Taylor の定理（定理 4.7）を n 変数関数 $f(x)$ に拡張しよう．$a, h \in \mathbf{R}^n$ を任意に固定し，1 変数関数

$$\phi(t) := f(a + th)$$

に対して Taylor の定理（定理 3.11）を適用すると，次式が成り立つ．

$$\phi(1) = \sum_{k=0}^{m-1} \frac{\phi^{(k)}(0)}{k!} + \frac{\phi^{(m)}(\theta)}{m!}$$

合成関数の微分法（定理 8.4）を用いて導関数 $\phi^{(k)}(t)$ を計算すれば，次の定理が得られる．

定理 8.6（Taylor の定理）　$f(x)$ は $\mathbf{R}^n$ の開集合 Ω で定義された C^m 級関数，$a, h \in \mathbf{R}^n$ は $a + th \in \Omega \ (0 \le t \le 1)$ を満たす（すなわち，2 点 $a, a+h$ を結

ぶ線分が Ω に含まれている）とする．このとき，次式を満たす $\theta \in (0, 1)$ が存在する．

$$f(\boldsymbol{a} + \boldsymbol{h}) = \sum_{k=0}^{m-1} \frac{1}{k!} \left(\left(h_1 \frac{\partial}{\partial x_1} + \cdots + h_n \frac{\partial}{\partial x_n} \right)^k f \right) (\boldsymbol{a})$$
$$+ \frac{1}{m!} \left(\left(h_1 \frac{\partial}{\partial x_1} + \cdots + h_n \frac{\partial}{\partial x_n} \right)^m f \right) (\boldsymbol{a} + \theta \boldsymbol{h})$$

この有限 Taylor 展開の公式は，次に紹介する multi-index（多重指数）とよばれる記号を用いると，1 変数関数に対する公式とほぼ同じ形に書くことができる．multi-index とは，n 個の非負整数の組 $\alpha = (\alpha_1, \ldots, \alpha_n)$ のことで，次のような使い方をする．

$$\boldsymbol{x}^\alpha := x_1^{\alpha_1} x_2^{\alpha_2} \cdots x_n^{\alpha_n}$$
$$\left(\frac{\partial}{\partial \boldsymbol{x}} \right)^\alpha := \left(\frac{\partial}{\partial x_1} \right)^{\alpha_1} \left(\frac{\partial}{\partial x_2} \right)^{\alpha_2} \cdots \left(\frac{\partial}{\partial x_n} \right)^{\alpha_n}$$
$$\alpha! := \alpha_1! \alpha_2! \cdots \alpha_n!$$
$$|\alpha| := \alpha_1 + \alpha_2 + \cdots + \alpha_n$$

この multi-index を用いると，多項定理を次のように書ける．

$$(x_1 + \cdots + x_n)^k = \sum_{|\alpha|=k} \frac{k!}{\alpha!} \boldsymbol{x}^\alpha$$

ここで，右辺の和は $|\alpha| = k$ を満たすすべての multi-index α に対する和である．このことから，

$$\left(h_1 \frac{\partial}{\partial x_1} + \cdots + h_n \frac{\partial}{\partial x_n} \right)^k = k! \sum_{|\alpha|=k} \frac{1}{\alpha!} \boldsymbol{h}^\alpha \left(\frac{\partial}{\partial \boldsymbol{x}} \right)^\alpha$$

が成り立つことがわかる．したがって，有限 Taylor 展開の公式は

$$f(\boldsymbol{a} + \boldsymbol{h}) = \sum_{|\alpha| \leq m-1} \frac{\boldsymbol{h}^\alpha}{\alpha!} \left(\left(\frac{\partial}{\partial \boldsymbol{x}} \right)^\alpha f \right) (\boldsymbol{a}) + \sum_{|\alpha|=m} \frac{\boldsymbol{h}^\alpha}{\alpha!} \left(\left(\frac{\partial}{\partial \boldsymbol{x}} \right)^\alpha f \right) (\boldsymbol{a} + \theta \boldsymbol{h})$$

と書き直すことができる．さらに，$f^{(\alpha)} := \left(\frac{\partial}{\partial \boldsymbol{x}} \right)^\alpha f$ と書くことにすれば，次式が得られる．

$$f(\boldsymbol{x}) = \sum_{|\alpha| \leq m-1} \frac{f^{(\alpha)}(\boldsymbol{a})}{\alpha!}(\boldsymbol{x}-\boldsymbol{a})^\alpha + \sum_{|\alpha|=m} \frac{f^{(\alpha)}(\boldsymbol{a}+\theta(\boldsymbol{x}-\boldsymbol{a}))}{\alpha!}(\boldsymbol{x}-\boldsymbol{a})^\alpha$$

この n 変数関数に対する有限 Taylor 展開は，1 変数関数に対する有限 Taylor 展開とほとんど同じ形をしていることがわかるであろう．これを見ても，multi-index の便利さが理解できよう．

8.3 極値問題

2 変数関数に対する極値問題の扱いは定理 4.8 および定理 4.9 で見てきた．それを n 変数関数に対して拡張することは難しくないが，ここでは線形代数の知識を用いてもう少し見通しのよい証明を与えることにしよう．

定理 8.7 Ω を $\mathbf{R}^n$ の開集合，$\boldsymbol{a} \in \Omega$，$f \in C^1(\Omega)$ とする．このとき，f が $\boldsymbol{a}$ で極値をとれば，$\nabla f(\boldsymbol{a}) = \boldsymbol{0}$ が成り立つ．

[証明] 各 $j \in \{1, 2, \ldots, n\}$ を固定するごとに，x_j の 1 変数関数

$$\varphi_j(x_j) := f(a_1, \ldots, a_{j-1}, x_j, a_{j+1}, \ldots, a_n)$$

は C^1 級であり，$x_j = a_j$ において極値をとる．したがって，

$$\varphi_j'(a_j) = \frac{\partial f}{\partial x_j}(\boldsymbol{a}) = 0 \quad (1 \leq j \leq n)$$

となり，$\nabla f(\boldsymbol{a}) = \boldsymbol{0}$ が従う． □

定義 8.3 $\nabla f(\boldsymbol{a}) = \boldsymbol{0}$ を満たす点 $\boldsymbol{a}$ を，f の停留点とよぶ．

この用語を用いれば，定理 8.7 は極値点は常に停留点であることを主張している．しかし，1 変数関数のときと同様，その逆は必ずしも正しくない．つまり，停留点であっても極値点でない場合があることに注意しよう．いずれにしても，極値点を見つけるときは，まずその候補として停留点を見つければよい．次に，1 変数関数のとき極値の判定に 2 階の導関数が用いられたように，n 変数関数のときにも 2 階の偏導関数が極値の判定に用いられる．そこで，次の定義をしておこう．

定義 8.4 $f \in C^2(\Omega)$ に対して，n 次実対称行列

$$H_f(\boldsymbol{x}) := \left(\frac{\partial^2 f}{\partial x_i \partial x_j}(\boldsymbol{x}) \right)_{1 \le i,j \le n}$$

$$= \begin{pmatrix} \dfrac{\partial^2 f}{\partial x_1^2}(\boldsymbol{x}) & \dfrac{\partial^2 f}{\partial x_1 \partial x_2}(\boldsymbol{x}) & \cdots & \dfrac{\partial^2 f}{\partial x_1 \partial x_n}(\boldsymbol{x}) \\ \dfrac{\partial^2 f}{\partial x_1 \partial x_2}(\boldsymbol{x}) & \dfrac{\partial^2 f}{\partial x_2^2}(\boldsymbol{x}) & \cdots & \dfrac{\partial^2 f}{\partial x_2 \partial x_n}(\boldsymbol{x}) \\ \vdots & \vdots & \ddots & \vdots \\ \dfrac{\partial^2 f}{\partial x_1 \partial x_n}(\boldsymbol{x}) & \dfrac{\partial^2 f}{\partial x_2 \partial x_n}(\boldsymbol{x}) & \cdots & \dfrac{\partial^2 f}{\partial x_n^2}(\boldsymbol{x}) \end{pmatrix}$$

を f の Hesse 行列とよぶ.

定理 8.8（極値の判定） Ω を $\mathbf{R}^n$ の開集合，$\boldsymbol{a} \in \Omega$，$f \in C^2(\Omega)$，$\nabla f(\boldsymbol{a}) = \boldsymbol{0}$ とする．このとき，

(1) $H_f(\boldsymbol{a})$ の固有値がすべて正ならば，f は $\boldsymbol{a}$ で極小となる.

(2) $H_f(\boldsymbol{a})$ の固有値がすべて負ならば，f は $\boldsymbol{a}$ で極大となる.

(3) $H_f(\boldsymbol{a})$ が正と負の固有値をもてば，$\boldsymbol{a}$ は f の鞍点である.

この定理を証明する前に，線形代数の定理を一つ思い出しておこう.

補題 8.1 (1) 実対称行列は直交行列で対角化可能である．すなわち，任意の n 次実対称行列 H に対して，ある n 次直交行列 T が存在し，

$$T^{-1}HT = \begin{pmatrix} \lambda_1 & & & 0 \\ & \lambda_2 & & \\ & & \ddots & \\ 0 & & & \lambda_n \end{pmatrix}$$

が成り立つ．ここで，$\lambda_1, \lambda_2, \ldots, \lambda_n$ は H の固有値である.

(2) T を n 次直交行列とすると，$T^{-1} = T^t$（添字 t は行列の転置を表す）および

$$\|T\boldsymbol{x}\| = \|\boldsymbol{x}\| \quad (\forall \boldsymbol{x} \in \mathbf{R}^n)$$

が成り立つ. このとき, $\boldsymbol{y} = T\boldsymbol{x}$ により, 直交座標系 $\boldsymbol{x}$ からほかの直交座標系 $\boldsymbol{y}$ への変換が与えられる. 逆に, そのような変換を与える行列 T は必ず直交行列になる.

[定理 8.8 の証明]　f を $\boldsymbol{a}$ の周りで Taylor 展開しよう. $f \in C^2(\Omega)$ であることから,

$$
\begin{aligned}
f(\boldsymbol{x}) &= \sum_{|\alpha| \leq 2} \frac{f^{(\alpha)}(\boldsymbol{a})}{\alpha!} (\boldsymbol{x} - \boldsymbol{a})^\alpha + R(\boldsymbol{x}) \\
&= f(\boldsymbol{a}) + \sum_{i=1}^n \frac{\partial f}{\partial x_i}(\boldsymbol{a})(x_i - a_i) \\
&\quad + \frac{1}{2} \sum_{i=1}^n \sum_{j=1}^n \frac{\partial^2 f}{\partial x_i \partial x_j}(\boldsymbol{a})(x_i - a_i)(x_j - a_j) + R(\boldsymbol{x}) \\
&= f(\boldsymbol{a}) + (\boldsymbol{x} - \boldsymbol{a}) \cdot \nabla f(\boldsymbol{a}) + \frac{1}{2}(\boldsymbol{x} - \boldsymbol{a}) \cdot \left(H_f(\boldsymbol{a})(\boldsymbol{x} - \boldsymbol{a}) \right) + R(\boldsymbol{x})
\end{aligned}
$$

が成り立つ. ここで, $R(\boldsymbol{x})$ は剰余項であり,

$$
\lim_{\boldsymbol{x} \to \boldsymbol{a}} \frac{R(\boldsymbol{x})}{\|\boldsymbol{x} - \boldsymbol{a}\|^2} = 0 \tag{8.2}
$$

を満たす. また, 上式における行列とベクトルの積の計算では, ベクトルはすべて縦ベクトルとみなして計算している. ここで, 仮定より $\nabla f(\boldsymbol{a}) = \boldsymbol{0}$ であるから,

$$
f(\boldsymbol{x}) - f(\boldsymbol{a}) = \frac{1}{2}(\boldsymbol{x} - \boldsymbol{a}) \cdot \left(H_f(\boldsymbol{a})(\boldsymbol{x} - \boldsymbol{a}) \right) + R(\boldsymbol{x})
$$

が得られる. 次に, $\boldsymbol{x}$ が $\boldsymbol{a}$ の近傍を動くとき, 上式の右辺の符号変化を調べよう. 補題 8.1 より, 対称行列 $H_f(\boldsymbol{a})$ は, ある直交行列 T により対角化される. すなわち,

$$
T^{-1} H_f(\boldsymbol{a}) T = \begin{pmatrix} \lambda_1 & & 0 \\ & \ddots & \\ 0 & & \lambda_n \end{pmatrix} =: \Lambda
$$

が成り立つ. ここで, $\lambda_1, \ldots, \lambda_n$ は $H_f(\boldsymbol{a})$ の固有値である. この直交行列 T を用いて, $\boldsymbol{y} := T^{-1}(\boldsymbol{x} - \boldsymbol{a})$ により独立変数を $\boldsymbol{x}$ から $\boldsymbol{y}$ へ変換しよう. これは, $\boldsymbol{a}$ を原点とする新しい直交座標系を用いていることに対応する. このとき,

$$
f(\boldsymbol{x}) - f(\boldsymbol{a}) = \frac{1}{2}(T\boldsymbol{y}) \cdot (H_f(\boldsymbol{a})T\boldsymbol{y}) + R(\boldsymbol{x})
$$

$$= \frac{1}{2} \boldsymbol{y} \cdot (T^t H_f(\boldsymbol{a}) T \boldsymbol{y}) + R(\boldsymbol{x})$$

$$= \frac{1}{2} \boldsymbol{y} \cdot (\Lambda \boldsymbol{y}) + R(\boldsymbol{x})$$

$$= \frac{1}{2} (\lambda_1 y_1^2 + \cdots \lambda_n y_n^2) + R(\boldsymbol{x})$$

となる．上の計算では，Euclid 内積と転置行列の関係 $(A\boldsymbol{x}) \cdot \boldsymbol{y} = \boldsymbol{x} \cdot (A^t \boldsymbol{y})$ $(\boldsymbol{x}, \boldsymbol{y} \in \mathbf{R}^n)$ および $T^t = T^{-1}$ という事実を用いた．

(1) の場合：$\lambda_j > 0$ $(1 \leq j \leq n)$ であるから，

$$\lambda_0 := \min\{\lambda_1, \ldots, \lambda_n\}$$

とおくと，$\lambda_j \geq \lambda_0 > 0$ および $\|\boldsymbol{y}\| = \|T\boldsymbol{y}\| = \|\boldsymbol{x} - \boldsymbol{a}\|$ に注意すれば，

$$f(\boldsymbol{x}) - f(\boldsymbol{a}) \geq \frac{1}{2} \lambda_0 (y_1^2 + \cdots + y_n^2) + R(\boldsymbol{x})$$

$$= \frac{1}{2} \lambda_0 \|\boldsymbol{x} - \boldsymbol{a}\|^2 + R(\boldsymbol{x})$$

$$= \left(\frac{1}{2} \lambda_0 + \frac{R(\boldsymbol{x})}{\|\boldsymbol{x} - \boldsymbol{a}\|^2} \right) \|\boldsymbol{x} - \boldsymbol{a}\|^2$$

となる．ここで，剰余項 $R(\boldsymbol{x})$ は (8.2) を満たすことから，十分小さな正定数 $\delta > 0$ が存在し，$0 < \|\boldsymbol{x} - \boldsymbol{a}\| < \delta$ を満たす任意の $\boldsymbol{x}$ に対して

$$\frac{|R(\boldsymbol{x})|}{\|\boldsymbol{x} - \boldsymbol{a}\|^2} \leq \frac{1}{4} \lambda_0$$

が成り立つ．したがって，$0 < \|\boldsymbol{x} - \boldsymbol{a}\| < \delta$ を満たす任意の $\boldsymbol{x}$ に対して

$$f(\boldsymbol{x}) - f(\boldsymbol{a}) \geq \frac{1}{4} \lambda_0 \|\boldsymbol{x} - \boldsymbol{a}\|^2 > 0$$

となり，f は $\boldsymbol{a}$ で極小値をとることがわかる．

(2) の場合：$\lambda_j < 0$ $(1 \leq j \leq n)$ であるから，

$$\lambda_0 := \max\{\lambda_1, \ldots, \lambda_n\}$$

とおくと，$\lambda_j \leq \lambda_0 < 0$ より，

$$f(\boldsymbol{x}) - f(\boldsymbol{a}) \leq \frac{1}{2} \lambda_0 (y_1^2 + \cdots + y_n^2) + R(\boldsymbol{x})$$

$$= \left(\frac{1}{2} \lambda_0 + \frac{R(\boldsymbol{x})}{\|\boldsymbol{x} - \boldsymbol{a}\|^2} \right) \|\boldsymbol{x} - \boldsymbol{a}\|^2$$

となる．したがって，(1) の場合と同様にして，十分小さな正定数 $\delta > 0$ が存在し，$0 < \|\boldsymbol{x} - \boldsymbol{a}\| < \delta$ を満たす任意の $\boldsymbol{x}$ に対して

$$f(\boldsymbol{x}) - f(\boldsymbol{a}) \leq \frac{1}{4}\lambda_0\|\boldsymbol{x} - \boldsymbol{a}\|^2 < 0$$

が成り立つ．ゆえに，f は $\boldsymbol{a}$ で極大値をとることがわかる．

(3) の場合：簡単のために，$\lambda_1 > 0 > \lambda_2$ としよう．このとき，まず y_1 軸に沿って f の値の変化を調べてみよう．すなわち，$\boldsymbol{y} = (y_1, 0, \ldots, 0)$ 上の f の値を見てみよう．このとき，$\boldsymbol{x} = \boldsymbol{a} + (T\boldsymbol{e}_1)y_1$ および $\boldsymbol{e}_1 = (1, 0, \ldots, 0)^t$ であり，

$$f(\boldsymbol{x}) - f(\boldsymbol{a}) = \frac{1}{2}\lambda_1 y_1^2 + R(\boldsymbol{x}), \qquad \lim_{y_1 \to 0} \frac{R(\boldsymbol{x})}{y_1^2} = 0$$

が成り立つ．これより，y_1 軸に沿って f の値の変化を調べると，f は $y_1 = 0$（すなわち $\boldsymbol{x} = \boldsymbol{a}$）において極小になることがわかる．同様にして，$y_2$ 軸に沿って f の値の変化を調べると，すなわち，$\boldsymbol{y} = (0, y_2, 0, \ldots, 0)$ 上の f の値を見てみると，f は $y_2 = 0$（すなわち $\boldsymbol{x} = \boldsymbol{a}$）において極大になることがわかる．ゆえに，この場合 $\boldsymbol{a}$ は f の鞍点である．　　　□

例 8.1　$f(x, y) = x^3 - y^3 - 3x + 12y$ の極大値と極小値を求めてみよう．まず，f の停留点を求めていく．

$$\nabla f(x, y) = (3x^2 - 3, -3y^2 + 12)$$

より，$\nabla f(x, y) = \boldsymbol{0}$ を解くと

$$(x, y) = (\pm 1, \pm 2) \quad （複号任意）$$

となる．これらが f の停留点である．次に，定理 8.8 を用いて，これらの点が極値点であるかどうかを判定する．

$$H_f(x, y) = \begin{pmatrix} 6x & 0 \\ 0 & -6y \end{pmatrix}$$

より，f の Hesse 行列 $H_f(x, y)$ の固有値は $6x, -6y$ である．したがって，f は $(x, y) = (1, -2)$ で極小，$(x, y) = (-1, 2)$ で極大となり，$(x, y) = \pm(1, 2)$ は f の鞍点である．

問 8.4　以下で定められる関数 f の停留点をすべて求めよ．次にその中から極値点を選び出し，極大・極小の判定をせよ．

(1) $f(x, y, z) = y^4 - z^3 + x^2 + 2xy + 3y^2 - 2x - 2y + 3z$

(2) $f(x, y, z) = 3z^2 + 2xy + 4yz + 4zx$

第 9 章　陰関数定理とその応用

この章では，まず陰関数定理とはどのような定理であるかを紹介し，その応用として条件付き極値問題に対する Lagrange（ラグランジュ）の未定乗数法を解説する．また，陰関数定理とほぼ同様な定理である逆関数定理も紹介する．次いで，無限次元のノルム空間である関数空間 $C([a, b])$ の基本的な性質，とくに完備性を証明する．最後に抽象的な距離空間における縮小写像の原理を準備し，陰関数定理の証明を与える．

9.1　陰関数定理

まず，陰関数定理というものを大雑把に紹介しよう．2 変数関数 $f(x, y)$ が与えられているとき，方程式

$$f(x, y) = 0 \tag{9.1}$$

を考える．$x = a$ のとき，y についての方程式 $f(a, y) = 0$ が $y = b$ という解をもっていたとしよう．そこで，x を a から少しだけずらしたとき，もし $f(x, y)$ が連続関数であれば，yz 平面における $z = f(x, y)$ のグラフも少しだけずれ，それゆえ，そのグラフと y 軸との交点も少しだけずれるであろう（図 9.1 を参照せよ）．その交点は，x をパラメーターをみなしたときの y についての方程式 (9.1) の解である．それゆえ，x が a に十分近い場合，方程式 (9.1) は $y = \varphi(x)$ の形で解けるであろう．この推論がいつも正しいとは限らないが，それが成り立つような十分条件を与えているのが陰関数定理であり，この関数 $\varphi(x)$ を $f(x, y)$ から定まる陰関数という．

まずは，2 変数関数に対する陰関数定理を紹介しよう．

定理 9.1（陰関数定理）　Ω を $\mathbf{R}^2$ の開集合，$(a, b) \in \Omega$，$f(x, y)$ を Ω で定義された C^1 級の実数値関数とする．このとき，

$$f(a,b) = 0 \quad \text{および} \quad f_y(a,b) \neq 0 \tag{9.2}$$

ならば，方程式 (9.1) は (a,b) のある近傍で y について一意に解ける．すなわち，十分小さな正定数 r, δ および開区間 $(a-r, a+r)$ で定義された C^1 級関数 φ が存在し，以下の性質を満たす．

(1) 任意の $x \in (a-r, a+r)$ に対して，$f(x, \varphi(x)) = 0$ および $|\varphi(x) - b| < \delta$

(2) $\varphi(a) = b$

(3) $f(x, y) = 0, |x - a| < r, |y - b| < \delta \Rightarrow y = \varphi(x)$

(4) $\varphi'(x) = -\dfrac{f_x(x, \varphi(x))}{f_y(x, \varphi(x))}$

(5) f が C^k 級 $(k \geq 2)$ ならば，陰関数 φ もまた C^k 級

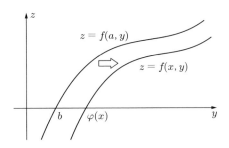

図 9.1　$f(x, y)$ から定まる陰関数 $\varphi(x)$

　上記の性質 (1) は $\varphi(x)$ が $f(x, y)$ から定まる陰関数であり，かつ $\varphi(x)$ が $y = b$ の近傍にあることを述べている．(3) は，x が a の近傍にあるとき，y についての方程式 (9.1) は $y = b$ の近傍においてただ一つの解（それが陰関数 $\varphi(x)$ である）しかもたないことを述べている．陰関数定理の証明で最も困難なのは，C^1 級の陰関数がただ一つ存在することを示すことである．いったん，陰関数の存在が示されてしまえば，等式

$$f(x, \varphi(x)) = 0$$

の両辺を x で微分し，合成関数の微分法を用いれば

$$f_x(x, \varphi(x)) + f_y(x, \varphi(x))\varphi'(x) = 0$$

が得られる．これを $\varphi'(x)$ について解けば (4) が従う．さらに，この (4) を用いれば，k に関する帰納法により (5) が容易に示される．

この陰関数定理の仮定 (9.2) の条件

$$f_y(a, b) \neq 0$$

は非常に重要である．この条件は，yz 平面における $z = f(a, y)$ のグラフが $y = b$ において接しておらず，そのグラフは y 軸に $y = b$ において横断的に交差していることを意味している（図 9.2 を参照せよ）．もし，$z = f(a, y)$ のグラフが $y = b$ において接しているとすると（図 9.3 を参照せよ），その接し方にもよるが，ほんの少しでもグラフがずれただけで，その接点が消えてなくなったり（それゆえ陰関数が存在しなくなる），あるいは，その接点が二つの交点に変わったりして（それゆえ陰関数の一意性がなくなる），陰関数定理における結論は成り立たなくなってしまう．

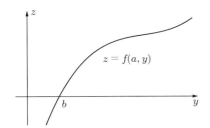

図 9.2 $f_y(a, b) \neq 0$ の場合のグラフの様子　　**図 9.3** $f_y(a, b) = 0$ の場合のグラフの様子

以下の例では陰関数定理を使うまでもないが，陰関数定理の意味を理解するうえでは役に立つであろう．

例 9.1　$f(x, y) = x^2 + y^2 - 1$ とする．$f(x, y) = 0$ を満たす点 (x, y) 全体の集合は，xy 平面上における原点を中心とする半径 1 の円周である．

$f(a, b) = 0, b > 0$ の場合を考えよう．このとき，

$$f_y(a, b) = 2b \neq 0$$

であるから陰関数定理が適用でき，十分小さな正定数 r と開区間 $(a - r, a + r)$ で定義された C^∞ 級関数 φ が存在し，$f(x, \varphi(x)) \equiv 0$, $\varphi(a) = b$ が成り立つ．この陰関数 φ は $\varphi(x) = \sqrt{1 - x^2}$ にほかならない．

$f(a, b) = 0, b = 0$ の場合については，

$$f_y(a, b) = 0$$

となってしまうので，陰関数定理の仮定 (9.2) が満たされず，それゆえ陰関数定理が適用できない．実際，このときは $a = \pm 1$ であるが，$|x|$ の値が $|a| = 1$ より少しで

も大きくなると，$f(x, y) = 0$ を満たす y は実数の範囲では存在せず，それゆえ陰関数も存在しない．逆に，$|x|$ の値が $|a| = 1$ より少しでも小さくなると，$f(x, y) = 0$ を満たす y は $y = \pm\sqrt{1 - x^2}$ という二つの解をもってしまい，陰関数の一意性は成り立たない．

xy 平面上における集合 $\{(x, y) \mid f(x, y) = 0\}$ の軌跡と，yz 平面上における $z = f(x, y)$ のグラフを描いてみれば，上記の説明がはっきり理解できるであろう．

$\boxed{\text{例 9.2}}$　$f(x, y) = xe^y - y^2 + e^x$ とおき，x をパラメーターと見て，y についての方程式

$$f(x, y) = 0$$

を解くことを考えよう．$x = 0$ のとき，$f(0, y) = -y^2 + 1 = 0$ は $y = \pm 1$ という解をもつ．以下では，$(x, y) = (0, 1)$ の近傍を考えよう．$f(x, y)$ は明らかに $\mathbf{R}^2$ で定義された C^∞ 級関数であり，$f_y(x, y) = xe^y - 2y$ より

$$f(0, 1) = 0 \quad \text{および} \quad f_y(0, 1) = -2 \neq 0$$

が成り立つ．したがって，陰関数定理が適用でき，十分小さな正定数 r と開区間 $(-r, r)$ で定義された C^∞ 級関数 $\varphi(x)$ が存在し，

$$f(x, \varphi(x)) = 0 \quad (|x| < r) \qquad \text{および} \qquad \varphi(0) = 1$$

が成り立つ．

　陰関数定理は，このような陰関数 $\varphi(x)$ の存在を保証してくれるものであるが，それがどのような関数であるかは何も述べていない．それだと何も意味がないのではないかと思う人もいるかと思うが，陰関数 $\varphi(x)$ の滑らかさは保証されているので，Taylor 展開できることがわかる．すなわち，任意の自然数 m に対して

$$\varphi(x) = \sum_{k=0}^{m} \frac{\varphi^{(k)}(0)}{k!} x^k + O(x^{m+1}) \quad (x \to 0)$$

が成り立つ．ここで，もし微分係数 $\varphi^{(k)}(0)$ が計算できれば，$x = 0$ の近傍で陰関数 $\varphi(x)$ のふるまいや近似値が求められることになる．

　次に，この微分係数を求めてみよう．陰関数定理より，$\varphi(0) = 1$ であることはわかっている．等式 $f(x, \varphi(x)) = 0$ の両辺を x で微分すると

$$f_x(x, \varphi(x)) + f_y(x, \varphi(x))\varphi'(x) = 0 \tag{9.3}$$

となるが，この式において $x = 0$ とおくと $\varphi(0) = 1$ より

$$f_x(0, 1) + f_y(0, 1)\varphi'(0) = 0$$

となる．ここで，上ですでに計算したように $f_y(0, 1) = -2$ であり，$f_x(x, y) = e^y + e^x$ より，$f_x(0, 1) = e + 1$ である．したがって，

$$\varphi'(0) = \frac{e + 1}{2}$$

となる．次に，(9.3) の両辺を再度 x で微分すると

$$f_{xx}(x, \varphi(x)) + 2f_{xy}(x, \varphi(x))\varphi'(x)$$
$$+ f_{yy}(x, \varphi(x))(\varphi'(x))^2 + f_y(x, \varphi(x))\varphi''(x) = 0$$

となるが，この式において $x = 0$ とおくと $\varphi(0) = 1$ より

$$f_{xx}(0, 1) + 2f_{xy}(0, 1)\varphi'(0) + f_{yy}(0, 1)(\varphi'(0))^2 + f_y(0, 1)\varphi''(0) = 0$$

となる．ここで，$f_{xx}(x, y) = e^x, f_{xy}(x, y) = e^y, f_{yy}(x, y) = xe^y - 2$ より，$f_{xx}(0, 1) = 1, f_{xy}(0, 1) = e, f_{yy}(0, 1) = -2$ である．したがって，

$$\varphi''(0) = \frac{1}{2}\left(1 + 2e\frac{e + 1}{2} - 2\left(\frac{e + 1}{2}\right)^2\right) = \frac{e^2 + 1}{4}$$

となる．以上のことから，次式が得られる．

$$\varphi(x) = 1 + \frac{e + 1}{2}x + \frac{e^2 + 1}{8}x^2 + O(x^3) \quad (x \to 0)$$

このような操作を繰り返せば，原理的には高階の微分係数 $\varphi^{(k)}(0)$ も計算することができ，陰関数 $\varphi(x)$ の高次展開を得ることが可能である．

　上では，最も簡単な 2 変数関数に対する陰関数定理を紹介したが，次にこの定理を多変数関数に拡張することを考えよう．$\boldsymbol{x} = (x_1, \ldots, x_n) \in \mathbf{R}^n$ および $\boldsymbol{y} = (y_1, \ldots, y_m) \in \mathbf{R}^m$ の関数 $\boldsymbol{f}(\boldsymbol{x}, \boldsymbol{y}) = (f_1(\boldsymbol{x}, \boldsymbol{y}), \ldots, f_m(\boldsymbol{x}, \boldsymbol{y}))$ が与えられているとき，$\boldsymbol{y}$ を未知数とする連立方程式

$$\boldsymbol{f}(\boldsymbol{x}, \boldsymbol{y}) = \boldsymbol{0} \tag{9.4}$$

を考えよう．ベクトル記号を使わず，成分で書けば次のようになる．

$$\begin{cases} f_1(x_1,\ldots,x_n,y_1,\ldots,y_m) = 0 \\ f_2(x_1,\ldots,x_n,y_1,\ldots,y_m) = 0 \\ \qquad\qquad\vdots \\ f_m(x_1,\ldots,x_n,y_1,\ldots,y_m) = 0 \end{cases}$$

ここで，未知数 $\boldsymbol{y} = (y_1,\ldots,y_m)$ と方程式の個数がともに m 個で等しいことに注意しよう．線形代数で勉強してきたように，線形の連立方程式のときでも未知数の個数と方程式の個数が等しくない場合には，解が存在しなかったり，解が無限個存在したりする場合があった．ここでは，線形の場合を含むもっと一般の方程式を考えているので，未知数の個数と方程式の個数が一致する場合を考えるのは自然であろう．

さて問題は，上記の連立方程式が $\boldsymbol{y} = \boldsymbol{\varphi}(\boldsymbol{x}) = (\varphi_1(\boldsymbol{x}),\ldots,\varphi_m(\boldsymbol{x}))$ という形で解けるか？解けるための条件は何か？ということである．先の 2 変数関数の場合には，グラフを描くことによってその条件を直感的に理解することができた．しかし，今の場合のような多変数関数となるとグラフを描くことはできないので，別な方法でその条件を見つけ出そう．陰関数定理（定理 9.1）は陰関数 φ の一意な存在を主張した後，その導関数を f の導関数を使って書き下している．それが可能なためには $f_y(x, \varphi(x)) \neq 0$ でなければならないが，これが $x = a$ のときに成立している，というのが陰関数定理の本質的な仮定 $f_y(a, b) \neq 0$ であった．したがって，いま探し求めている条件というのは，陰関数の導関数が計算可能であることを保証する条件であることが予想される．それを見つけていこう．そこで，C^1 級の陰関数 $\boldsymbol{\varphi}(\boldsymbol{x})$ が存在したとする．このとき，$\boldsymbol{f}(\boldsymbol{x}, \boldsymbol{\varphi}(\boldsymbol{x})) = \boldsymbol{0}$，すなわち，

$$f_i(x_1,\ldots,x_n,\varphi_1(x_1,\ldots,x_n),\ldots,\varphi_m(x_1,\ldots,x_n)) = 0 \quad (1 \le i \le m)$$

が成り立つ．この両辺を x_j で微分し，合成関数の微分法を用いれば

$$\frac{\partial f_i}{\partial x_j}(\boldsymbol{x}, \boldsymbol{\varphi}(\boldsymbol{x})) + \frac{\partial f_i}{\partial y_1}(\boldsymbol{x}, \boldsymbol{\varphi}(\boldsymbol{x}))\frac{\partial \varphi_1}{\partial x_j}(\boldsymbol{x}) + \cdots + \frac{\partial f_i}{\partial y_m}(\boldsymbol{x}, \boldsymbol{\varphi}(\boldsymbol{x}))\frac{\partial \varphi_m}{\partial x_j}(\boldsymbol{x}) = 0$$

が得られる．これを行列を用いて書けば，次のようになる．

$$\begin{pmatrix} \dfrac{\partial f_1}{\partial y_1} & \cdots & \dfrac{\partial f_1}{\partial y_m} \\ \vdots & \ddots & \vdots \\ \dfrac{\partial f_m}{\partial y_1} & \cdots & \dfrac{\partial f_m}{\partial y_m} \end{pmatrix} \begin{pmatrix} \dfrac{\partial \varphi_1}{\partial x_j} \\ \vdots \\ \dfrac{\partial \varphi_m}{\partial x_j} \end{pmatrix} = - \begin{pmatrix} \dfrac{\partial f_1}{\partial x_j} \\ \vdots \\ \dfrac{\partial f_m}{\partial x_j} \end{pmatrix}$$

この左辺の係数行列は j に無関係な行列であることに注意しよう．この式より，陰関数 $\boldsymbol{\varphi}(\boldsymbol{x})$ の偏導関数

$$\frac{\partial \boldsymbol{\varphi}}{\partial x_j}(\boldsymbol{x}) = \left(\frac{\partial \varphi_1}{\partial x_j}(\boldsymbol{x}), \ldots, \frac{\partial \varphi_m}{\partial x_j}(\boldsymbol{x}) \right) \quad (1 \le j \le n)$$

が求まるためには，この係数行列が正則であればよい．これが求める条件であろう．以上のことを考慮して次の定義をしよう．

定義 9.1 Ω を $\mathbf{R}^n$ の開集合，$\boldsymbol{f}(\boldsymbol{x}) = (f_1(\boldsymbol{x}), \ldots, f_m(\boldsymbol{x}))$ $(\boldsymbol{x} = (x_1, \ldots, x_n) \in \Omega)$ を Ω で定義された C^1 級の関数とする．

(1) $m \times n$ 行列値関数

$$\begin{pmatrix} \dfrac{\partial f_1}{\partial x_1}(\boldsymbol{x}) & \cdots & \dfrac{\partial f_1}{\partial x_n}(\boldsymbol{x}) \\ \vdots & \ddots & \vdots \\ \dfrac{\partial f_m}{\partial x_1}(\boldsymbol{x}) & \cdots & \dfrac{\partial f_m}{\partial x_n}(\boldsymbol{x}) \end{pmatrix}$$

を $\boldsymbol{f}(\boldsymbol{x})$ の Jacobi 行列あるいは単に微分といい，$D\boldsymbol{f}(\boldsymbol{x}), \boldsymbol{f}'(\boldsymbol{x}), \frac{\partial \boldsymbol{f}}{\partial \boldsymbol{x}}(\boldsymbol{x})$ などと書く．

(2) $m = n$ のとき，Jacobi 行列 $D\boldsymbol{f}(\boldsymbol{x})$ の行列式を Jacobian といい，$J_{\boldsymbol{f}}(\boldsymbol{x}) := \det(D\boldsymbol{f}(\boldsymbol{x}))$ と書く．

また，関数 $\boldsymbol{f}(\boldsymbol{x}, \boldsymbol{y})$ に対して，$\boldsymbol{y}$ を固定し $\boldsymbol{x}$ の関数と見たときの Jacobi 行列を $D_{\boldsymbol{x}}\boldsymbol{f}(\boldsymbol{x}, \boldsymbol{y})$，$\boldsymbol{x}$ を固定し $\boldsymbol{y}$ の関数と見たときの Jacobi 行列を $D_{\boldsymbol{y}}\boldsymbol{f}(\boldsymbol{x}, \boldsymbol{y})$ と書くことにしよう．すなわち，

$$D_{\boldsymbol{x}}\boldsymbol{f}(\boldsymbol{x}, \boldsymbol{y}) = \begin{pmatrix} \dfrac{\partial f_1}{\partial x_1}(\boldsymbol{x}, \boldsymbol{y}) & \cdots & \dfrac{\partial f_1}{\partial x_n}(\boldsymbol{x}, \boldsymbol{y}) \\ \vdots & \ddots & \vdots \\ \dfrac{\partial f_m}{\partial x_1}(\boldsymbol{x}, \boldsymbol{y}) & \cdots & \dfrac{\partial f_m}{\partial x_n}(\boldsymbol{x}, \boldsymbol{y}) \end{pmatrix}$$

および

$$D_{\boldsymbol{y}}\boldsymbol{f}(\boldsymbol{x},\boldsymbol{y}) = \begin{pmatrix} \dfrac{\partial f_1}{\partial y_1}(\boldsymbol{x},\boldsymbol{y}) & \cdots & \dfrac{\partial f_1}{\partial y_m}(\boldsymbol{x},\boldsymbol{y}) \\ \vdots & \ddots & \vdots \\ \dfrac{\partial f_m}{\partial y_1}(\boldsymbol{x},\boldsymbol{y}) & \cdots & \dfrac{\partial f_m}{\partial y_m}(\boldsymbol{x},\boldsymbol{y}) \end{pmatrix}$$

とする.

問 9.1 $\boldsymbol{f}:\mathbf{R}^n \to \mathbf{R}^m$ および $\boldsymbol{g}:\mathbf{R}^m \to \mathbf{R}^l$ は C^1 級であるとする. このとき, 次の問いに答えよ.

(1) 合成関数 $(\boldsymbol{g}\circ\boldsymbol{f})(\boldsymbol{x}) = \boldsymbol{g}(\boldsymbol{f}(\boldsymbol{x}))$ の Jacobi 行列 $D(\boldsymbol{g}\circ\boldsymbol{f})$ に対して, $D(\boldsymbol{g}\circ\boldsymbol{f})(\boldsymbol{x}) = D\boldsymbol{g}(\boldsymbol{f}(\boldsymbol{x}))D\boldsymbol{f}(\boldsymbol{x})$ が成り立つことを示せ.

(2) $n = m = l$ のとき, 合成関数 $\boldsymbol{g}\circ\boldsymbol{f}$ の Jacobian $J_{\boldsymbol{g}\circ\boldsymbol{f}}$ に対して, $J_{\boldsymbol{g}\circ\boldsymbol{f}}(\boldsymbol{x}) = J_{\boldsymbol{g}}(\boldsymbol{f}(\boldsymbol{x}))J_{\boldsymbol{f}}(\boldsymbol{x})$ が成り立つことを示せ.

以上の準備のもと, 多変数関数に対する一般の陰関数定理を紹介しよう.

定理 9.2(陰関数定理)　Ω を $\mathbf{R}^n \times \mathbf{R}^m$ の開集合, $(\boldsymbol{a},\boldsymbol{b}) \in \Omega$ $(\boldsymbol{a} \in \mathbf{R}^n, \boldsymbol{b} \in \mathbf{R}^m)$, $\boldsymbol{f}(\boldsymbol{x},\boldsymbol{y}) = (f_1(\boldsymbol{x},\boldsymbol{y}),\ldots,f_m(\boldsymbol{x},\boldsymbol{y}))$ $(\boldsymbol{x} \in \mathbf{R}^n, \boldsymbol{y} \in \mathbf{R}^m)$ を Ω で定義された C^1 級関数とする. このとき,

$$\boldsymbol{f}(\boldsymbol{a},\boldsymbol{b}) = \boldsymbol{0} \quad \text{および} \quad \det\bigl(D_{\boldsymbol{y}}\boldsymbol{f}(\boldsymbol{a},\boldsymbol{b})\bigr) \neq 0 \tag{9.5}$$

ならば, 方程式 (9.4) は $(\boldsymbol{a},\boldsymbol{b})$ のある近傍で $\boldsymbol{y}$ について一意に解ける. すなわち, 十分小さな正定数 r,δ および $\boldsymbol{a}$ を中心とする半径 r の開球 $B_r(\boldsymbol{a})$ で定義された C^1 級関数 $\boldsymbol{\varphi}(\boldsymbol{x}) = (\varphi_1(\boldsymbol{x}),\ldots,\varphi_m(\boldsymbol{x}))$ が存在し, 以下の性質を満たす.

(1) 任意の $\boldsymbol{x} \in B_r(\boldsymbol{a})$ に対して, $\boldsymbol{f}(\boldsymbol{x},\boldsymbol{\varphi}(\boldsymbol{x})) = \boldsymbol{0}$ および $\|\boldsymbol{\varphi}(\boldsymbol{x}) - \boldsymbol{b}\| < \delta$

(2) $\boldsymbol{\varphi}(\boldsymbol{a}) = \boldsymbol{b}$

(3) $\boldsymbol{f}(\boldsymbol{x},\boldsymbol{y}) = \boldsymbol{0}, \|\boldsymbol{x} - \boldsymbol{a}\| < r, \|\boldsymbol{y} - \boldsymbol{b}\| < \delta \Rightarrow \boldsymbol{y} = \boldsymbol{\varphi}(\boldsymbol{x})$

(4) $D\boldsymbol{\varphi}(\boldsymbol{x}) = -\bigl((D_{\boldsymbol{y}}\boldsymbol{f})(\boldsymbol{x},\boldsymbol{\varphi}(\boldsymbol{x}))\bigr)^{-1}(D_{\boldsymbol{x}}\boldsymbol{f})(\boldsymbol{x},\boldsymbol{\varphi}(\boldsymbol{x}))$

(5) $\boldsymbol{f}$ が C^k 級 $(k \geq 2)$ ならば, 陰関数 $\boldsymbol{\varphi}$ もまた C^k 級

ここでも陰関数定理の証明で最も困難なのは, C^1 級の陰関数がただ一つ存在することを示すことである. いったん陰関数の存在が示されてしまえば, 等式

$$\boldsymbol{f}(\boldsymbol{x},\boldsymbol{\varphi}(\boldsymbol{x})) = \boldsymbol{0}$$

の両辺の $\boldsymbol{x}$ に関する Jacobi 行列を計算して，合成関数の微分法より

$$(D_{\boldsymbol{x}}\boldsymbol{f})(\boldsymbol{x},\boldsymbol{\varphi}(\boldsymbol{x})) + (D_{\boldsymbol{y}}\boldsymbol{f})(\boldsymbol{x},\boldsymbol{\varphi}(\boldsymbol{x}))D\boldsymbol{\varphi}(\boldsymbol{x}) = O$$

が得られる．ここで，O はその成分がすべて 0 の行列（零行列）である．これを $D\boldsymbol{\varphi}(\boldsymbol{x})$ について解けば (4) が従う．さらに，この (4) を用いれば，k に関する帰納法により (5) が容易に示される．この陰関数定理の仮定で最も重要な条件は (9.5) の後者の条件である．連立方程式 $\boldsymbol{f}(\boldsymbol{x},\boldsymbol{y}) = \boldsymbol{0}$ を $\boldsymbol{y}$ について解くためには，$\boldsymbol{y}$ に関する Jacobian が 0 ではないことを確認すればよい，と覚えておくとよいであろう．

この定理の証明は後に紹介することにして，まずはその使い方を説明しよう．

例 9.3 $f(x,y,z) = x+y+z$ および $g(x,y,z) = e^x + e^{2y} + e^{3z} - 3$ とし，連立方程式

$$\begin{cases} f(x,y,z) = 0 \\ g(x,y,z) = 0 \end{cases} \tag{9.6}$$

を (x,y) について解くことを考えよう．

$z = 0$ のとき，$(x,y) = (0,0)$ が解になることは明らかである．また，f, g は明らかに C^∞ 級関数であり，

$$\det \begin{pmatrix} f_x(0,0,0) & f_y(0,0,0) \\ g_x(0,0,0) & g_y(0,0,0) \end{pmatrix} = \det \begin{pmatrix} 1 & 1 \\ 1 & 2 \end{pmatrix} = 1 \neq 0$$

となる．したがって，陰関数定理が適用でき，十分小さな正定数 r と開区間 $(-r,r)$ で定義された C^∞ 級関数 $\varphi(z), \psi(z)$ が存在し，

$$f(\varphi(z),\psi(z),z) = g(\varphi(z),\psi(z),z) = 0 \quad (|z| < r), \qquad \varphi(0) = \psi(0) = 0$$

が成り立つ．すなわち，連立方程式 (9.6) は $(x,y,z) = (0,0,0)$ の近傍で (x,y) について一意に解くことができ，その解が $(x,y) = (\varphi(z),\psi(z))$ で与えられる．この解の $z = 0$ の近傍におけるふるまいを調べるためには，例 9.2 と同様にして，陰関数 $\varphi(z), \psi(z)$ を Taylor 展開すればよい．そのためには，これら陰関数の $z = 0$ における微分係数を求めればよい．

等式 $f(\varphi(z),\psi(z),z) = g(\varphi(z),\psi(z),z) = 0$ を z で微分した後，$z = 0$ を代入すると，$\varphi(0) = \psi(0) = 0$ より

$$\begin{cases} f_x(0,0,0)\varphi'(0) + f_y(0,0,0)\psi'(0) + f_z(0,0,0) = 0 \\ g_x(0,0,0)\varphi'(0) + g_y(0,0,0)\psi'(0) + g_z(0,0,0) = 0 \end{cases}$$

となる．すなわち，

$$\begin{pmatrix} f_x(0,0,0) & f_y(0,0,0) \\ g_x(0,0,0) & g_y(0,0,0) \end{pmatrix} \begin{pmatrix} \varphi'(0) \\ \psi'(0) \end{pmatrix} = - \begin{pmatrix} f_z(0,0,0) \\ g_z(0,0,0) \end{pmatrix}$$

が成り立つ．これより，

$$\begin{pmatrix} \varphi'(0) \\ \psi'(0) \end{pmatrix} = - \begin{pmatrix} f_x(0,0,0) & f_y(0,0,0) \\ g_x(0,0,0) & g_y(0,0,0) \end{pmatrix}^{-1} \begin{pmatrix} f_z(0,0,0) \\ g_z(0,0,0) \end{pmatrix}$$

$$= - \begin{pmatrix} 1 & 1 \\ 1 & 2 \end{pmatrix}^{-1} \begin{pmatrix} 1 \\ 3 \end{pmatrix} = \begin{pmatrix} -2 & 1 \\ 1 & -1 \end{pmatrix} \begin{pmatrix} 1 \\ 3 \end{pmatrix}$$

$$= \begin{pmatrix} 1 \\ -2 \end{pmatrix}$$

となる．したがって，Taylor の定理より

$$\varphi(z) = z + O(z^2), \quad \psi(z) = -2z + O(z^2) \quad (z \to 0)$$

が得られる．同様にして，高次の展開も計算することができる．

9.2　条件付き極値問題

　実際の応用では，8.3 節で見てきたような何かの関数の極大値や極小値を求めるような問題ばかりではなく，ある制約条件下で関数の極大値や極小値を求める問題も，しばしば現れる．そのような制約条件は，適当な関数 $g_1, \ldots, g_m$ を用いて

$$g_1(\boldsymbol{x}) = \cdots = g_m(\boldsymbol{x}) = 0 \tag{9.7}$$

と書ける場合が多い．以下では，(9.7) のような制約条件下での $f(\boldsymbol{x})$ の極大値・極小値を求めていこう．そのような問題のことを条件付き極値問題という．この場合には，もはや定理 8.7 は役に立たないが，その代わりに次の定理が有用である．

定理 9.3（Lagrange の未定乗数法） Ω を $\mathbf{R}^n$ の開集合，f および $\boldsymbol{g} = (g_1, \ldots, g_m)$ を Ω で定義された C^1 級関数とし，$S := \{\boldsymbol{x} \in \Omega \,|\, \boldsymbol{g}(\boldsymbol{x}) = \boldsymbol{0}\}$ とおく．このとき，

(1) f は $\boldsymbol{a} \in S$ において S 上極値をとり，

(2) $\mathrm{rank}\,(D\boldsymbol{g}(\boldsymbol{a})) = m\ (\leq n)$

ならば，ある $\boldsymbol{\lambda} = (\lambda_1, \ldots, \lambda_m) \in \mathbf{R}^m$ が存在し，

$$Df(\boldsymbol{a}) + \boldsymbol{\lambda} D\boldsymbol{g}(\boldsymbol{a}) = \boldsymbol{0}$$

が成り立つ．この最後の式は，次式と同値である．

$$\big(\nabla(f + \lambda_1 g_1 + \cdots + \lambda_m g_m)\big)(\boldsymbol{a}) = \boldsymbol{0}$$

この定理に現れる $\boldsymbol{\lambda} = (\lambda_1, \ldots, \lambda_n)$ を Lagrange 乗数とよぶ．また，この定理より，制約条件 (9.7) のもとで関数 $f(\boldsymbol{x})$ の極値点の候補 $\boldsymbol{a}$ を見つけるためには，$(\boldsymbol{a}, \boldsymbol{\lambda})$ に対する連立方程式

$$\begin{cases} \big(\nabla(f + \lambda_1 g_1 + \cdots + \lambda_m g_m)\big)(\boldsymbol{a}) = \boldsymbol{0} \\ g_1(\boldsymbol{a}) = \cdots = g_m(\boldsymbol{a}) = 0 \end{cases}$$

を解けばよい．ただし，より正確に述べると，定理の条件 (2) を満たさない場合，すなわち行列 $D\boldsymbol{g}(\boldsymbol{a})$ がフルランクをもたない場合には，定理 9.3 は適用できないので，そのような点は個別に調べる必要がある．

[定理 9.3 の証明]　簡単のために，$m = 1$ の場合のみ証明しよう．一般の m の場合も，記号の煩雑さが伴うものの，基本的には同様にして証明される．$m = 1$ の場合には，

$$Dg(\boldsymbol{a}) = (g_{x_1}(\boldsymbol{a}), \ldots, g_{x_n}(\boldsymbol{a}))$$

であるから，定理の仮定 (2) は $Dg(\boldsymbol{a}) \neq \boldsymbol{0}$ と同値である．このとき，必要であれば x_j の順番を入れ替えることにより，一般性を失うことなく

$$g_{x_n}(\boldsymbol{a}) \neq 0$$

と仮定してよい．ここで，

$$\boldsymbol{x} = (\boldsymbol{y}, z), \quad \boldsymbol{y} := (x_1, \ldots, x_{n-1}), \quad z := x_n$$

$$\boldsymbol{a} = (\boldsymbol{b}, c), \quad \boldsymbol{b} := (a_1, \ldots, a_{n-1}), \quad c := a_n$$

という記号を導入しよう．このとき，

$$g(\boldsymbol{b}, c) = 0 \quad \text{かつ} \quad g_z(\boldsymbol{b}, c) \neq 0$$

が成り立っている．したがって，陰関数定理（定理 9.2）を適用することができ，十分小さな正定数 δ, r および $\varphi \in C^1(B_r(\boldsymbol{b}))$ が存在し，$\varphi(\boldsymbol{b}) = c$，および $\|\boldsymbol{y} - \boldsymbol{b}\| < r, |z - c| < \delta$ を満たす任意の $(\boldsymbol{y}, z)$ に対して，

$$g(\boldsymbol{y}, z) = 0 \Leftrightarrow z = \varphi(\boldsymbol{y})$$

が成り立つ．すなわち，点 $\boldsymbol{a} = (\boldsymbol{b}, c)$ の近傍において，集合 S は $z = \varphi(\boldsymbol{y})$ という関数 φ のグラフで表されている．さらに，$g(\boldsymbol{y}, \varphi(\boldsymbol{y})) = 0$ の両辺を $\boldsymbol{y}$ で微分することにより，

$$\nabla\varphi(\boldsymbol{y}) = -\big(g_z(\boldsymbol{y}, \varphi(\boldsymbol{y}))\big)^{-1}(\nabla_{\boldsymbol{y}}g)(\boldsymbol{y}, \varphi(\boldsymbol{y}))$$

が得られる．ここで，$F(\boldsymbol{y}) := f(\boldsymbol{y}, \varphi(\boldsymbol{y}))$ とおくと，仮定より F は $B_r(\boldsymbol{b})$ で定義された C^1 級関数であり，$\boldsymbol{y} = \boldsymbol{b}$ において極値をとっている．したがって，定理 8.7 より

$$\begin{aligned}
\boldsymbol{0} = \nabla F(\boldsymbol{b}) &= (\nabla_{\boldsymbol{y}}f)(\boldsymbol{b}, \varphi(\boldsymbol{b})) + f_z(\boldsymbol{b}, \varphi(\boldsymbol{b}))\nabla\varphi(\boldsymbol{b}) \\
&= (\nabla_{\boldsymbol{y}}f)(\boldsymbol{b}, c) - f_z(\boldsymbol{b}, c)\big(g_z(\boldsymbol{b}, c)\big)^{-1}(\nabla_{\boldsymbol{y}}g)(\boldsymbol{b}, c) \\
&= (\nabla_{\boldsymbol{y}}f)(\boldsymbol{a}) - f_z(\boldsymbol{a})\big(g_z(\boldsymbol{a})\big)^{-1}(\nabla_{\boldsymbol{y}}g)(\boldsymbol{a})
\end{aligned}$$

となる．ここで，

$$\lambda := -f_z(\boldsymbol{a})\big(g_z(\boldsymbol{a})\big)^{-1}$$

とおけば，上式および λ の定義式自身から

$$\begin{cases}
(\nabla_{\boldsymbol{y}}f)(\boldsymbol{a}) + \lambda(\nabla_{\boldsymbol{y}}g)(\boldsymbol{a}) = \boldsymbol{0} \\
f_z(\boldsymbol{a}) + \lambda g_z(\boldsymbol{a}) = 0
\end{cases}$$

が得られ，これらをまとめれば $\big(\nabla(f + \lambda g)\big)(\boldsymbol{a}) = \boldsymbol{0}$ となる．　　　　□

　この定理は，条件付き極値問題の極値点の候補を見つける方法を示しているのであり，見つけた点が実際に極値点であるかどうかは，個別に確かめなければならない．通常の極値問題の場合には，極値点の候補は，定理 8.7 により停留点として計

算することができた．条件付き極値問題の場合には，この停留点の計算に相当する部分が，この定理に述べてある Lagrange の未定乗数法なのである．具体例を見ることで，このことを理解してほしい．

例 9.4　$g(x,y) = x^3 + y^3 - 3xy, f(x,y) = x^2 + y^2$ とし，条件 $g(x,y) = 0$ のもとで $f(x,y)$ の極値問題を考えよう．まず，Lagrange の未定乗数法が適用できないような点について調べる．

$$Dg(x,y) = (3(x^2 - y), 3(y^2 - x))$$

であるから，$Dg(x,y) = 0$ を解くと，$x^2 = y$ かつ $y^2 = x$．これより，$x^4 = x$ となり，$x = 0,1$ が従う．したがって，$Dg(x,y) = 0$ となる点は

$$(x,y) = (0,0),(1,1)$$

の 2 点のみである．ところが，$g(1,1) = -1 \neq 0$ より，点 $(1,1)$ は条件を満たさないので対象外である．点 $(0,0)$ は条件を満たすが，この点は明らかに関数 $f(x,y)$ の最小点である．次に，$(x,y) \neq (0,0)$ を条件 $g(x,y) = 0$ のもとでの $f(x,y)$ の極値点であるとすると，上の考察から

$$Dg(x,y) \neq \mathbf{0} \qquad \therefore \quad \mathrm{rank}\, Dg(x,y) = 1$$

となる．したがって，Lagrange の未定乗数法が適用できて，ある実数 λ が存在し，

$$(\nabla(f + \lambda g))(x,y) = \mathbf{0}$$

が成り立つ．これを成分で書くと，次のようになる．

$$2x + 3\lambda(x^2 - y) = 0 \tag{9.8}$$

$$2y + 3\lambda(y^2 - x) = 0 \tag{9.9}$$

また，(x,y) は条件 $g(x,y) = 0$ を満たす点であるから，

$$x^3 + y^3 - 3xy = 0 \tag{9.10}$$

となる．(9.8) および (9.9) から λ を消去するために，(9.8) $\times \frac{y^2-x}{2}$ − (9.9) $\times \frac{x^2-y}{2}$ を計算すると，次のようになる．

$$0 = x(y^2 - x) - y(x^2 - y)$$
$$= (xy^2 - yx^2) + (y^2 - x^2)$$

$$= xy(y - x) + (y - x)(y + x)$$
$$= (y - x)(xy + x + y)$$

したがって,

$$y = x \quad \text{あるいは} \quad xy + x + y = 0$$

となる.

　$y = x$ の場合：このとき, (9.10) より $2x^3 - 3x^2 = 0$ となる. いま $(x, y) \neq (0, 0)$ と仮定しているので, $x \neq 0$ であるから $x = \frac{3}{2}$ となる. したがって, $(x, y) = \left(\frac{3}{2}, \frac{3}{2}\right)$ となる.

　$xy + x + y = 0$ の場合：このとき, (9.10) より

$$0 = (x^3 + y^3 - 3xy) + 3(xy + x + y)$$
$$= x^3 + y^3 + 3(x + y)$$
$$= (x + y)(x^2 - xy + y^2 + 3)$$

となる. ここで, $x^2 - xy + y^2 + 3 = \frac{1}{2}\big((x - y)^2 + x^2 + y^2\big) + 3 > 0$ であるから, 上式より $x + y = 0$ となるが, このとき $x = y = 0$ となる. したがって, いまの場合 (9.10) を満たす $(x, y) \neq (0, 0)$ は存在しない.

　以上のことから, 原点以外の点で, 制約条件 $g(x, y) = 0$ のもとでの $f(x, y)$ の極値点の候補として $(x, y) = \left(\frac{3}{2}, \frac{3}{2}\right)$ が求まった. いま求めた点が極値点になっているかどうかは, Lagrange の未定乗数法からは何もわからないが, その証明を反省すれば, どのように判定したらよいかがわかるであろう. それを以下で見ていこう.

$$g\left(\frac{3}{2}, \frac{3}{2}\right) = 0 \quad \text{および} \quad g_y\left(\frac{3}{2}, \frac{3}{2}\right) = 3\left(\left(\frac{3}{2}\right)^2 - \frac{3}{2}\right) = \frac{9}{4} \neq 0$$

より陰関数定理 （定理 9.1） を適用することができ, 十分小さな正定数 r, δ および $\varphi \in C^\infty\left(\left(\frac{3}{2} - r, \frac{3}{2} + r\right)\right)$ が存在し, $\varphi(\frac{3}{2}) = \frac{3}{2}$, および $|x - \frac{3}{2}| < r, |y - \frac{3}{2}| < \delta$ を満たす任意の (x, y) に対して,

$$g(x, y) = 0 \Leftrightarrow y = \varphi(x)$$

が成り立つ. すなわち, 点 $(x, y) = \left(\frac{3}{2}, \frac{3}{2}\right)$ の近傍において, 条件 $g(x, y) = 0$ を満たす点 (x, y) の集合は $y = \varphi(x)$ という曲線で表されている. さらに, $g(x, \varphi(x)) = 0$ の両辺を x で微分することにより,

$$g_x(x,\varphi(x)) + g_y(x,\varphi(x))\varphi'(x) = 0$$

および

$$g_{xx}(x,\varphi(x)) + 2g_{xy}(x,\varphi(x))\varphi'(x)$$
$$+ g_{yy}(x,\varphi(x))\big(\varphi'(x)\big)^2 + g_y(x,\varphi(x))\varphi''(x) = 0$$

が得られる．これより，

$$\varphi'\left(\frac{3}{2}\right) = -1, \qquad \varphi''\left(\frac{3}{2}\right) = -\frac{32}{3}$$

が得られる．ここで，

$$F(x) := f(x,\varphi(x)) = x^2 + \big(\varphi(x)\big)^2$$

とおくと，仮定より F は開区間 $(\frac{3}{2}-r, \frac{3}{2}+r)$ で定義された C^∞ 級関数であり，$F(x)$ が $x = \frac{3}{2}$ で極値をとることと，制約条件 $g(x,y) = 0$ のもとで関数 $f(x,y)$ が極値をとることとは同値になる．さらに，$F(x)$ の極値の判定には定理 8.8 を用いればよい．いまの場合，

$$F'\left(\frac{3}{2}\right) = 2\left(\frac{3}{2} + \varphi\left(\frac{3}{2}\right)\varphi'\left(\frac{3}{2}\right)\right) = 0$$
$$F''\left(\frac{3}{2}\right) = 2\left(1 + \left(\varphi\left(\frac{3}{2}\right)\right)^2 + \varphi\left(\frac{3}{2}\right)\varphi''\left(\frac{3}{2}\right)\right) = -28 < 0$$

であるから，$x = \frac{3}{2}$ において極大になっていることがわかる．

以上のことをまとめると，制約条件 $g(x,y) = 0$ のもとで，関数 $f(x,y)$ は $(x,y) = (\frac{3}{2},\frac{3}{2})$ において極大になり，$(x,y) = (0,0)$ において極小（最小）になることがわかった．それ以外には極値点はない．

　条件 $\boldsymbol{g(x)} = \boldsymbol{0}$ を満たす点の集合 S が有界閉集合（コンパクト集合）であれば，連続関数 $f(\boldsymbol{x})$ は集合 S 上で必ず最大値と最小値をとる．このような場合，もし単に最大値と最小値を求めたいだけであれば，まず Lagrange の未定乗数法を用いて，それらの値を与える点の候補 $\boldsymbol{a}_1, \boldsymbol{a}_2, \ldots, \boldsymbol{a}_N$ をすべて求める．それから，わざわざ上の例のようにして確認しなくても，$f(\boldsymbol{a}_1), f(\boldsymbol{a}_2), \ldots, f(\boldsymbol{a}_N)$ の値を計算してそれらの値を比較すれば最大値と最小値が求まる．なぜならば，必ずそれらの値の中に最大値と最小値が含まれているからである．ただし，集合 S が非有界集合の場合にはそのような手法は適用できず，地道に計算するか，問題に応じて特殊な方法を探

ることになる.

> **問 9.2** (1) 条件 $2x^2 - 3xy + 2y^2 = 1$ のもとで $f(x,y) = x^2 + y^2$ の極値をすべて求め,
> 極大・極小を判定せよ.
>
> (2) 条件 $x^2 + xy + y^2 = 1$ のもとで $f(x,y) = xy$ の極値をすべて求め,極大・極小を
> 判定せよ.

9.3 逆関数定理

開区間 I で定義された 1 変数関数 f がある $a \in I$ において $f'(a) \neq 0$ を満たしていれば,$f'(a) > 0$ あるいは $f'(a) < 0$ であり,関数 f は $x = a$ の近傍で狭義単調増加であるか狭義単調減少になる.したがって,定理 2.7 より $f(a) \in \mathbf{R}$ の近傍で定義された逆関数 f^{-1} が存在する.

また,$n \times n$ 実行列 A を用いて n 変数関数 $\boldsymbol{f} : \mathbf{R}^n \to \mathbf{R}^n$ を 1 次変換 $\boldsymbol{f}(\boldsymbol{x}) = A\boldsymbol{x}$ ($\boldsymbol{x} = (x_1, \ldots, x_n)^t \in \mathbf{R}^n$) で定めたとき,線形代数で学んだように,この写像が逆写像をもつ,すなわち,全単射であるための必要十分条件は $\det A \neq 0$ であった.

これらを一般化した逆関数定理あるいは逆写像定理とよばれている次の定理が成り立つ.

定理 9.4(逆関数定理) Ω を $\mathbf{R}^n$ の開集合,$\boldsymbol{a} \in \Omega$,$\boldsymbol{f}(\boldsymbol{x}) = (f_1(\boldsymbol{x}), \ldots, f_n(\boldsymbol{x}))$ を Ω で定義された C^1 級関数とする.このとき,

$$\det(D\boldsymbol{f}(\boldsymbol{a})) \neq 0$$

ならば,$\boldsymbol{a}$ の近傍 $\Omega_1 (\subset \Omega)$ および $\boldsymbol{f}(\boldsymbol{a})$ の近傍 $W (\subset \mathbf{R}^n)$ が存在し,写像 $\boldsymbol{f} : \Omega_1 \to W$ は全単射となる.したがって,逆写像 $\boldsymbol{f}^{-1} : W \to \Omega_1$ が存在する.この逆写像 $\boldsymbol{f}^{-1}$ は W で C^1 級であり,その Jacobi 行列は次式で与えられる.

$$D(\boldsymbol{f}^{-1}(\boldsymbol{y})) = (D\boldsymbol{f}(\boldsymbol{x}))^{-1} \quad (\boldsymbol{y} = \boldsymbol{f}(\boldsymbol{x}))$$

さらに,$\boldsymbol{f}$ が C^k 級 ($k \geq 2$) ならば,$\boldsymbol{f}^{-1}$ もまた C^k 級である.

この逆関数定理を直接証明する場合,陰関数定理(定理 9.2)と同様,その証明で最も困難なのは逆写像 $\boldsymbol{f}^{-1}$ の存在を示すことである.ところが,陰関数定理と逆関

数定理は似たような定理であり，どちらか一方を証明しておけば他方はそれから容易に導くことができる．本書では陰関数定理（定理 9.2）を用いて逆関数定理を証明しよう．陰関数定理は 9.5 節で証明する．

[定理 9.4 の証明] $\mathbf{R}^n \times \Omega$ 上の関数 $\boldsymbol{F} = (F_1, \ldots, F_n)$ を $\boldsymbol{F}(\boldsymbol{y}, \boldsymbol{x}) := \boldsymbol{f}(\boldsymbol{x}) - \boldsymbol{y}$ で定め，方程式 $\boldsymbol{F}(\boldsymbol{y}, \boldsymbol{x}) = \boldsymbol{0}$ を $\boldsymbol{x}$ について解くことを考えよう．$\boldsymbol{F}$ は $\mathbf{R}^n \times \Omega$ で C^1 級であり，

$$\boldsymbol{F}(\boldsymbol{f}(\boldsymbol{a}), \boldsymbol{a}) = \boldsymbol{0} \quad \text{および} \quad \det\bigl(D_{\boldsymbol{x}}\boldsymbol{F}(\boldsymbol{f}(\boldsymbol{a}), \boldsymbol{a})\bigr) = \det\bigl(D\boldsymbol{f}(\boldsymbol{a})\bigr) \neq 0$$

が成り立つ．したがって，陰関数定理（定理 9.2）を適用することができ，方程式 $\boldsymbol{F}(\boldsymbol{y}, \boldsymbol{x}) = \boldsymbol{0}$ は $(\boldsymbol{y}, \boldsymbol{x}) = (\boldsymbol{f}(\boldsymbol{a}), \boldsymbol{a})$ の近傍で $\boldsymbol{x}$ について一意に解ける（$\boldsymbol{x}$ と $\boldsymbol{y}$ の役割を逆にして定理 9.2 を用いていることに注意しよう）．この陰関数 $\boldsymbol{x} = \boldsymbol{\varphi}(\boldsymbol{y})$ が逆写像 $\boldsymbol{f}^{-1}(\boldsymbol{y})$ にほかならないことに注意すれば，望みの結果が従う．　　　　□

なお，この逆関数定理（定理 9.4）がすでに証明されている場合，陰関数定理（定理 9.2）は次のようにして容易に導かれる．定理 9.2 の仮定のもと，Ω 上の関数 $\boldsymbol{F}$ を $\boldsymbol{F}(\boldsymbol{x}, \boldsymbol{y}) = (\boldsymbol{x}, \boldsymbol{f}(\boldsymbol{x}, \boldsymbol{y}))$ で定めると，$\boldsymbol{F}$ は C^1 級であり，

$$\det\bigl(D\boldsymbol{F}(\boldsymbol{a}, \boldsymbol{b})\bigr) = \det\begin{pmatrix} I & O \\ D_{\boldsymbol{x}}\boldsymbol{f}(\boldsymbol{a}, \boldsymbol{b}) & D_{\boldsymbol{y}}\boldsymbol{f}(\boldsymbol{a}, \boldsymbol{b}) \end{pmatrix} = \det\bigl(D_{\boldsymbol{y}}\boldsymbol{f}(\boldsymbol{a}, \boldsymbol{b})\bigr) \neq 0$$

が成り立つ．ここで，I は単位行列である．したがって，逆関数定理（定理 9.4）より $\boldsymbol{F}(\boldsymbol{a}, \boldsymbol{b}) = (\boldsymbol{a}, \boldsymbol{0})$ の近傍で定義された逆写像 $\boldsymbol{F}^{-1}$ が存在する．

$$\boldsymbol{F}^{-1}(\boldsymbol{u}, \boldsymbol{v}) = (\boldsymbol{\psi}(\boldsymbol{u}, \boldsymbol{v}), \boldsymbol{\phi}(\boldsymbol{u}, \boldsymbol{v})) \in \mathbf{R}^n \times \mathbf{R}^m$$

とおけば，$(\boldsymbol{F} \circ \boldsymbol{F}^{-1})(\boldsymbol{u}, \boldsymbol{v}) = (\boldsymbol{u}, \boldsymbol{v})$ より $\boldsymbol{\psi}(\boldsymbol{u}, \boldsymbol{v}) = \boldsymbol{u}$ および $\boldsymbol{f}(\boldsymbol{u}, \boldsymbol{\phi}(\boldsymbol{u}, \boldsymbol{v})) = \boldsymbol{v}$ が成り立つ．したがって，$\boldsymbol{\varphi}(\boldsymbol{x}) := \boldsymbol{\phi}(\boldsymbol{x}, \boldsymbol{0})$ が望みの陰関数となる．

9.4　関数空間 $C([a, b])$

次節で陰関数定理を証明するが，その証明では陰関数を構成していくことになる．そのために陰関数の近似関数列を構成し，その極限関数が望みの陰関数になることを示す．近似関数列の極限が存在することを示す際，関数空間 $C([a, b])$ の完備性が重要な役割を果たす．この節では，その関数空間 $C([a, b])$ の基本的な性質を紹介する．

$C([a, b])$ は，閉区間 $[a, b]$ 上で定義された実数値連続関数全体の集合であった．$f, g \in C([a, b])$ および $c \in \mathbf{R}$ に対して，和 $f + g$ およびスカラー倍 cf を

$$(f + g)(x) := f(x) + g(x), \qquad (cf)(x) := cf(x) \qquad (a \le x \le b)$$

により定義すると，$C([a, b])$ はベクトル空間になる（付録 A.2 を参照）．$C([a, b])$ と書くときは，通常，このベクトル空間のことを指す．

$f \in C([a, b])$ とすると，x の関数 $|f(x)|$ は閉区間 $[a, b]$ 上の連続関数になるので最大値をとる．その最大値を次の記号で記すことにする．

$$\|f\| := \max_{a \le x \le b} |f(x)|$$

このとき，容易に確かめられるように，$\|\cdot\|$ はベクトル空間 $C([a, b])$ 上のノルムとなる．すなわち，次の性質を満たす．

(N1) $\|f\| \ge 0$ および「$\|f\| = 0 \Leftrightarrow f = 0$」

(N2) $\|cf\| = |c| \|f\|$

(N3) $\|f + g\| \le \|f\| + \|g\|$

したがって，$f, g \in C([a, b])$ に対して，d を

$$d(f, g) := \|f - g\| = \max_{a \le x \le b} |f(x) - g(x)|$$

と定めると，d はベクトル空間 $C([a, b])$ 上の距離になり，$(C([a, b]), d)$ は距離空間になることがわかる．なお，関数列 $\{f_n\} \subset C([a, b])$ がある関数 $f \in C([a, b])$ にこの距離に関して収束するとは，$\{f_n\}$ が f に一様収束することと同値であることに注意しよう．

問 9.3　(1) $|\|f\| - \|g\|| \le \|f - g\|$ を示せ．
　(2) $d(f_n, f) \to 0 \; (n \to \infty)$ ならば $\|f_n\| \to \|f\| \; (n \to \infty)$ となることを示せ．

次に，この距離空間が完備になることを示そう．そのために，関数列の一様収束性に関する次の定理を準備する．

定理 9.5　区間 I で定義された関数列 $\{f_n\}$ が一様収束するための必要十分条件は，任意の正数 ε に対してある自然数 n_0 が存在し，$n, m \ge n_0$ を満たす任意の自然数 n, m および任意の $x \in I$ に対して

$$|f_n(x) - f_m(x)| < \varepsilon$$

が成り立つことである.

[証明] （必要条件）$f_n \to f$（一様）とすると，任意の正数 ε に対して，ある自然数 n_0 が存在して，$n \geq n_0$ を満たす任意の自然数 n_0 および任意の $x \in I$ に対して

$$|f_n(x) - f(x)| < \frac{\varepsilon}{2}$$

が成り立つ．したがって，$n, m \geq n_0$ を満たす任意の自然数 n, m および任意の $x \in I$ に対して，

$$\begin{aligned}
|f_n(x) - f_m(x)| &= \left|\big(f_n(x) - f(x)\big) - \big(f_m(x) - f(x)\big)\right| \\
&\leq |f_n(x) - f(x)| + |f_m(x) - f(x)| \\
&\leq \frac{\varepsilon}{2} + \frac{\varepsilon}{2} = \varepsilon
\end{aligned}$$

が成り立つ.

（十分条件）仮定より，任意の $x \in I$ に対して，実数列 $\{f_n(x)\}$ は Cauchy 列であることがわかる．したがって，実数の完備性より $\{f_n(x)\}$ は収束する．そこで，I 上の関数 f を

$$f(x) := \lim_{n \to \infty} f_n(x) \quad (x \in I)$$

により定めよう．仮定より，任意の正数 ε に対して，ある自然数 n_0 が存在して，$n, m \geq n_0$ を満たす任意の自然数 n, m および任意の $x \in I$ に対して

$$|f_n(x) - f_m(x)| < \varepsilon$$

が成り立っている．この式において $m \to \infty$ とすれば，$n \geq n_0$ を満たす任意の自然数 n および任意の $x \in I$ に対して，

$$|f_n(x) - f(x)| \leq \varepsilon$$

が成り立つことがわかる．これは $\{f_n\}$ が f に一様収束することを示している．　□

この定理 9.5 を次の形で書き表すこともできる．すなわち，区間 I で定義された関数列 $\{f_n\}$ が一様収束するための必要十分条件は，

$$\sup_{x \in I} |f_n(x) - f_m(x)| \to 0 \quad (n, m \to \infty)$$

が成り立つことである.

定理 9.6 距離空間 $\left(C([a,b]),d\right)$ は完備である.

[証明] $\{f_n\}$ を $\left(C([a,b]),d\right)$ における Cauchy 列とする. すなわち,

$$\max_{a\le x\le b}|f_n(x)-f_m(x)| = d(f_n,f_m)\to 0 \quad (n,m\to\infty)$$

とする. このとき, 定理 9.5 より, $\{f_n\}$ はある関数 f に一様収束する. ここで, $\{f_n\}$ は連続な関数列であったから, 定理 7.14 より, 極限関数 f もまた $[a,b]$ で連続であり,

$$d(f_n,f) = \max_{a\le x\le b}|f_n(x)-f(x)|\to 0 \quad (n\to\infty)$$

が成り立つ. したがって, $\left(C([a,b]),d\right)$ は完備である. □

問 9.4 $f\in C([a,b])$ に対して $\|f\|_1 := \int_a^b |f(x)|dx$ とおく.
  (1) $\|\cdot\|_1$ は $C([a,b])$ 上のノルムとなることを示せ.
  (2) $f,g\in C([a,b])$ に対して $d_1(f,g):=\|f-g\|_1$ とおき, $C([a,b])$ 上の距離 d_1 を定める. 距離空間 $\left(C([a,b]),d_1\right)$ は完備でないことを示せ.

9.5 陰関数定理の証明

この節では, 2 変数関数に対する陰関数定理 (定理 9.1) を証明する. 多変数関数に対する陰関数定理 (定理 9.2) も同様にして証明できるが, 記号が複雑になるため割愛する. 前節で説明したように, 陰関数定理の証明では, 陰関数の近似関数列を構成し, その極限関数として陰関数を構成する. その近似関数列の構成法は, 本質的には Newton 法とよばれる数値計算アルゴリズムである. また, その近似関数列の収束性を証明する際, 不動点定理の一つである縮小写像の原理を用いる. これらを説明した後, 陰関数定理を証明する.

まず, 縮小写像の原理を紹介しよう. そのために, いくつかの言葉を定義する.

定義 9.2 (X,d) を距離空間とし, T を X から X への写像とする. また, 写像 T による $f\in X$ の像を Tf と書くことにする.
  (1) 写像 T が縮小写像であるとは, $0\le\theta<1$ を満たす定数 θ が存在し, 任意の $f,g\in X$ に対して $d(Tf,Tg)\le\theta d(f,g)$ が成り立つときをいう.

(2) $f \in X$ が T の**不動点**であるとは，$Tf = f$ が成り立つときをいう．

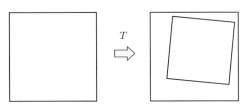

図 9.4 縮小写像の概念図

任意の $f, g \in X$ に対して $d(Tf, Tg) < d(f, g)$ が成り立っていても必ずしも縮小写像にはならない．写像 T で写すことにより，2 点間の距離 $d(f, g)$ が 1 より真に小さな一定の比率 θ 以下で小さくならなければ，縮小写像とはよばないのである．

問 9.5 A を n 次実対称行列，$\boldsymbol{b} \in \mathbf{R}^n$ とし，Euclid 空間 $\mathbf{R}^n$ からそれ自身への写像 T を $T\boldsymbol{x} := A\boldsymbol{x} + \boldsymbol{b}$ ($\boldsymbol{x} \in \mathbf{R}^n$) で定める．このとき，$T$ が縮小写像であることと，A の固有値 $\lambda_1, \ldots, \lambda_n$ が $|\lambda_j| < 1$ ($j = 1, \ldots, n$) を満たすこととは同値であることを示せ．

定理 9.7（縮小写像の原理） (X, d) を完備距離空間，T を X から X への縮小写像とする．このとき，写像 T の不動点 $f_0 \in X$ がただ一つ存在する．さらに，任意の $f \in X$ に対して，$\displaystyle\lim_{n \to \infty} T^n f = f_0$ が成り立つ．ただし，$T^n f$ は $T^0 f = f$ および $T^n f = T(T^{n-1} f)$ により帰納的に定義される X の要素である．

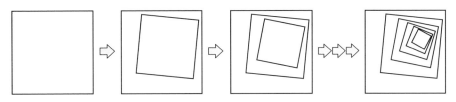

図 9.5 縮小写像を繰り返し作用させたとき，不動点に収束する様子

[証明] 任意に $f \in X$ を固定し，各自然数 n に対して $f_n := T^n f$ により距離空間 X 内の点列 $\{f_n\}$ を定義する．仮定より T は縮小写像であるから，$0 \leq \theta < 1$ を満たす定数 θ が存在し，任意の $f, g \in X$ に対して

$$d(Tf, Tg) \leq \theta d(f, g)$$

が成り立っている．この関係式を帰納的に用いると，

$$d(T^n f, T^n g) = d(T(T^{n-1} f), T(T^{n-1} g)) \leq \theta d(T^{n-1} f, T^{n-1} g)$$
$$\leq \theta^2 d(T^{n-2} f, T^{n-2} g) \leq \theta^3 d(T^{n-3} f, T^{n-3} g)$$
$$\leq \cdots \leq \theta^n d(f, g)$$

が成り立つことがわかる．とくに，任意の自然数 n に対して

$$d(f_n, f_{n+1}) = d(T^n f, T^n (Tf)) \leq \theta^n d(f, Tf)$$

が成り立つ．さらに，距離 d に対する三角不等式を帰納的に用いると，

$$d(f_n, f_{n+m}) \leq d(f_n, f_{n+1}) + d(f_{n+1}, f_{n+m})$$
$$\leq d(f_n, f_{n+1}) + d(f_{n+1}, f_{n+2}) + d(f_{n+2}, f_{n+m})$$
$$\leq \quad \cdots \quad \cdots \quad \cdots$$
$$\leq d(f_n, f_{n+1}) + d(f_{n+1}, f_{n+2}) + \cdots + d(f_{n+m-1}, f_{n+m})$$
$$\leq (\theta^n + \theta^{n+1} + \cdots + \theta^{n+m-1}) d(f, Tf)$$
$$\leq \frac{\theta^n}{1 - \theta} d(f, Tf) \to 0 \quad (n \to \infty)$$

となり，点列 $\{f_n\}$ は Cauchy 列であることがわかる．仮定より，距離空間 (X, d) は完備であるから，点列 $\{f_n\}$ は収束することがわかる．その極限を f_0 と定めよう．このとき，$d(f_n, f_0) \to 0 \ (n \to \infty)$ が成り立っている．したがって，等式 $f_{n+1} = Tf_n$ において $n \to \infty$ とすれば，$f_0 = Tf_0$ が得られる．ここで，縮小写像は連続写像になることを暗黙のうちに使用した．ただし，その証明は容易であるので問いとして残しておく．以上のことから，f_0 が T の不動点であることがわかった．

　次に，T の不動点の一意性を証明しよう．$f_0, g_0 \in X$ をともに T の不動点とすると，$f_0 = Tf_0$, $g_0 = Tg_0$ が成り立つ．したがって，$0 \leq \theta < 1$ に注意すれば，

$$d(f_0, g_0) = d(Tf_0, Tg_0) \leq \theta d(f_0, g_0) \qquad \therefore \quad 0 \leq (1 - \theta) d(f_0, g_0) \leq 0$$

となり，$d(f_0, g_0) = 0$，それゆえ $f_0 = g_0$ が成り立つ．したがって，T の不動点はただ一つである． □

　次に，方程式

$$f(y) = 0$$

の根を計算するアルゴリズムの一つである Newton 法を紹介しよう. まず根の近似値 y_n が求まっているとする. この近似根 y_n を用いて, より精度の高い近似根 y_{n+1} を, yz 平面内の曲線 $z = f(y)$ の $(y_n, f(y_n))$ における接線と y 軸との交点として定義する. 初期値 y_1 を適当に定めれば, これにより根の近似列 $\{y_n\}$ が定まるが, その極限値として真の根を求める方法が Newton 法である. 上記接線の方程式は

$$z - f(y_n) = f'(y_n)(y - y_n)$$

であるから, 近似根 y_{n+1} は $-f(y_n) = f'(y_n)(y_{n+1} - y_n)$, すなわち

$$y_{n+1} = y_n - \frac{f(y_n)}{f'(y_n)}$$

で定められる.

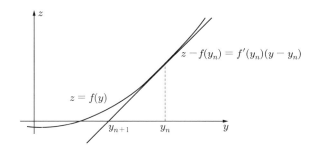

図 9.6 Newton 法によるアルゴリズム

Newton 法は非常に高速な計算アルゴリズムとして知られている強力な数値計算法であるが, 万能ではなく, 初期値の選び方が悪いと収束しなかったり, また根に多重度があると, 上式の分母の値が非常に小さくなり, 収束が遅くなってしまったりすることが知られている.

なお, 連立方程式

$$\boldsymbol{f}(\boldsymbol{y}) = \boldsymbol{0}$$

すなわち,

$$\begin{cases} f_1(y_1, y_2, \ldots, y_m) = 0 \\ f_2(y_1, y_2, \ldots, y_m) = 0 \\ \qquad \vdots \\ f_m(y_1, y_2, \ldots, y_m) = 0 \end{cases}$$

の場合の Newton 法は

$$\boldsymbol{y}_{n+1} = \boldsymbol{y}_n - \big(D\boldsymbol{f}(\boldsymbol{y}_n)\big)^{-1}\boldsymbol{f}(\boldsymbol{y}_n)$$

となる．ただし，ベクトルはすべて縦ベクトルとして計算する．

問 9.6　$\sqrt{2}$ の近似値を Newton 法で計算するために，関数 $f(y) = y^2 - 2$ を考える．

(1) Newton 法による関数 f の零点の近似列を $\{y_n\}$ とするとき，それが満たす漸化式を求めよ．

(2) 初期値を $y_1 = 1$ として，近似列 $\{y_n\}$ の第 5 項までの値を電卓などを用いて計算してみよ．

[定理 9.1 の証明]　$f(x,y)$ の代わりに $\tilde{f}(x,y) := f(x+a, y+b)$ を考察することにより，$(a,b) = (0,0)$ としても一般性は失われない．したがって，以下では $(a,b) = (0,0)$ と仮定する．このとき，定理の仮定より

$$f(0,0) = 0 \quad \text{および} \quad f_y(0,0) \neq 0$$

が成り立っている．次に，実定数 A および Ω 上の実数値関数 $G(x,y)$ を

$$A := \frac{1}{f_y(0,0)} \quad \text{および} \quad G(x,y) := y - Af(x,y)$$

により定義する．仮定より，G は Ω 上の C^1 級関数になり，

$$f(x,y) = 0 \quad \Leftrightarrow \quad y = G(x,y)$$
$$\Leftrightarrow \quad y \text{ は } G(x,\cdot) \text{ の不動点}$$

となる．

このようにして，方程式の根を求める問題は関数 $G(x,\cdot)$ の不動点を求める問題に帰着されたのであるが，なぜこのような関数 $G(x,y)$ を導入したのか不思議に思う人もいるであろう．その背景には Newton 法が潜んでいる．縮小写像の原理での証明をまねて，反復計算により不動点 y を求めるとすれば，

$$y_{n+1} = G(x, y_n) = y_n - \frac{f(x, y_n)}{f_y(0,0)}$$

により近似根 $\{y_n\}$ を求め，その極限として不動点を求めることになる．この近似アルゴリズムは，分母の値に $f_y(x, y_n)$ ではなく $f_y(0,0)$ という値が使われていることを除き，本質的には x をパラメーターとした Newton 法にほかならない．

定理 9.1 の証明に戻ろう．三つのステップに分けて証明する．

Step 1：十分小さな正数 r および δ が存在し，

(1) $|x| \leq r,\ |y| \leq \delta \ \Rightarrow \ |G(x,y)| \leq \delta$

(2) $|x| \leq r,\ |y_1|, |y_2| \leq \delta \ \Rightarrow \ |G(x,y_1) - G(x,y_2)| \leq \frac{1}{2}|y_1 - y_2|$

が成り立つことを示そう．

$$
\begin{aligned}
G(x,y_1) - G(x,y_2) &= y_1 - y_2 - A(f(x,y_1) - f(x,y_2)) \\
&= A\{f_y(0,0)(y_1 - y_2) - (f(x,y_1) - f(x,y_2))\}
\end{aligned}
$$

である．ここで，微分積分学の基本定理（定理 5.12 (2)）および合成関数の微分法より

$$
\begin{aligned}
f(x,y_1) - f(x,y_2) &= \int_0^1 \frac{d}{dt} f(x, ty_1 + (1-t)y_2) dt \\
&= \int_0^1 f_y(x, ty_1 + (1-t)y_2) dt\,(y_1 - y_2)
\end{aligned}
$$

であるから，

$$
G(x,y_1) - G(x,y_2) = A \int_0^1 \{f_y(0,0) - f_y(x, ty_1 + (1-t)y_2)\} dt\,(y_1 - y_2)
$$

が成り立つ．一方，f_y は $(0,0)$ で連続であるから，十分小さな正数 δ が存在し，

$$
|x| \leq \delta,\ |y| \leq \delta \quad \Rightarrow \quad |f_y(0,0) - f_y(x,y)| \leq \frac{1}{2|A|}
$$

が成り立つ．したがって，$|x| \leq \delta$，$|y_1|, |y_2| \leq \delta$ ならば，$0 \leq t \leq 1$ を満たす任意の t に対して

$$
|ty_1 + (1-t)y_2| \leq t|y_1| + (1-t)|y_2| \leq t\delta + (1-t)\delta = \delta
$$

が成り立つので，

$$
|f_y(0,0) - f_y(x, ty_1 + (1-t)y_2)| \leq \frac{1}{2|A|} \quad (0 \leq t \leq 1)
$$

となり，

$$
\begin{aligned}
|G(x,y_1) - G(x,y_2)| &\leq |A| \int_0^1 |f_y(0,0) - f_y(x, ty_1 + (1-t)y_2)| dt\,|y_1 - y_2| \\
&\leq |A| \int_0^1 \frac{1}{2|A|} dt\,|y_1 - y_2| = \frac{1}{2}|y_1 - y_2|
\end{aligned}
$$

が成り立つ．さらに，仮定より $G(0,0) = 0$ であるから，G の $(0,0)$ における連続

性より，十分小さな正数 $r \in (0, \delta]$ が存在して

$$|x| \leq r \;\Rightarrow\; |G(x, 0)| = |G(x, 0) - G(0, 0)| \leq \frac{\delta}{2}$$

が成り立つ．したがって，$|x| \leq r$，$|y| \leq \delta$ ならば

$$|G(x, y)| \leq |G(x, y) - G(x, 0)| + |G(x, 0)|$$
$$\leq \frac{1}{2}|y| + \frac{\delta}{2} \leq \frac{\delta}{2} + \frac{\delta}{2} = \delta$$

となり，望みの主張が示された．

Step 2：次に，集合 X および X 上の距離 d を次式で定義しよう．

$$X := \left\{ \varphi \in C([-r, r]) \mid \max_{|x| \leq r} |\varphi(x)| \leq \delta, \; \varphi(0) = 0 \right\}$$

$$d(\varphi, \psi) := \max_{|x| \leq r} |\varphi(x) - \psi(x)| \quad (\varphi, \psi \in X)$$

このとき，(X, d) は完備距離空間になる．実際，距離空間になることは明らかであろう．完備性を証明するために，$\{\varphi_n\}$ を (X, d) における Cauchy 列とする．X は $C([-r, r])$ の部分集合であることから，$\{\varphi_n\}$ は距離空間 $(C([-r, r]), d)$ における Cauchy 列になっていることがわかる．ところが，定理 9.6 より $(C([-r, r]), d)$ は完備であるから，ある連続関数 $\varphi \in C([-r, r])$ が存在し，

$$d(\varphi_n, \varphi) = \max_{|x| \leq r} |\varphi_n(x) - \varphi(x)| \to 0 \quad (n \to \infty)$$

が成り立つ．すなわち，$\{\varphi_n\}$ は φ に一様収束している．一方，$\varphi_n \in X$ より

$$|\varphi_n(x)| \leq \delta \quad (|x| \leq r) \quad \text{および} \quad \varphi_n(0) = 0$$

が成り立っているので，ここで $n \to \infty$ とすれば

$$|\varphi(x)| \leq \delta \quad (|x| \leq r) \quad \text{および} \quad \varphi(0) = 0$$

となり，$\varphi \in X$ となる．これは，距離空間 (X, d) が完備であることを示している．

さて，$\varphi \in X$ に対して区間 $[-r, r]$ 上の関数 $T\varphi$ を

$$(T\varphi)(x) := G(x, \varphi(x)) \quad (|x| \leq r)$$

により定めよう．このとき，写像 T は X から X への縮小写像になる．実際，$\varphi \in X$ とすると，$\varphi \in C([-r, r])$ より $T\varphi \in C([-r, r])$ となることは明らかであろう．ま

た, $\varphi(0) = 0$ より

$$(T\varphi)(0) = G(0, \varphi(0)) = G(0,0) = 0$$

が成り立つ. さらに, $|x| \leq r$ のとき $|\varphi(x)| \leq \delta$ であるから, Step 1 の (1) より, $|G(x, \varphi(x))| \leq \delta$ となり,

$$\max_{|x| \leq r} |(T\varphi)(x)| \leq \delta$$

が成り立ち, $T\varphi \in X$ となることがわかる. したがって, T は X から X への写像になっている. これが縮小写像になっていることは, 次のようにしてわかる. $\varphi, \psi \in X$ とすると, $|x| \leq r$ を満たす任意の x に対して, $|\varphi(x)| \leq \delta, |\psi(x)| \leq \delta$ であるから, Step 1 の (2) より

$$|(T\varphi)(x) - (T\psi)(x)| = |G(x, \varphi(x)) - G(x, \psi(x))|$$
$$\leq \frac{1}{2}|\varphi(x) - \psi(x)|$$

となり,

$$\max_{|x| \leq r} |(T\varphi)(x) - (T\psi)(x)| \leq \frac{1}{2}\max_{|x| \leq r}|\varphi(x) - \psi(x)|$$
$$\therefore \quad d(T\varphi, T\psi) \leq \frac{1}{2}d(\varphi, \psi)$$

が成り立つ. 以上のことから, T が X から X への縮小写像であることがわかった. 距離空間 (X, d) は完備であるから, 縮小写像の原理 (定理 9.7) を適用することができ, T は X においてただ一つの不動点 $\varphi \in X$ をもつことがわかる.

$$T\varphi = \varphi \quad \Leftrightarrow \quad G(x, \varphi(x)) = \varphi(x) \quad (|x| \leq r)$$
$$\Leftrightarrow \quad f(x, \varphi(x)) = 0 \quad (|x| \leq r)$$

に注意すれば, この関数 φ が望みの陰関数であり, 定理 9.1 の (1)–(3) を満たすことがわかる.

Step 3:いま求めた陰関数 φ が C^1 級であることを示すことが残っている (それが示されれば, 定理 9.1 の (4) および (5) が成り立つことは明らかであろう). $|x| < r$ を満たす x を任意に固定しよう. Step 1 での計算より,

$$|f_y(x, \varphi(x))| \geq |f_y(0,0)| - |f_y(x, \varphi(x)) - f_y(0,0)| \geq \frac{1}{|A|} - \frac{1}{2|A|} = \frac{1}{2|A|} > 0$$

となる. とくに, $f_y(x, \varphi(x)) \neq 0$ が成り立っていることに注意する. そこで,

$$p := -\frac{f_x(x, \varphi(x))}{f_y(x, \varphi(x))}$$

とおき,

$$\lim_{h \to 0} \frac{\varphi(x+h) - \varphi(x)}{h} = p$$

となることを示そう. f が C^1 級であることから, Taylor の定理（定理 4.7）より, 十分小さな任意の実数 h, k に対して

$$f(x+h, \varphi(x)+k) = f(x, \varphi(x)) + f_x(x, \varphi(x))h + f_y(x, \varphi(x))k + R(h, k)$$

$$= f_x(x, \varphi(x))h + f_y(x, \varphi(x))k + R(h, k)$$

となる. ただし,

$$\frac{R(h, k)}{|h| + |k|} \to 0 \quad (|h| + |k| \to 0)$$

が成り立つ. 上の計算では $\varphi(x)$ が陰関数であることを用いた. したがって, 任意の正数 ε に対して, 十分小さな正数 δ_0 が存在して, $|h|, |k| \leq \delta_0$ を満たす任意の実数 h, k に対して

$$|f(x+h, \varphi(x)+k) - f_x(x, \varphi(x))h - f_y(x, \varphi(x))k| \leq \varepsilon(|h| + |k|)$$

が成り立つ. 一方, φ の x における連続性より, この正数 δ_0 に対して十分小さな正数 $r_0 \in (0, \delta_0]$ が存在して,

$$|h| \leq r_0 \quad \Rightarrow \quad |\varphi(x+h) - \varphi(x)| \leq \delta_0$$

が成り立つ. そこで,

$$\Delta_h \varphi := \varphi(x+h) - \varphi(x)$$

とおくと, $|h| \leq r_0$ である限り $|\Delta_h \varphi| \leq \delta_0$ となり, 上式において $k = \Delta_h \varphi$ とすることができる. このとき,

$$f(x+h, \varphi(x)+k) = f(x+h, \varphi(x+h)) = 0$$

となることに注意すれば,

$$|h| \leq r_0 \quad \Rightarrow \quad |f_x(x, \varphi(x))h + f_y(x, \varphi(x))\Delta_h \varphi| \leq \varepsilon(|h| + |\Delta_h \varphi|)$$

が成り立つ. また, 先の計算より

$$\frac{1}{|f_y(x, \varphi(x))|} \le 2|A|$$

も成り立っている．したがって，$|h| \le r_0$ であれば

$$|\Delta_h \varphi - ph| = \left| \Delta_h \varphi + \frac{f_x(x, \varphi(x))}{f_y(x, \varphi(x))} h \right|$$

$$\le \frac{\varepsilon}{|f_y(x, \varphi(x))|}(|h| + |\Delta_h \varphi|)$$

$$\le 2|A|\varepsilon(|h| + |\Delta_h \varphi|)$$

$$\le 2|A|\varepsilon(|h| + |\Delta_h \varphi - ph| + |ph|)$$

$$\le 2|A|\varepsilon|\Delta_h \varphi - ph| + 2|A|(1 + |p|)|h|\varepsilon$$

が成り立つ．したがって，$2|A|\varepsilon \le \frac{1}{2}$ であれば，上式の右辺第 1 項目を左辺に移項することにより

$$|\Delta_h \varphi - ph| \le 4|A|(1 + |p|)|h|\varepsilon$$

が成り立つ．以上のことをまとめると，任意の正数 $\varepsilon \in (0, \frac{1}{4|A|}]$ に対して，十分小さな正数 r_0 が存在し，$0 < |h| \le r_0$ を満たす任意の実数 h に対して

$$\left| \frac{\Delta_h \varphi}{h} - p \right| \le 4|A|(1 + |p|)\varepsilon$$

が成り立つ．これは

$$\lim_{h \to 0} \frac{\varphi(x + h) - \varphi(x)}{h} = \lim_{h \to 0} \frac{\Delta_h \varphi}{h} = p = -\frac{f_x(x, \varphi(x))}{f_y(x, \varphi(x))}$$

となることを示している．したがって，φ は x において微分可能であり，

$$\varphi'(x) = -\frac{f_x(x, \varphi(x))}{f_y(x, \varphi(x))}$$

となることがわかる．この式の右辺は x の連続関数であるから，φ も C^1 級であることが示された． $\square$

第10章 n 変数関数の積分

第 6 章で学んだ 2 変数関数に対する重積分を n 変数関数に対して拡張することは容易である．そこでこの章では，まず n 変数関数に対する重積分の定義を簡潔に述べ，その計算法である累次積分との関係，次いで積分変数の変換公式を証明抜きで紹介する．また，空間極座標系および n 次元極座標系について解説し，簡単な応用として n 次元球の体積を計算する．

10.1 n 重積分と累次積分

$\mathbf{R}^n$ の有界集合 D で定義された n 変数関数 $f = f(\boldsymbol{x})\ (\boldsymbol{x} = (x_1, \ldots, x_n) \in D)$ に対する重積分（n 重積分ともよばれる）

$$\int \cdots \int_D f(x_1, \ldots, x_n) dx_1 \cdots dx_n$$

も，第 6 章で定義した 2 変数関数に対する 2 重積分と同様に定義される．すなわち，まず，積分範囲 D が n 次元超直方体ともよぶべき n 個の区間の直積

$$D = [a_1, b_1] \times \cdots \times [a_n, b_n]$$
$$:= \{(x_1, \ldots, x_n) \,|\, a_1 \le x_1 \le b_1, \ldots, a_n \le x_n \le b_n\}$$

の場合，定義 6.1 と同様にして可積分性および可積分関数に対する重積分が定義される．さらに，上積分や下積分も同様に定義され，可積分性を特徴付ける定理 6.2 に対応する定理も成立し，連続関数に対する可積分性も保証される．

積分範囲 D が一般の有界集合の場合も，定義 6.2 と同様にして可積分性および可積分関数に対する重積分が定義される．さらに，定数関数 $f(\boldsymbol{x}) \equiv 1$ が D で可積分であるとき，D は体積をもつといい，D の n 次元体積 $\mu(D)$ を次式で定める．

$$\mu(D) := \int \cdots \int_D 1 dx_1 \cdots dx_n$$

なお，n 重積分はベクトル記法を用いて次のように書かれる場合もある．

$$\int_D f(\boldsymbol{x})d\boldsymbol{x}$$

n 重積分を計算するには，2 変数関数に対する 2 重積分のときと同様，1 変数関数の積分を n 回繰り返す累次積分を計算することになる．2 変数関数の累次積分に関する定理 6.6 の証明と同様にして，次の定理が示される．

定理 10.1（累次積分） f を $D = [a_1, b_1] \times \cdots \times [a_n, b_n]$ で可積分な関数とし，各 $k = 1, \ldots, n-1$ に対して，任意に $(x_1, \ldots, x_k) \in [a_1, b_1] \times \cdots \times [a_k, b_k]$ を固定するごとに $f(x_1, \ldots, x_k, x_{k+1}, \ldots, x_n)$ は $(x_{k+1}, \ldots, x_n)$ の関数として $[a_{k+1}, b_{k+1}] \times \cdots \times [a_n, b_n]$ で可積分であるとする．このとき，次式が成り立つ．

$$\int \cdots \int_D f(x_1, \ldots, x_n)dx_1 \cdots dx_n$$
$$= \int_{a_1}^{b_1} \left(\cdots \left(\int_{a_n}^{b_n} f(x_1, \ldots, x_n)dx_n \right) \cdots \right) dx_1$$

とくに，f が D で連続であれば上式が成り立つばかりでなく，右辺の累次積分の積分順序をどのように交換したとしても，その積分値は変わらない．

次に，積分範囲 D がより複雑な形状の場合，重積分を累次積分に書き直す公式を与えている定理 6.7 を n 変数関数に対して拡張しよう．まず，積分範囲 D が超曲面 $x_n = \phi(x_1, \ldots, x_{n-1})$ および $x_n = \psi(x_1, \ldots, x_{n-1})$ で挟まれた部分であるときを紹介する．

定理 10.2 ϕ, ψ を $A = [a_1, b_1] \times \cdots \times [a_{n-1}, b_{n-1}]$ で定義された連続関数で，任意の $(x_1, \ldots, x_{n-1}) \in A$ に対して $\phi(x_1, \ldots, x_{n-1}) \leq \psi(x_1, \ldots, x_{n-1})$ を満たすとし，

$$D := \{(x_1, \ldots, x_n) \,|\, (x_1, \ldots, x_{n-1}) \in A,$$
$$\phi(x_1, \ldots, x_{n-1}) \leq x_n \leq \psi(x_1, \ldots, x_{n-1})\}$$

とおく．このとき，D で定義された連続関数 f に対して次式が成り立つ．

$$\int \cdots \int_D f(x_1, \ldots, x_n)dx_1 \cdots dx_n$$

$$= \int \cdots \int_A \left(\int_{\phi(x_1,\ldots,x_{n-1})}^{\psi(x_1,\ldots,x_{n-1})} f(x_1,\ldots,x_n) dx_n \right) dx_1 \cdots dx_{n-1}$$

とくに，集合 D は体積をもち，その体積 $\mu(D)$ は次式で与えられる．

$$\mu(D) = \int \cdots \int_A \left(\psi(x_1,\ldots,x_{n-1}) - \phi(x_1,\ldots,x_{n-1}) \right) dx_1 \cdots dx_{n-1}$$

次いで，積分範囲である集合 D を x_n 軸に沿って $(x_1,\ldots,x_{n-1})$ 超平面に平行に薄切りにし，その切り口の重積分を x_n 軸に沿って積分する方法を紹介する．

定理 10.3　D は $\mathbf{R}^n$ の有界集合で体積をもつとし，二つの超平面 $x_n = a$ および $x_n = b$ $(a < b)$ に挟まれた集合に含まれているとする．さらに，任意の $x_n \in [a,b]$ を固定するごとに，集合 D の切り口

$$A(x_n) := \{ (x_1,\ldots,x_{n-1}) \,|\, (x_1,\ldots,x_{n-1},x_n) \in D \}$$

は $\mathbf{R}^{n-1}$ の有界集合として体積をもつとする．このとき，D で定義された有界な連続関数 f に対して次式が成り立つ．

$$\int \cdots \int_D f(x_1,\ldots,x_n) dx_1 \cdots dx_n$$
$$= \int_a^b \left(\int_{A(x_n)} f(x_1,\ldots,x_n) dx_1 \cdots dx_{n-1} \right) dx_n$$

とくに，集合 D の体積 $\mu(D)$ は次式で与えられる．

$$\mu(D) = \int_a^b \mu(A(x_n)) dx_n$$

ただし，$\mu(A(x_n))$ は集合 $A(x_n)$ の $(n-1)$ 次元体積である．

問 10.1　次の集合 D の体積 $\mu(D)$ を求めよ．ただし，a は正定数である．
(1) $D = \{ \boldsymbol{x} \in \mathbf{R}^n \,|\, 0 \le x_1 \le x_2 \le \cdots \le x_n \le a \}$
(2) $D = \{ \boldsymbol{x} \in \mathbf{R}^n \,|\, x_1 \ge 0, x_2 \ge 0, \ldots, x_n \ge 0, x_1 + x_2 + \cdots + x_n \le a \}$

10.2　積分変数の変換

2 重積分に対する積分変数の変換公式を与えている定理 6.8 は，次のように n 重積分に対して拡張される．

定理 10.4（重積分の変数変換公式）　D, Ω を $\mathbf{R}^n$ の有界な閉領域で体積をもつとし，$\boldsymbol{\phi}(\boldsymbol{u}) = (\phi_1(\boldsymbol{u}), \dots, \phi_n(\boldsymbol{u}))$ $(\boldsymbol{u} = (u_1, \dots, u_n))$ を D で C^1 級の関数とする．また，$\boldsymbol{x} = \boldsymbol{\phi}(\boldsymbol{u})$ は D から Ω への全単射な写像で，その Jacobian は D の各点で $J_{\boldsymbol{\phi}}(\boldsymbol{u}) \neq 0$ を満たすとする．このとき，Ω で定義された任意の連続関数 f に対して次式が成り立つ．

$$\int \cdots \int_{\Omega} f(\boldsymbol{x}) dx_1 \cdots dx_n = \int \cdots \int_D f(\boldsymbol{\phi}(\boldsymbol{u})) |J_{\boldsymbol{\phi}}(\boldsymbol{u})| du_1 \cdots du_n$$

例 10.1 **（空間極座標）**　$a > 0$ および

$$B_a := \{(x, y, z) \in \mathbf{R}^3 \mid x^2 + y^2 + z^2 \leq a^2\}$$

とする．被積分関数の形にもよるが，このような集合上での重積分を計算する際は空間極座標系 (r, θ, φ) を用いると積分範囲が簡単になる．直交座標系 (x, y, z) と空間極座標系 (r, θ, φ) との関係は

$$\begin{cases} x = r \sin\theta \cos\varphi \\ y = r \sin\theta \sin\varphi \\ z = r \cos\theta \end{cases} \tag{10.1}$$

で与えられ，(x, y, z) が B_a を動くとき，(r, θ, φ) は $[0, a] \times [0, \pi] \times [0, 2\pi]$ を動く．

関係式 (10.1) は図 10.1 から明らかであろうが，次のように導出することもできる．r は座標原点から (x, y, z) までの距離であるから，$x^2 + y^2 + z^2 = r^2$ が成り立つ．この式を $(\sqrt{x^2 + y^2})^2 + z^2 = r^2$ とみなして平面極座標（例 6.7）を用いると

$$\begin{cases} \sqrt{x^2 + y^2} = r \sin\theta \\ z = r \cos\theta \end{cases}$$

となり，z の表示が従う（図 10.2 を参照せよ）．また，$\sin\theta \geq 0$ でなければならないか

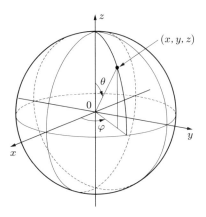

図 10.1　空間極座標

ら θ の動く範囲は $0 \leq \theta \leq \pi$ に制限される．さらに，第 1 式より $x^2 + y^2 = (r \sin \theta)^2$ となり，再び平面極座標を用いると

$$\begin{cases} x = (r \sin \theta) \cos \varphi \\ y = (r \sin \theta) \sin \varphi \end{cases}$$

となり，x および y の表示が従う（図 10.3 を参照せよ）．また，φ の動く範囲は $0 \leq \varphi \leq 2\pi$ となることも理解されよう．

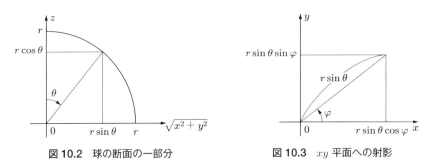

図 10.2　球の断面の一部分　　　　**図 10.3　xy 平面への射影**

積分変数の変換に戻ろう．この変換の Jacobian を計算すると

$$\frac{\partial(x,y,z)}{\partial(r,\theta,\varphi)} = \det \begin{pmatrix} \sin \theta \cos \varphi & r \cos \theta \cos \varphi & -r \sin \theta \sin \varphi \\ \sin \theta \sin \varphi & r \cos \theta \sin \varphi & r \sin \theta \cos \varphi \\ \cos \theta & -r \sin \theta & 0 \end{pmatrix} = r^2 \sin \theta$$

となるので，定理 10.4 および定理 10.1 より，B_a で定義された任意の連続関数 f に対して

$$\iiint_{B_a} f(x,y,z)dxdydz$$
$$= \int_0^a \left(\int_0^\pi \left(\int_0^{2\pi} f(r\sin\theta\cos\varphi, r\sin\theta\sin\varphi, r\cos\theta)r^2\sin\theta d\varphi \right)d\theta \right)dr$$

が成り立つ. 厳密には, $r=0$, $\theta=0,\pi$, $\varphi=0,2\pi$ に対応する点において定理 10.4 の仮定が満たされていないが, 例 6.7 で用いたような適当な極限操作により, 上式が正当化される.

例 10.2 (**n 次元極座標**)   例 10.1 における空間極座標を n 次元 Euclid 空間 $\mathbf{R}^n$ の場合に拡張しよう. 直交座標系 $\boldsymbol{x}=(x_1,\ldots,x_n)$ と n 次元極座標系 $(r,\theta_1,\ldots,\theta_{n-1})$ との関係は

$$\begin{cases} x_1 = r\cos\theta_1 \\ x_2 = r\sin\theta_1\cos\theta_2 \\ x_3 = r\sin\theta_1\sin\theta_2\cos\theta_3 \\ \quad\vdots \\ x_{n-1} = r\sin\theta_1\sin\theta_2\sin\theta_3\cdots\sin\theta_{n-2}\cos\theta_{n-1} \\ x_n = r\sin\theta_1\sin\theta_2\sin\theta_3\cdots\sin\theta_{n-2}\sin\theta_{n-1} \end{cases}$$

で与えられる. この関係を $\boldsymbol{x}=\boldsymbol{\Phi}_n(r,\theta_1,\ldots,\theta_{n-1})$ と書くことにする. ここで, $(r,\theta_1,\ldots,\theta_{n-1})$ の動く範囲は $[0,\infty)\times[0,\pi]\times\cdots\times[0,\pi]\times[0,2\pi]$ である. 上の関係式は次のようにして導くことができる. $x_1^2+\cdots+x_n^2=r^2$ という関係式を $x_1^2+(\sqrt{x_2^2+\cdots+x_n^2})^2=r^2$ とみなして平面極座標 (例 6.7) を用いると

$$\begin{cases} x_1 = r\cos\theta_1 \\ \sqrt{x_2^2+\cdots+x_n^2} = r\sin\theta_1 \end{cases}$$

となり, x_1 の表示が従う. また, $\sin\theta_1\geq 0$ でなければならないから θ_1 の動く範囲は $0\leq\theta\leq\pi$ に制限される. 次に, 第 2 式を $x_2^2+(\sqrt{x_3^2+\cdots+x_n^2})^2=(r\sin\theta_1)^2$ と書き直して再び平面極座標を用いると

$$\begin{cases} x_2 = r\sin\theta_1\cos\theta_2 \\ \sqrt{x_3^2+\cdots+x_n^2} = r\sin\theta_1\sin\theta_2 \end{cases}$$

となり, x_2 の表示が従う. また, $\sin\theta_2\geq 0$ でなければならないから, θ_2 の動く

範囲も $0 \le \theta \le \pi$ に制限される．以下，この議論を繰り返せば望みの関係式が得られる．

次に，この写像 $\mathbf{\Phi}_n$ の Jacobian を計算しよう．もちろん，具体的に Jacobi 行列を書き下し，その行列式を計算してもよいが，次のような計算法が知られている．

$$\mathbf{\Phi}_n(r,\theta_1,\ldots,\theta_{n-1}) = (r\cos\theta_1, \mathbf{\Phi}_{n-1}(r\sin\theta_1,\theta_2,\ldots,\theta_{n-1}))$$

という関係式に着目して写像 $\mathbf{\Psi}$ および $\mathbf{\Theta}$ を

$$\mathbf{\Theta}(r,\theta_1,\theta_2,\ldots,\theta_{n-1}) := (r\cos\theta_1, r\sin\theta_1,\theta_2,\ldots,\theta_{n-1})$$

$$\mathbf{\Psi}(x_1,\rho,\theta_2,\ldots,\theta_{n-1}) := (x_1, \mathbf{\Phi}_{n-1}(\rho,\theta_2,\ldots,\theta_{n-1}))$$

で定めると $\mathbf{\Phi}_n = \mathbf{\Psi} \circ \mathbf{\Theta}$ が成り立ち，それゆえ，問 9.1 の結果より $J_{\mathbf{\Phi}_n} = (J_{\mathbf{\Psi}} \circ \mathbf{\Theta})J_{\mathbf{\Theta}}$ となる．ここで，

$$D\mathbf{\Theta}(r,\theta_1,\theta_2,\ldots,\theta_{n-1}) = \begin{pmatrix} \cos\theta_1 & -r\sin\theta_1 & 0 & \cdots & 0 \\ \sin\theta_1 & r\cos\theta_1 & 0 & \cdots & 0 \\ 0 & 0 & 1 & & 0 \\ \vdots & \vdots & & \ddots & \\ 0 & 0 & 0 & & 1 \end{pmatrix}$$

$$D\mathbf{\Psi}(x_1,\rho,\theta_2,\ldots,\theta_{n-1}) = \begin{pmatrix} 1 & \mathbf{0} \\ \mathbf{0}^t & D\mathbf{\Phi}_{n-1}(\rho,\theta_2,\ldots,\theta_{n-1}) \end{pmatrix}$$

より，$J_{\mathbf{\Theta}}(r,\theta_1,\ldots,\theta_{n-1}) = r$，$J_{\mathbf{\Psi}}(x_1,\rho,\theta_2,\ldots,\theta_{n-1}) = J_{\mathbf{\Phi}_{n-1}}(\rho,\theta_2,\ldots,\theta_{n-1})$ であるから，

$$J_{\mathbf{\Phi}_n}(r,\theta_1,\ldots,\theta_{n-1}) = rJ_{\mathbf{\Phi}_{n-1}}(r\sin\theta_1,\theta_2,\ldots,\theta_{n-1})$$
$$= r\sin^{n-2}\theta_1 J_{\mathbf{\Phi}_{n-1}}(r,\theta_2,\ldots,\theta_{n-1}) \tag{10.2}$$

が従う．この最後の等式は，Jacobi 行列 $D\mathbf{\Phi}_n(r,\theta_1,\ldots,\theta_{n-1})$ の具体的な表示式および行列式の多重線形性より，$J_{\mathbf{\Phi}_n}(r,\theta_1,\ldots,\theta_{n-1})$ が r に関して $(n-1)$ 次の斉次多項式であり，それゆえ $J_{\mathbf{\Phi}_n}(ar,\theta_1,\ldots,\theta_{n-1}) = a^{n-1}J_{\mathbf{\Phi}_n}(r,\theta_1,\ldots,\theta_{n-1})$ が成り立つことを用いた．(10.2) を帰納的に使い，$J_{\mathbf{\Phi}_2}(r,\theta) = r$ に注意すれば

$$J_{\mathbf{\Phi}_n}(r,\theta_1,\ldots,\theta_{n-1}) = r^{n-1}\sin^{n-2}\theta_1\sin^{n-3}\theta_2\cdots\sin\theta_{n-2}$$

が得られる．

以上の準備のもと，n 重積分に対する積分変数の極座標変換を考えよう．D を $[0, \infty) \times [0, \pi] \times \cdots \times [0, \pi] \times [0, 2\pi]$ の有界閉領域で体積をもつとし，$\Omega = \boldsymbol{\Phi}_n(D)$ とおく．このとき，Ω で定義された任意の連続関数 f に対して

$$
\int \cdots \int_\Omega f(x_1, \ldots, x_n) dx_1 \cdots dx_n
$$
$$
= \int \cdots \int_D (f \circ \boldsymbol{\Theta})(r, \theta_1, \ldots, \theta_{n-1}) r^{n-1} \sin^{n-2} \theta_1 \cdots \sin \theta_{n-2} dr d\theta_1 \cdots d\theta_{n-1}
$$

が成り立つ．

例 10.3 （**n 次元球の体積**） n 次元 Euclid 空間における半径 R の球の体積を計算しよう．そのためには，原点を中心とする半径 R の閉球

$$
B_R = \{(x_1, \ldots, x_n) \in \mathbf{R}^n \,|\, x_1^2 + \cdots + x_n^2 \leq R^2\}
$$

の体積 $\mu(B_R)$ を計算すれば十分である．例 10.2 の n 次元極座標に変換すれば，積分範囲は $D_R = [0, R] \times [0, \pi] \cdots \times [0, \pi] \times [0, 2\pi]$ に変換されるので，

$$
\mu(B_R) = \int \cdots \int_{B_R} 1 dx_1 \cdots dx_n
$$
$$
= \int \cdots \int_{D_R} r^{n-1} \sin^{n-2} \theta_1 \cdots \sin \theta_{n-2} dr d\theta_1 \cdots d\theta_{n-1}
$$
$$
= 2\pi \int_0^R r^{n-1} dr \int_0^\pi \sin^{n-2} \theta_1 d\theta_1 \cdots \int_0^\pi \sin \theta_{n-2} d\theta_{n-2}
$$
$$
= 2\pi \frac{R^n}{n} \prod_{k=1}^{n-2} \int_0^\pi \sin^k \theta d\theta
$$

となる．ここで，積分 $\displaystyle\int_0^\pi \sin^k \theta d\theta = 2 \int_0^{\frac{\pi}{2}} \sin^k \theta d\theta$ の値は問 5.11 で計算済みであるが，付録 A.3 で紹介する Γ（ガンマ）関数を用いると，k の偶奇によらず

$$
\int_0^\pi \sin^k \theta d\theta = \sqrt{\pi} \frac{\Gamma\left(\frac{k+1}{2}\right)}{\Gamma\left(\frac{k+2}{2}\right)}
$$

のように統一的な表示をもつ．したがって，

$$
\mu(B_R) = 2\pi \frac{R^n}{n} \prod_{k=1}^{n-2} \left(\sqrt{\pi} \frac{\Gamma\left(\frac{k+1}{2}\right)}{\Gamma\left(\frac{k+2}{2}\right)} \right)
$$
$$
= 2\pi \frac{R^n}{n} \sqrt{\pi}^{n-2} \frac{\Gamma(1)}{\Gamma\left(\frac{3}{2}\right)} \frac{\Gamma\left(\frac{3}{2}\right)}{\Gamma\left(\frac{4}{2}\right)} \frac{\Gamma\left(\frac{4}{2}\right)}{\Gamma\left(\frac{5}{2}\right)} \cdots \frac{\Gamma\left(\frac{n-1}{2}\right)}{\Gamma\left(\frac{n}{2}\right)}
$$

$$= R^n \sqrt{\pi}^n \frac{\Gamma(1)}{\frac{n}{2}\Gamma\left(\frac{n}{2}\right)}$$

となる．ここで，Γ 関数の性質 $\Gamma(s+1) = s\Gamma(s)$ および $\Gamma(1) = 1$ より

$$\mu(B_R) = \frac{\sqrt{\pi}^n}{\Gamma\left(\frac{n}{2}+1\right)} R^n$$

が従う．

問 10.2 $\|\cdot\|$ を (8.1) で定めた Euclid ノルムとし，$0 \le a \le b$ に対して $B_{a,b} := \{\boldsymbol{x} \in \mathbf{R}^n \,|\, a \le \|\boldsymbol{x}\| \le b\}$ とおく．

(1) $m \in \mathbf{R}$ とする．$\varepsilon \to +0$ のとき n 重積分 $\displaystyle\int_{B_{\varepsilon,1}} \frac{1}{\|\boldsymbol{x}\|^m} d\boldsymbol{x}$ が収束するための必要十分条件は $m < n$ であることを示し，その極限値を求めよ．

(2) $\displaystyle\lim_{R \to +\infty} \int_{B_{0,R}} e^{-\|\boldsymbol{x}\|^2} d\boldsymbol{x}$ を求めよ．

(3) R を正定数，A を n 次実正則行列とし，$D := \{\boldsymbol{x} \in \mathbf{R}^n \,|\, \|A\boldsymbol{x}\| \le R\}$ とおく．このとき，体積 $\mu(D)$ を求めよ．

付録

A.1　実数の公理

1.1 節において述べた実数の公理のうちの二つの公理（代数の公理と順序の公理）を紹介しよう．そのために，まず体の定義を述べる．

定義 A.1　K を空でない集合とし，任意の $a, b \in K$ に対して，和 $a + b \in K$ および積 $ab \in K$ が定義されているとする．任意の $a, b, c \in K$ に対して，それら二つの演算に関する以下の条件が満たされているとき，K は体であるという．

(1) $a + b = b + a$ 　　　　　　　　　　（和に関する交換法則）

(2) $(a + b) + c = a + (b + c)$ 　　　　　（和に関する結合法則）

(3) ある元 $0 \in K$ が存在して，任意の $a \in K$ に対して $a + 0 = a$

　　　　　　　　　　　　　　　　　　（零元 0 の存在）

(4) 任意の $a \in K$ に対して，ある元 $-a \in K$ が存在して $a + (-a) = 0$

　　　　　　　　　　　　　　　　　（和に関する逆元の存在）

(5) $ab = ba$ 　　　　　　　　　　　　（積に関する交換法則）

(6) $(ab)c = a(bc)$ 　　　　　　　　　（積に関する結合法則）

(7) $a(b + c) = ab + ac,\ (a + b)c = ac + bc$ 　　（分配法則）

(8) ある元 $1 \in K$ が存在して，任意の $a \in K$ に対して $a1 = a$

　　　　　　　　　　　　　　　　　　（単位元 1 の存在）

(9) 任意の $a \in K \setminus \{0\}$ に対して，ある元 a^{-1} が存在して $aa^{-1} = 1$

　　　　　　　　　　　　　　　　　（積に関する逆元の存在）

(10) $1 \neq 0$ 　　　　　　　　　　　　（非自明性）

1.1 節において述べた代数の公理とは，「$\mathbf{R}$ は体である」ということである．
次に，順序の公理を述べるために全順序集合という言葉を定義する．

定義 A.2　X を空でない集合とし，任意の $a, b \in X$ に対して順序とよばれる関係 $a \le b$ が定義されているとする．その関係が以下の条件を満たすとき，X は全順序集合であるという．

    (1) 任意の $a \in X$ に対して，$a \le a$ 　　　　　　　　　　（反射律）

    (2) $a \le b$ かつ $b \le c$ ならば $a \le c$ 　　　　　　　　　（推移律）

    (3) $a \le b$ かつ $b \le a$ ならば $a = b$ 　　　　　　　　（反対称律）

    (4) $a \le b$ あるいは $b \le a$ のどちらか一方が常に成り立つ　　（全順序性）

$a \le b$ を $b \ge a$ とも書く．また，「$a \le b$ かつ $a \ne b$」という関係を $a < b$ あるいは $b > a$ と書く．

順序の公理　$\mathbf{R}$ は体かつ全順序集合であり，任意の $a, b, c \in \mathbf{R}$ に対して以下の 2 条件を満たす．

    (1) $a \le b$ ならば $a + c \le b + c$

    (2) $0 \le a$ かつ $0 \le b$ ならば $0 \le ab$

1.1 節においては上限を用いた連続性公理を採用したが，それ以外にも（その連続性公理と同値な）いくつかの連続性公理が知られている．ここでそれらを紹介しよう．有名な連続性公理の一つに Dedekind（デデキント）の切断がある．それを述べるために，切断という言葉を定義しておく．

定義 A.3　A および B を空でない $\mathbf{R}$ の部分集合とする．次の 3 条件が満たされているとき，集合の組 (A, B) を $\mathbf{R}$ の切断という．

    (1) $A \cup B = \mathbf{R}$

    (2) $A \cap B = \emptyset$

    (3) $a \in A$ かつ $b \in B$ ならば $a < b$

直感的には，数直線をどこかで切り，その左側および右側の半直線に対応する実数の集合を，それぞれ A および B としたとき，(A, B) を $\mathbf{R}$ の切断といっているのである．重要なのは，その切り口がどうなるかということである．

さて，本書において採用した連続性公理や，それから従ういくつかの定理を，命

題という形で列挙しよう.

命題 A.1 空でない $\mathbf{R}$ の部分集合 A が上（または下）に有界ならば，A の上限（または下限）が存在する.

命題 A.2（Dedekind の切断） (A, B) を $\mathbf{R}$ の切断とすると，次の 2 条件のうちどちらか一方が必ず成り立つ.
  (1) A は最大元をもち，かつ B は最小元をもたない.
  (2) A は最大元をもたず，かつ B は最小元をもつ.

この命題は，直感的には，数直線を切ったときの切り口が左側の半直線あるいは右側の半直線のどちらか一方のみに必ず属す，ということを述べている.

命題 A.3 上（または下）に有界な単調増加（または減少）数列は収束列である.

命題 A.4（Bolzano–Weierstrass） 有界な数列は収束する部分列をもつ.

命題 A.5（Cauchy） Cauchy 列は収束列である.

命題 A.6（区間縮小法） $I_n = [a_n, b_n]$ $(n \in \mathbf{N})$ を次の 2 条件を満たす閉区間の列とする.
  (1) $I_{n+1} \subseteq I_n$ $(\forall n \in \mathbf{N})$
  (2) $\displaystyle\lim_{n \to \infty}(b_n - a_n) = 0$
このとき，ある実数 α が存在して，すべての閉区間 $I_n = [a_n, b_n]$ $(n \in \mathbf{N})$ の共通部分は 1 点のみの集合 $\{\alpha\}$ になる：$\displaystyle\bigcap_{n \in \mathbf{N}} I_n = \{\alpha\}$.

命題 A.7（Archimedes の公理） 任意の正数 a, b に対して，$a < nb$ となる自然数 n が存在する.

以上の命題の同値性に関して，以下の定理が成り立つ．

定理 A.1　命題 A.1，命題 A.2，命題 A.3，命題 A.4，命題 A.5 と A.7，命題 A.6 と A.7 は，いずれも同値な命題である．

この定理の証明は割愛する．この定理により，上のどの命題を連続性公理として採用してもまったく同じ理論が展開されることがわかる（ただし，命題 A.5 と A.7，および命題 A.6 と A.7 は同時に二つ採用する）．その際，連続性公理として採用しなかった残りの命題は，定理 A.1 において証明された定理となる．

連続性公理は，直感的には実数は数直線上に隙間なく（連続的に）分布していることを表しており，有理数全体の集合 $\mathbf{Q}$ はその性質をもっていない．すなわち，有理数だけを使って数直線を描こうとしても，連続的にはつながっていないのである．しかしながら，次の定理より，有理数は数直線上にぎっしりと分布していることがわかる．

定理 A.2　$a < b$ を満たす任意の実数 a, b に対して，$a < q < b$ を満たす有理数 q が存在する．

[証明]　$b - a > 0$ であるから，Archimedes の公理より $1 < (b-a)m$ を満たす自然数 m が存在する．再び Archimedes の公理より $|am| < n_0$，すなわち $-n_0 < am < n_0$ を満たす自然数 n_0 が存在する．このとき，集合 $A := \{n \in \mathbf{Z} \mid am < n \leq n_0\}$ は高々 $2n_0$ 個の元からなる空でない有限集合だから最小元 $n = \min A$ が存在する．このとき，$n \in \mathbf{Z}$ かつ $n - 1 \leq am < n$ が成り立つ．したがって，$am < n \leq am + 1 < bm$ となるので，$q = \frac{n}{m}$ とおけばよい．　　　　□

任意の実数 α および任意の正数 ε に対して，$a = \alpha - \varepsilon, b = \alpha + \varepsilon$ として定理 A.2 を適用すれば，$\alpha - \varepsilon < q < \alpha + \varepsilon$ すなわち $|\alpha - q| < \varepsilon$ を満たす有理数 q が存在することがわかる．これは，任意の実数が任意の精度で有理数によって近似されることを示している．この性質を，有理数全体の集合 $\mathbf{Q}$ が実数全体の集合 $\mathbf{R}$ において稠密であるという．

A.2　ベクトル空間

ここでは，抽象的なベクトル空間の公理を紹介する.

定義 A.4　K を体，V を空でない集合とし，任意の $\boldsymbol{x}, \boldsymbol{y} \in V$ および任意の $c \in K$ に対して，和 $\boldsymbol{x} + \boldsymbol{y} \in K$ およびスカラー倍 $c\boldsymbol{x} \in K$ が定義されているとする．任意の $\boldsymbol{x}, \boldsymbol{y}, \boldsymbol{z} \in V$ および任意の $c, d \in K$ に対して，それら二つの演算に関する以下の条件 (1)–(8) が満たされているとき，V を K 上のベクトル空間とよぶ.

- (1) $\boldsymbol{x} + \boldsymbol{y} = \boldsymbol{y} + \boldsymbol{x}$　　　　　　　　　　　（和に関する交換法則）
- (2) $(\boldsymbol{x} + \boldsymbol{y}) + \boldsymbol{z} = \boldsymbol{x} + (\boldsymbol{y} + \boldsymbol{z})$　　　　　（和に関する結合法則）
- (3) ある元 $\boldsymbol{0} \in V$ が存在して，任意の $\boldsymbol{x} \in V$ に対して $\boldsymbol{x} + \boldsymbol{0} = \boldsymbol{x}$
　　　　　　　　　　　　　　　　　　　　　（零ベクトルの存在）
- (4) 任意の $\boldsymbol{x} \in V$ に対して，ある元 $-\boldsymbol{x} \in V$ が存在して $\boldsymbol{x} + (-\boldsymbol{x}) = \boldsymbol{0}$
　　　　　　　　　　　　　　　　　　　　　（逆ベクトルの存在）
- (5) $(cd)\boldsymbol{x} = c(d\boldsymbol{x})$　　　　（体の積とスカラー倍に関する結合法則）
- (6) $1\boldsymbol{x} = \boldsymbol{x}$　　　　　　　　　　　（スカラー倍の単位元の存在）
- (7) $c(\boldsymbol{x} + \boldsymbol{y}) = c\boldsymbol{x} + c\boldsymbol{y}$　　（ベクトルの和に関するスカラー倍の分配法則）
- (8) $(c + d)\boldsymbol{x} = c\boldsymbol{x} + d\boldsymbol{x}$　　　　　（体の和に関するスカラー倍の分配法則）

ここで，1 は体 K の単位元である.

K 上のベクトル空間は，$K = \mathbf{R}$ のとき実ベクトル空間，$K = \mathbf{C}$ のとき複素ベクトル空間とよばれる．また，ベクトル空間は線形空間ともよばれる.

A.3　Γ 関数

$s > 0$ とする．関数 $f(x) = e^{-x}x^{s-1}$ は $x \to +\infty$ のとき指数関数的に 0 に減衰し，$x \to +0$ のとき $f(x) = O(x^{s-1})$ でありこの指数は $s - 1 > -1$ を満たす．したがって，$f(x)$ は区間 $(0, \infty)$ で広義積分可能であり，

$$\Gamma(s) := \int_0^\infty e^{-x}x^{s-1}dx \tag{A.1}$$

が定まる．この関数 $\Gamma(s)$ $(s > 0)$ を Γ（ガンマ）関数とよぶ.

定理 A.3 (1) $\Gamma(1) = 1$

(2) $\Gamma(\frac{1}{2}) = \sqrt{\pi}$

(3) 任意の $s > 0$ に対して $\Gamma(s+1) = s\Gamma(s)$

(4) 任意の自然数 n に対して $\Gamma(n+1) = n!$

[証明] (1) は自明であろう. (2) については, 積分変数を $t = \sqrt{x}$ により変換すれば,

$$\Gamma\left(\frac{1}{2}\right) = \int_0^\infty e^{-x} x^{-\frac{1}{2}} dx = 2\int_0^\infty e^{-t^2} dt = \sqrt{\pi}$$

となる. ここで, 例 6.8 の結果を用いた. (3) については, 部分積分より

$$\Gamma(s+1) = \int_0^\infty (-e^{-x})' x^s dx = [-e^{-x} x^s]_0^\infty + \int_0^\infty e^{-x} (x^s)' dx$$
$$= \int_0^\infty e^{-x} s x^{s-1} dx = s\Gamma(s)$$

が得られる. (4) は (3) および (1) から従う.   □

なお, 本書の範囲からは外れるが, Γ 関数は複素数 s に対する複素数値関数として拡張されることが知られている. 実際, $\Re s > 0$ ($\Re s$ は $s \in \mathbf{C}$ の実部) に対して広義積分 (A.1) は収束し, $\Re s > 0$ における正則関数として $\Gamma(s)$ が定まる. さらに, 定理 A.3 (3) より任意の自然数 n および $\Re s > 0$ を満たす複素数 s に対して $\Gamma(s+n+1) = (s+n)(s+n-1)\cdots s\Gamma(s)$ が成り立つ. とくに,

$$\Gamma(s) = \frac{\Gamma(s+n+1)}{s(s+1)\cdots(s+n)}$$

が得られる. この式の右辺は, $\Re s > -(n+1)$ および $s \neq 0, -1, \ldots, -n$ を満たす複素数 s に対して定義されていることに注意しよう. 自然数 n は任意であるから, この関数等式を用いることにより, $\Gamma(s)$ は複素平面 $\mathbf{C}$ 全体に有理型関数として解析接続される. この Γ 関数の極は $s = 0, -1, -2, \ldots$ のみであり, それぞれ 1 位の極である (詳細は複素関数論の教科書を参照).

定理 A.3 (4) からわかるように, Γ 関数は階乗を複素数に対して拡張した関数である.

問題のヒントと略解

■**第 0 章**

0.1　(1) 偽　(2) 真　(3) 偽　(4) 真　(5) 偽

■**第 1 章**

1.1　(1) $\sup A = 2$, $\inf A = \min A = -3$, $\max A$ は存在しない.

(2) $\sup A = \max A = 4$, $\inf A = -\sqrt{2}$, $\min A$ は存在しない.

(3) $\sup A = \sqrt{2}$, $\inf A = 0$, $\max A$ および $\min A$ は存在しない.

(4) $\sup A = \max A = 2$, $\inf A = 0$, $\min A$ は存在しない.

(5) $\sup A = \max A = \frac{3}{2}$, $\inf A = -1$, $\min A$ は存在しない.

(6) $\sup A = \frac{1}{2}$, $\inf A = \min A = -2$, $\max A$ は存在しない.

(7) $\sup A = \max A = -\sqrt{3}$, $\inf A = -\infty$, $\min A$ は存在しない.

1.5　(2) $\{1\}$

1.11　(1) $1 \le a_n < 2$ $(\forall n \in \mathbf{N})$ となることに注意し，数学的帰納法を用いよ.

(2) 極限値を α とすると $\alpha^2 = \alpha + 2$ であるから $\alpha = 2$ となる.

1.12　(1) $a_{n+1} - a_n = -\frac{1}{(a_n+1)(a_{n-1}+1)}(a_n - a_{n-1})$ に注意せよ.

(2) 極限値を α とすると $\alpha = \frac{1}{\alpha+1}$ であるから $\alpha = \frac{1}{2}(\sqrt{5} - 1)$ となる.

1.13　$a_n = (-1)^n n$, $a_n = n \sin \frac{n\pi}{2}$ など.

■**第 2 章**

2.1　$f(x) \to \alpha_+ \, (x \to a+0) \Leftrightarrow \forall \varepsilon > 0 \, \exists \delta > 0 \, \forall x \in I \, (a < x < a+\delta \Rightarrow |f(x) - \alpha_+| < \varepsilon)$

$f(x) \to \alpha_- \, (x \to a-0) \Leftrightarrow \forall \varepsilon > 0 \, \exists \delta > 0 \, \forall x \in I \, (a-\delta < x < a \Rightarrow |f(x) - \alpha_-| < \varepsilon)$

2.2　$f(x) \to \alpha \, (x \to +\infty) \Leftrightarrow \forall \varepsilon > 0 \, \exists M > 0 \, \forall x \in I \, (x > M \Rightarrow |f(x) - \alpha| < \varepsilon)$

$f(x) \to \alpha \, (x \to -\infty) \Leftrightarrow \forall \varepsilon > 0 \, \exists M > 0 \, \forall x \in I \, (x < -M \Rightarrow |f(x) - \alpha| < \varepsilon)$

2.6　$\varepsilon = \frac{f(a)}{2} > 0$ に対して連続性の定義を用いよ.

2.7　結論を否定し，a に収束する区間 I 内の数列 $\{x_n\}$ および正定数 ε が存在して $|f(x_n) - \alpha| \ge \varepsilon$ $(\forall n \in \mathbf{N})$ が成り立つことを示せ.

2.9　$f(x) \to +\infty \, (x \to \pm\infty)$ より，十分大きな正数 R をとると $f(x) > f(0) = a_0$ $(|x| \ge R)$ となる．このとき，閉区間 $[-R, R]$ における f の最小値が $\mathbf{R}$ における f の最小値となる.

2.10 $f(x) \to \pm\infty$ $(x \to \pm\infty)$ より，十分大きな正数 R をとると $f(-R) < 0 < f(R)$ となる．そこで，閉区間 $[-R, R]$ において中間値の定理を適用せよ．

2.11

x	-1	$-\frac{\sqrt{3}}{2}$	$-\frac{1}{\sqrt{2}}$	$-\frac{1}{2}$	0	$\frac{1}{2}$	$\frac{1}{\sqrt{2}}$	$\frac{\sqrt{3}}{2}$	1
$\sin^{-1}x$	$-\frac{\pi}{2}$	$-\frac{\pi}{3}$	$-\frac{\pi}{4}$	$-\frac{\pi}{6}$	0	$\frac{\pi}{6}$	$\frac{\pi}{4}$	$\frac{\pi}{3}$	$\frac{\pi}{2}$
$\cos^{-1}x$	π	$\frac{5}{6}\pi$	$\frac{3}{4}\pi$	$\frac{2}{3}\pi$	$\frac{\pi}{2}$	$\frac{\pi}{3}$	$\frac{\pi}{4}$	$\frac{\pi}{6}$	0

x	$-\sqrt{3}$	-1	$-\frac{1}{\sqrt{3}}$	0	$\frac{1}{\sqrt{3}}$	1	$\sqrt{3}$
$\tan^{-1}x$	$-\frac{\pi}{3}$	$-\frac{\pi}{4}$	$-\frac{\pi}{6}$	0	$\frac{\pi}{6}$	$\frac{\pi}{4}$	$\frac{\pi}{3}$

2.13 (1) $x - 2\pi$ (2) $2\pi - x$ (3) $x - \pi$

■第3章

3.5 (1) $-2xe^{-x^2}$ (2) $-\frac{2x\sin(\log(x^2+1))}{x^2+1}$ (3) $x^{\sin x}\left(\cos x \cdot \log x + \frac{\sin x}{x}\right)$
   (4) $x^{\frac{1}{x}-2}(1-\log x)$ (5) $x^{x^x + x - 1}(1 + x(\log x + 1)\log x)$ (6) $\frac{1}{x^2+1}$ (7) $\frac{2}{1+3\sin^2 x}$

3.6 (1) $2|x|$ (2) $x \neq 0$ のとき $\arctan\frac{1}{|x|} - \frac{|x|}{x^2+1}$，$x = 0$ のとき $\frac{\pi}{2}$

3.8 (1) $\frac{1}{2}$ (2) $\left(\frac{b}{a}\right)^2$ (3) $\frac{9}{2}\pi^2$ (4) $\frac{1}{e}$ (5) 1 (6) $\sqrt{ab}$ (7) 1

3.9 $F''(x) = f''(\phi(x))\big(\phi'(x)\big)^2 + f'(\phi(x))\phi''(x)$
   $F'''(x) = f'''(\phi(x))\big(\phi'(x)\big)^3 + 3f''(\phi(x))\phi''(x)\phi'(x) + f'(\phi(x))\phi'''(x)$

3.11 （すべて $n \geq 1$ とする）(1) $\frac{(-1)^{n-1}(n-1)!}{x^n}$ (2) $(x\log a + n)(\log a)^{n-1}a^x$ (3)
   $2^{n-1}\sin(2x + \frac{n-1}{2}\pi)$ (4) $\frac{n!}{(1-x)^{n+1}} - \frac{n!}{(2-x)^{n+1}}$ (5) $e^{x\cos\alpha}\cos(n\alpha + x\sin\alpha)$

3.12 $f^{(2m)}(0) = 0$ および $f^{(2m+1)}(0) = (-1)^m(2m)!$

3.14 (1) $\displaystyle\sum_{n=0}^{m}\binom{m}{n}a^{m-n}x^n$ (2) $\displaystyle\sum_{n=1}^{\infty}\frac{(-1)^{n-1}}{n}x^n$ $(|x| < 1)$
   (3) $\displaystyle\sum_{n=1}^{\infty}\frac{(-1)^{n-1}4^n}{2(2n)!}x^{2n}$ (4) $\displaystyle\sum_{n=0}^{\infty}\frac{1}{(2n+1)!}x^{2n+1}$ (5) $\displaystyle\sum_{n=0}^{\infty}\frac{1}{(2n)!}x^{2n}$
   (6) $-\dfrac{1}{3}\displaystyle\sum_{n=0}^{\infty}\left(\frac{(-1)^n}{2^{n+1}} + 1\right)x^n$ $(|x| < 1)$

■第4章

4.2 (1) 連続である   (2) 連続でない（$f(x, x^2) = \frac{1}{2}$ に注意せよ）

4.3 (2) 成立しない．たとえば，例 3.3 における関数など．

4.4 (1) $f_x(x, y) = x^{y-1}y$, $f_y(x, y) = x^y\log x$
   (2) $f_x(x, y) = \frac{y}{x^2+y^2}$, $f_y(x, y) = -\frac{x}{x^2+y^2}$
   (3) $f_x(x, y) = \frac{x^2(x^2+3y^2)}{(x^2+y^2)^2}$, $f_y(x, y) = -\frac{2x^3 y}{(x^2+y^2)^2}$ $\big((x, y) \neq (0,0)\big)$ および
   $f_x(0, 0) = 1$, $f_y(0, 0) = 0$

4.7 $F''(t) = f_{xx}(\phi(t), \psi(t))\big(\phi'(t)\big)^2 + 2f_{xy}(\phi(t), \psi(t))\phi'(t)\psi'(t)$

$+f_{yy}(\phi(t), \psi(t))\big(\psi'(t)\big)^2 + f_x(\phi(t), \psi(t))\phi''(t) + f_y(\phi(t), \psi(t))\psi''(t)$

4.9　(1) 停留点は $(0,0), (0,\pm 1), (\pm 1, 0)$. $(0,0)$ は鞍点，$(0,\pm 1)$ は極小点，$(\pm 1, 0)$ は極大点

(2) 停留点は $(0,0), (\sqrt{2}, -\sqrt{2}), (-\sqrt{2}, \sqrt{2})$. $(0,0)$ は鞍点，$(\sqrt{2}, -\sqrt{2}), (-\sqrt{2}, \sqrt{2})$ は極小点

■第 5 章

5.3　(1) 一様連続でない（$x_n = \frac{2}{(2n+1)\pi}$ で定まる I 内の数列 $\{x_n\}$ を考えよ）

(2) 一様連続である（$f(0) = 0$ と定めると f は閉区間 $[0,1]$ で連続になる）

(3) 一様連続でない（$x_n = n, y_n = n + \frac{1}{n}$ で定まる I 内の数列 $\{x_n\}, \{y_n\}$ を考えよ）

5.5　f が I で単調増加の場合には，任意の I の分割 Δ に対して $0 \leq \overline{S}_\Delta(f) - \underline{S}_\Delta(f) \leq (f(b) - f(a))|\Delta|$ が成り立つことを示してから，定理 5.2 を用いよ．

5.10　(1) $x^m(1-x)^n = \big(\frac{1}{m+1}x^{m+1}\big)'(1-x)^n$ と見て部分積分を用いよ．

(2) $I_{m,n} = \frac{m!n!}{(m+n+1)!}$

5.11　(1) $\sin^n x = \sin^{n-1} x(-\cos x)'$ と見て部分積分を用いよ．

(2) $J_n = \frac{\pi}{2}\frac{1}{2}\frac{3}{4}\cdots\frac{n-1}{n}$ （n が偶数），$J_n = \frac{2}{3}\frac{4}{5}\frac{6}{7}\cdots\frac{n-1}{n}$ （n が奇数）

(3) $J_{2n} = \frac{\pi}{2}\frac{(2n)!}{2^{2n}(n!)^2}$, $J_{2n+1} = \frac{2^{2n}(n!)^2}{(2n+1)!}$ と書けることに注意せよ．

5.12　(1) $\frac{x}{4(x^2+1)^2} + \frac{3}{8}\big(\arctan x + \frac{x}{x^2+1}\big) + C$　　(2) $\frac{1}{4}\log\big|\frac{x-1}{x+1}\big| - \frac{1}{2}\arctan x + C$

(3) $\log(|x+1|(x^2+4)) + \frac{2}{x+1} - \frac{3}{2}\arctan\frac{x}{2} + C$

5.13　(1) $x + \frac{2}{\tan\frac{x}{2}+1} + C$　　(2) $\arctan\big(\frac{1+a}{1-a}\tan\frac{x}{2}\big) + \frac{x}{2} + C$

(3) $a = b$ のとき $\frac{1}{a}\tan\frac{x}{2} + C$, $a > b$ のとき $\frac{2}{\sqrt{a^2-b^2}}\arctan\big(\sqrt{\frac{a-b}{a+b}}\tan\frac{x}{2}\big) + C$,

$a < b$ のとき $\frac{1}{\sqrt{b^2-a^2}}\log\big|\frac{\sqrt{a+b}+\sqrt{b-a}\tan\frac{x}{2}}{\sqrt{a+b}-\sqrt{b-a}\tan\frac{x}{2}}\big| + C$

5.14　(1) $\frac{1}{2}\big(x\sqrt{a^2-x^2} + a^2\arcsin\frac{x}{a}\big) + C$　　(2) $\frac{1}{a}\log\frac{|x|}{\sqrt{x^2+a^2}+a} + C$

(3) $-\frac{1}{2}x\sqrt{a^2-x^2} + \frac{a^2}{2}\arcsin\frac{x}{a} + C$

5.15　(1) 広義可積分でない（$\frac{1}{\log(x+e)} \geq \frac{e}{x+e}$ $(x \geq 0)$ に注意せよ）

(2) 広義可積分である　　(3) 広義可積分である

5.16　(1) 広義可積分である（$\frac{\cos x}{1+x} = \frac{1}{1+x}(\sin x)'$ と見て部分積分を用いよ）

(2) 広義可積分でない $\Big(\int_0^{n\pi} \frac{x\sin^2 x}{1+x^2}dx \geq \frac{1}{2}\sum_{k=1}^n \int_{\frac{1}{4}\pi+(k-1)\pi}^{\frac{3}{4}\pi+(k-1)\pi} \frac{x}{1+x^2}dx \geq c\sum_{k=1}^n \frac{1}{k}$

$\to \infty$ $(n \to \infty)\Big)$

(3) 広義可積分である（$\sin(x^2) = -\frac{1}{2x}(\cos(x^2))'$ と見て部分積分を用いよ）

■第 6 章

6.1　(1) $\frac{3}{20}$　　(2) $\frac{\pi}{2}$　　(3) $\log\frac{3}{2}$

6.2 (1) $\displaystyle\int_0^1\left(\int_{\sqrt{y}}^{\sqrt[3]{y}}f(x,y)dx\right)dy$

   (2) $\displaystyle\int_0^a\left(\int_{\frac{y}{2}}^{y}f(x,y)dx\right)dy+\int_a^{2a}\left(\int_{\frac{y}{2}}^{a}f(x,y)dx\right)dy$

   (3) $\displaystyle\int_{-a}^0\left(\int_0^{\sqrt{a^2-x^2}}f(x,y)dy\right)dx+\int_0^a\left(\int_0^{a-x}f(x,y)dy\right)dx$

6.3 (1) $\frac{a^4}{8}$ (2) $\frac{\pi}{4}(p+q)a^4$ (3) $\frac{32}{9}a^3$

■第 7 章

7.2 (1) $\overline{\lim}\,a_n=1,\ \underline{\lim}\,a_n=-1$ (2) $\overline{\lim}\,a_n=+\infty,\ \underline{\lim}\,a_n=1$

   (3) $\overline{\lim}\,a_n=\frac{\sqrt{3}}{2},\ \underline{\lim}\,a_n=-\frac{\sqrt{3}}{2}$ (4) $\overline{\lim}\,a_n=\frac{\sqrt{3}}{2},\ \underline{\lim}\,a_n=-\frac{\sqrt{3}}{2}$

7.4 (1) 収束する (2) 収束する (3) $+\infty$ に発散する ($\sqrt{1+n^2}-n\geq\frac{1}{3n}$ に注意せよ)

7.5 (1) $\frac{1}{a}$ (2) $0<a<1$ のとき $+\infty$, $a=1$ のとき 1, $a>1$ のとき 0 (3) 1

7.7 極限関数 f はすべて $f(x)\equiv 0$ となる.

   (1) 一様収束する ($|f_n(x)|\leq(ne)^{-1}$)

   (2) 一様収束しない ($f_n(\frac{1}{n})=ne^{-1}\to\infty\ (n\to\infty)$)

   (3) 一様収束しない ($f_n(\frac{1}{n})=(1-\frac{1}{n})^n\to e^{-1}\ (n\to\infty)$)

7.8 (1) $f(x)=1$ (2) $\displaystyle\int_0^1 f_n(x)dx=\log\left(1+\frac{1}{n}\right)^n\to\log e=1\ (n\to\infty)$

7.10 (1) 一様収束する (2) 一様収束する (3) 一様収束しない

■第 8 章

8.4 (1) 停留点は $(1,0,\pm 1)$. $(1,0,1)$ は鞍点, $(1,0,-1)$ は極小点

   (2) 停留点は $(0,0,0)$, これは鞍点

■第 9 章

9.2 (1) $\pm(1,1)$ において極大値 2, $\pm(\frac{1}{\sqrt{7}},-\frac{1}{\sqrt{7}})$ において極小値 $\frac{2}{7}$ をとる.

   (2) $\pm(\frac{1}{\sqrt{3}},\frac{1}{\sqrt{3}})$ において極大値 $\frac{1}{3}$, $\pm(1,-1)$ において極小値 -1 をとる.

9.6 (1) $y_{n+1}=\frac{y_n}{2}+\frac{1}{y_n}$

   (2) $y_2=1.5,\ y_3=1.4166\cdots,\ y_4=1.414215\cdots,\ y_5=1.41421356\cdots$

■第 10 章

10.1 (1) $\frac{a^n}{n!}$ (2) $\frac{a^n}{n!}$

10.2 (1) $\frac{2\sqrt{\pi}^n}{(n-m)\Gamma(\frac{n}{2})}$ (2) $\sqrt{\pi}^n$ (3) $\frac{(\sqrt{\pi}R)^n}{|\det A|\Gamma(\frac{n}{2}+1)}$

索引

著 者 略 歴

井口 達雄（いぐち・たつお）

- 1995 年　早稲田大学理工学研究科数理科学専攻修士課程修了
- 1997 年　九州大学大学院数理学研究科助手
- 2002 年　東京工業大学大学院理工学研究科助教授
- 2006 年　慶應義塾大学理工学部助教授
- 2011 年　慶應義塾大学理工学部教授
- 　　　　博士（理学）
- 　　　　現在に至る

編集担当	福島崇史(森北出版)
編集責任	上村紗帆(森北出版)
組　　版	中央印刷
印　　刷	同
製　　本	ブックアート

微分積分学　　　　　　　　　　　　　　　　　　© 井口達雄　*2021*

2021 年 3 月 29 日　第 1 版第 1 刷発行　　【本書の無断転載を禁ず】
2024 年 4 月 5 日　　第 1 版第 2 刷発行

著　　者　井口達雄
発 行 者　森北博巳
発 行 所　森北出版株式会社
　　　　　東京都千代田区富士見 1-4-11（〒102-0071）
　　　　　電話 03-3265-8341／FAX 03-3264-8709
　　　　　https://www.morikita.co.jp/
　　　　　日本書籍出版協会・自然科学書協会　会員
　　　　　JCOPY ＜（一社）出版者著作権管理機構　委託出版物＞

落丁・乱丁本はお取替えいたします.

Printed in Japan／ISBN 978-4-627-07871-0

MEMO

MEMO

MEMO

MEMO

MEMO